景观设计概论

JINGGUAN SHEJI GAILUN

主编 崔丽华 徐 争 李 轲

航空工业出版社

北 京

内容提要

景观设计是一个多学科交叉融合的专业，与建筑学、城乡规划学、环境艺术、市政工程设计等学科有着紧密的联系，涉及城市绿地系统的规划建设、城乡工业遗址和废弃地整治、美丽乡村与特色小镇建设、生态修复和景观生态重建等多个领域。本书共分为六章：第一章至第三章主要涉及景观设计概述、景观设计的相关理论基础及景观设计的构成要素；第四章讲述了景观设计的原则、方法与步骤；第五章讲述了各类城市空间景观设计；第六章对植物造景设计进行了专门的讲解，最终的学习目标，是为了引导学生具备协调人与自然的关系的意识。本书可作为高等院校建筑学、城市规划、环境艺术设计等专业师生的教学参考书，也可作为相关施工、设计人员的参考用书。

图书在版编目（CIP）数据

景观设计概论 / 崔丽华，徐争，李轲主编 . — 北京：航空工业出版社，2023. 4

ISBN 978-7-5165-3326-0

Ⅰ. ①景…　Ⅱ. ①崔… ②徐… ③李…　Ⅲ. ①景观设计　Ⅳ. ① TU986.2

中国国家版本馆 CIP 数据核字（2023）第 055295 号

景观设计概论
Jingguan Sheji Gailun

航空工业出版社出版发行
（北京市朝阳区京顺路 5 号曙光大厦 C 座四层　100028）
发行部电话：010-85672663　010-85672683

北京荣玉印刷有限公司印刷　　全国各地新华书店经售
2023 年 4 月第 1 版　　2023 年 4 月第 1 次印刷
开本：889 × 1194 毫米　1/16　　字数：412 千字
印张：16.5　　定价：86.00 元

编写委员会

主　编　崔丽华　徐　争　李　轲

副主编　刘晓克　边　青　蔡丰蔚

编　委　桂亚可　李婷杰　栾觐瑄

前言

随着城市化发展的步伐日益加快，景观设计也迅速发展，成了衡量一座城市乃至一个国家经济发展、社会进步、文明程度等方面的重要标志之一。特别是党的二十大报告中提出的“绿水青山就是金山银山”“推动绿色发展，促进人与自然和谐共生”“提高城市规划、建设、治理水平”“加强城市基础设施建设，打造宜居、韧性、智慧城市”“统筹乡村基础设施和公共服务布局，建设宜居宜业和美乡村”等要求，为景观设计学科的发展指明了方向，提出了新的要求。

景观设计是一个多学科交叉融合的专业，与建筑学、城乡规划学、环境艺术、市政工程设计等学科有着紧密的联系，其学科发展呈现视角多元化、发展方向多样化的特点，研究的重点领域与实践也从城市绿地系统的规划建设覆盖到城乡工业遗址和废弃地整治、美丽乡村与特色小镇建设、生态修复和景观生态重建等多个领域，究其核心，是对人类户外生存环境的建设，是为了协调人与自然的关系。

本书以培养创新型的应用人才为指导思想，引导学生将设计与现实生活问题相结合，培养学生对生活的敏感意识、对新科学技术的学习热情，将创新与应用落到实处。本书运用历史的、比较的、系统的方法，立足社会调研及实践，综合国内外相关资料，力求语言简练、图文并茂，使枯燥的理论知识具象化，达到通俗易懂的效果。本书主体结构共分为六章：第一章至第三章主要涉及景观设计概述、景观设计的相关理论基础及景观设计的构成要素；第四章讲述了景观设计的原则、方法与步骤；第五章讲述了各类城市空间景观设计；第六章对植物造景设计进行了专门的讲解。

本书在编写过程中，参考并引用了大量相关专业文献和研究资料，未能逐一作出注释，在此表示诚挚的谢意。鉴于时间仓促、水平有限，如有不足和疏漏之处，真诚期待广大专家、读者不吝指出，以便日后完善。

此外，本书还为广大一线教师提供了服务于本书的教学资源库，有需要者可致电13810412048或发邮件至2393867076@qq.com。

编者

2022年11月

课时安排

章名	章节内容	课时分配	课时合计
第一章 景观设计概述	第一节　景观设计基础	1	4
	第二节　景观设计的目的、意义和依据	1	
	第三节　景观设计的发展历程及发展现状	1	
	第四节　景观设计的发展趋势	1	
第二章 景观设计的相关理论基础	第一节　景观生态学	3	9
	第二节　景观美学	3	
	第三节　景观环境行为学	3	
第三章 景观设计的构成要素	第一节　景观设计的自然要素	2	4
	第二节　景观设计的人工要素	2	
第四章 景观设计的原则、方法与步骤	第一节　景观设计的原则	1	8
	第二节　景观设计方法	4	
	第三节　景观设计基本步骤	3	
第五章 各类城市空间景观设计	第一节　城市公园绿地设计	4	18
	第二节　城市广场景观设计	4	
	第三节　居住区景观设计	4	
	第四节　城市道路绿地设计	3	
	第五节　城市滨水区景观设计	3	
第六章 植物造景设计	第一节　植物造景概述	1	5
	第二节　植物配置形式	2	
	第三节　植物造景设计要点	2	

目录

第一章

景观设计概述

第二章

景观设计的相关理论基础

第三章

景观设计的构成要素

第四章

景观设计的原则、方法与步骤

第五章

各类城市空间景观设计

第六章

植物造景设计

第一章

景观设计概述

| 本章概述 |

本章主要讲述景观设计的相关概念、范畴，景观设计的目的、意义、依据和发展历程，也对景观设计的发展趋势做一定的展望。通过对本章内容的学习，学习者可以对景观设计有更全面的的认识和思考。因此，学习者要深入了解景观设计的发展历程、现状和未来的发展趋势，从而对景观设计树立起全面的认知，拓宽专业视野，加深对景观设计理论的理解，为接下来的实践操作打下坚实的理论基础。

| 教学目标和要求 |

了解景观设计的概念、范畴，了解景观设计与相关学科之间的联系与区别，明确景观设计的目的、意义和依据，对景观设计的发展历程和发展趋势都有宏观的了解。同时，培养解决实际问题的能力，能够针对不同的景观使用不同的设计手段，创作出科学合理的景观设计作品。

第一节　景观设计基础

一、景观设计的概念

景观（landscape）是一个专业名词，从设计的角度出发，可以定义为土地及土地上的空间和各类物体组合构成的综合体。它是复杂的自然过程和人类活动在大地上的印记。

在不同的领域，景观或景观设计都有不同的含义。景观设计是一门建立在广泛自然科学和人文与艺术学科基础之上的学科，是关于景观的分析、布局规划、改造、设计、管理、保护和恢复的科学和艺术，尤其强调对土地的运用进行设计。它是一门面向户外环境设立的学科，是集艺术、科学、工程技术于一体的应用型学科。地理学家把景观作为一个科学名词，将它定义为反映统一的自然空间、社会经济空间组成要素总体特征的集合体和空间体系，包括自然景观、经济景观、文化景观；艺术家把景观作为表现与再现的对象，等同于风景；园林师则把景观作为建筑物的配景或背景。环境景观设计的研究是在造园艺术、建筑设计、城市规划等专业知识技能的基础上对人地关系的一次重新认识。

一个更广泛的景观的定义则是“能用一个画面来展示，能在某一视点上可以全览的景象，尤其是自然景象”。但哪怕是同一景象，不同的人也会有很不同的理解，正如迈尼希（Meinig）所说的“同一景象的十个版本”：景观是人所向往的自然，景观是人类的栖居地，景观是人造的工艺品，景观是需要科学分析方能被理解的物质系统，景观是有待解决的问题，景观是可以带来财富的资源，景观是反映社会伦理、道德和价值观念的意识形态，景观是历史，景观是美。景观设计的目标是运用景观策划、规划、设计、管理与建设等专业知识与技能，保护与利用自然与人文景观资源，组织安排良好的游憩休闲空间，最终创造出以户外为主、优美宜人的人居环境。景观设计强调对土地与土地上的空间和各类物体进行全面的协调和完善，以使人、建筑、城镇以及自然中的其他生命种群得以和谐共存。

二、景观设计的范畴

作为一个复杂的综合体，景观既包含着大自然的绝妙之笔，也体现着人类的智慧创造。依据人类创造活动痕迹的多少，景观可以分为自然景观、人造景观以及处于两者之间的复合景观。

（一）自然景观

自然景观是指自然界中各要素相互联系、相互作用形成的景观。自然景观是天然形成的，是自然界中很少受到人为干预形成的奇景奇观，是原始的景观形态，如原始森林、山川海洋、未经人类改造的河流湖泊、古树名木等（图 1-1-1）。

▲ 图 1-1-1 自然景观

人类与自然景观相辅相成，不可分割。早在几千年前，庄子就曾说过：“天地与我并生，而万物与我为一。”这种哲学思想反映了中国古人不但从自然界获取了生存条件，而且必须与自然环境相依存的观点。自然景观不但为人类提供了生存的必备条件，也在无形之中陶冶着人类的情操，给人以精神上的愉悦与满足。

（二）人造景观

人造景观是指通过人类有目的、有意识的主动设计呈现的景观。人造景观是人类社会活动留下的产物，是人类长期生产活动中对自身发展的科技、文化、历史、社会的总结与概括，具有极高的艺术和文化价值。人造景观在人类居住环境中占据着非常重要的地位，大气磅礴的故宫、秀丽婉约的水乡古镇、充满烟火气息的宽窄巷子，都是凝聚着人类智慧与文化的人造景观（图 1-1-2）。

▲ 图 1-1-2 人造景观

人造景观是人类活动留下的痕迹，古人将自然的材料通过艺术加工建造出各种景物，以此见证人类的发展历史。人造景观在内容、形式、结构、格调等方面都具有历史和人文精神的特点，是历史发展进程中必然与偶然相结合的产物。人造景观还表现出明显的地域性和民族性，既包括有形的物象，也包括无形的精神。人造景观要素主要包含名胜古迹、文化遗址、园林绿化、艺术小品、商贸集市、建筑、广场等。这些景观要素为创造高质量的城市空间环境提供了大量素材，但是要形成独具特色的城市景观，必须对各种景观要素进行系统组织，并结合自然和人文环境，使其形成完整和谐的景观体系和有序的空间形态。

（三）复合景观

复合景观是自然景观与人造景观经过有机结合组成的浑然一体的新景观。复合景观包含了大地景观、生态、河流流域、城市等不同要素，一定程度上阐释了特定区域的生态、民俗、传统文化、习惯等文明表现。在复合景观中，人造景观除了具体的外在形式表现外，还表现出了当地的精神文化内涵，形成一个和谐统一的有机体。在中国，复合景观的建设和发展遵循着中国文化中“天人合一”的宇宙观，努力将人造景观部分与自然景观部分巧妙地融合在一起，形成人文与自然的统一（图 1-1-3）。

▲ 图 1-1-3　复合景观

三、景观设计与相关学科的联系及区别

景观设计涉及的专业极其广泛，包括城市规划、建筑学、林学、农学、地理学、经济学、生态学、管理学、历史学及心理学等。景观设计主要方向有城市景观设计（城市广场、商业街、办公环境等）、居住区景观设计、城市公园规划与设计、滨水绿地规划设计、旅游度假区与风景区规划设计等。

景观设计与建筑学、城乡规划学、环境艺术、市政工程设计等学科有着紧密的联系。景观设计所关注的是土地和人类户外空间的问题，它与现代意义上的城市规划的主要区别在于景观设计是从大规模、大尺度上对景观进行分析、设计、管理和保护，核心是对人类户外生存环境的建设，是对物质空间的规划设计，包括城市与区域的物质空间规划设计，而城市规划主要关注社会经济和城市总体发展计划。目前中国的城市规划主要承担的任务是城市的物质空间规划设计。只有同时掌握关于自然系统和社会系统两方面的知识，懂得如何协调人与自然的关系，才有可能设计出人地关系和谐的城市。

景观设计与市政工程设计不同，景观设计通过设计与改造，不断改善人与自然的关系，帮助人类重新达成人与自然的统一。景观设计更善于综合且全面地解决问题，而不是解决单一的工程问题，但综合解决问题的过程需要依靠市政工程设计等不同专业的参与。

景观设计与环境艺术也有所区别：景观设计的关注点在于用综合的途径解决问题，关注一个物质空间的整体设计，解决问题的途径是建立在科学理性的分析基础上的，而不仅仅依赖设计师的艺术灵感和艺术创造。

第二节　景观设计的目的、意义和依据

一、景观设计的目的

景观设计根据生态学与美学的原理，对局部地块的景观结构和形态进行具体配置与布局，包括对视觉景观的塑造，其目的就是对景观进行科学分析、设计、管理、改造、保护和恢复。例如景观建筑设计又称景观建筑学，在建筑设计或规划设计的过程中，通过对周围环境要素（包括自然要素和人工要素）的整体考虑和设计，让建筑与自然环境相互呼应，达到整体和谐，提高建筑整体的艺术价值。景观建筑设计的最终目的是要创造出景色如画、环境舒适、健康文明的游憩空间。

景观设计能够对环境进行更加合理的规划和建设，为人类提供更加舒适的生态环境，维持生态系统良性循环，为防灾避难提供安全的疏散场地，甚至能够起到记录人类文明发展的作用。

美化环境，改善人类生存空间的质量，创造人与自然、人与人之间的和谐是景观设计的最终目的，也是其最重要的作用。景观设计具有美化环境的功能，而美化环境能够促进人和自然以及人和人之间的和谐相处，从而创造可持续发展的环境。合理的空间尺度、完善的环境设施、喜闻乐见的景观形式，让人更加贴近生活，缩短人与环境间的心理距离。好的景观设计，可以使杂乱无章的空间变得有序，提高地块品味和发展潜力，还能很好地体现一个地区居民的精神状态和文明程度。通过优良的景观规划，布置大量的绿化（图 1-2-1）、水体景物（图 1-2-2），创造一个健康、舒适、安全且具有长久发展潜力的自然生态良性循环的生活环境，可以调节人的情感与行为，其中幽雅、充满生机的环境使人愉悦、欣慰、满足。景观设计的另一个作用是让生活在喧闹城市中的人亲近自然、走进自然。它是衔接都市生活与自然的桥梁，可以给居住在城市的人们提供回归自然的场所，给居住在农村的人们提供某种城市的精神和空间职能，满足人们多元化的需求，使人们的生活空间更加广阔、自由、完美。

▲ 图 1-2-1　景观中的绿化

▲ 图 1-2-2　景观中的水体景物

二、景观设计的意义

景观设计通过对环境的系统规划与合理建设，借助自然和历史文化背景，重新认识和组织人与自然的关系，并通过对自然资源的保护、利用和改造，实现人类对景观的需求和精神向往，实现生态、景观的可持续发展。景观设计的意义有以下五点。

（1）以尊重各地域自然地理特征为前提，通过重新认识和设计，保护人类生存的自然环境，为人类创造出满足需要并可直观感受到的优美、健康、舒适的生态环境，提供优质的活动空间。

（2）体现人文思想和自然之美，将人类生活空间与大自然结合，提高审美，陶冶性情。

（3）对维持当地生态系统良性循环起到重要作用。

（4）对人类文明历史的记录和宣传起到积极作用。

（5）为防灾避难提供安全的疏散场地。

19 世纪以来，科学技术的发展给人类的生活水平和生活方式带来了前所未有的变化，同时也给人类赖以生存的自然环境带来了巨大破坏。给人类提供一个多层次、多方位的生存空间和自然生态、文化生态平衡的环境空间及气候宜人、快捷方便的生活空间已是时代的呼唤。随着人类认识能力的不断提高，环境意识不断发展觉醒，人们开始重新审视日趋恶化的生活环境，并越来越能意识到环境保护的重要性，同时也更加注重人类和环境之间的紧密关系。解决社会发展中环境与生态之间的关系、令现代环境设计更好地满足当地人的精神文明需求和物质发展需要成为当前人类的迫切需求。如何解决环境与人类的平衡关系、怎样合理使用土地等方面的问题成为人类社会的重要议题。景观设计的出现使改善人居环境成为可能，它的形成和发展促进了人类生活环境质量的提高，改进了人类与自然环境之间的平衡关系，因此，景观设计在社会发展史上有着举足轻重的地位。

三、景观设计的依据

景观设计是一个社会经济、文化、历史、思想观念和意识形态等的综合反映，其最终目的是要呈现出一个风景如画、健康舒适的生活环境。

（一）科学依据

景观设计要依据相关的科学原理和技术要求指标进行。例如：在对一个道路及周边进行环境景观设计和规划时，必须要对该地块的地质、水文、土壤、地形等进行详细了解和分析。可靠的科学理论为景观设计提供基础依据，景观设计涉及科学技术的方方面面，如水利、土方工程、建筑技术、植物种植与管理等，所有在景观设计过程中涉及的问题都不能忽略。

（二）投资条件

景观设计最重要的就是投资条件，同一个景观地块，投资数额决定了景观规划的实施方案与最终效果。作为一名景观设计的工作者，要在有限的投资条件中尽可能创新，发挥最佳创意，创造出最适合、最理想的景观作品。

（三）社会需求

景观设计在一定程度上反映了社会意识形态，要为大众的物质和精神文化建设服务。景观设计者在进行规划与设计时，要对当地文化、居民心态进行深入了解，以创造出满足不同年龄、不同兴趣爱好、不同文化层次要求的优秀景观作品。因此，景观设计在社会需求方面要大众化。

（四）丰富功能

景观设计要根据人们的生活习惯、功能需求、审美偏好等方面的内容，对活动空间进行营造设计，以景色优美、干净舒适、健康活力为标准，对不同的功能需求要做出不同的功能分区，丰富设计手法和表现手段（图 1-2-3）。

▲ 图 1-2-3　公园中针对不同功能需求做出的功能分区

第三节　景观设计的发展历程及发展现状

一、我国景观设计的历史演进过程

（一）原始社会

原始社会人类主要居住在洞穴中，周围是森林和河流。有水源、有食物来源、安全的地域是当时人类定居的首选之地。这一时期出现的洞穴岩石壁画表达了原始人对自然界最初的认识和感知。壁画的出现，说明了人类开始有计划地改造洞穴，让它不再单纯是大自然的产物，体现了原始人对美的向往与追求。

新石器时代，人们逐渐走出洞穴，开始建造真正具有设计意义的可供居住的构筑物——地穴。地穴的建造，标志着建筑景观萌芽的出现，对后来建筑景观的设计和发展产生了深远的影响（图 1-3-1）。随着氏族家庭的繁衍昌盛，人类出现了以家庭为单位的小群体，这种群体是原始村落的雏形。原始村落体现了明显的“景观设计”意识，一般横纵方向都整齐排列，明显地分出三个区，村落的周围是围墙和壕沟。随着财物的积累和聚集，以及生产关系的变化，村落的居民逐渐形成了等级制度——居民等级不同，所居住的建筑大小和样式也不同。原始村落景观设计不仅给人类带来了物质上的生存保障，同时也产生了邻里关系，出现了个人和团体的概念，从而衍生出原始村落的风俗与文化。原始村落的演变和阶级分化，为更大规模的聚集地环境改造活动提供了人力、物力的支持，原始村落的关系也变为人与人、人与自然等多重关系，原始村落“景观设计”意识的发展，也是人类整体文化意识的进化与发展。

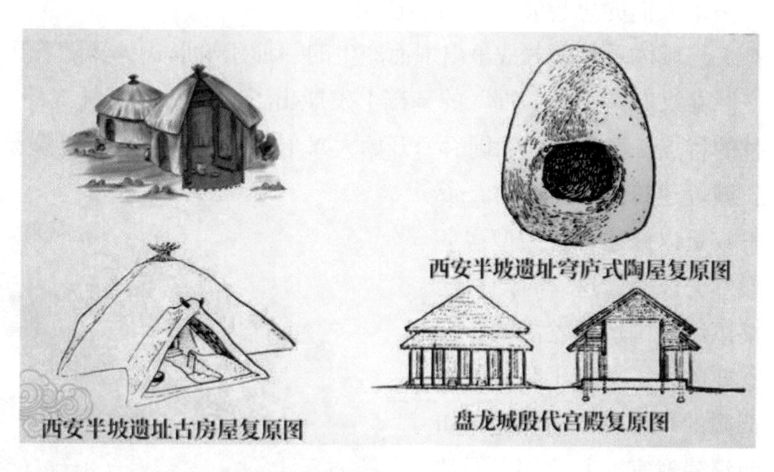

▲ 图 1-3-1　新石器时代的建筑景观

（二）五帝时期到西周时期

我国造园历史非常悠久，这一时期的园林主要是皇家园囿（图 1-3-2）。最初的“囿”是圈定的自然山林区，在区域内放养许多动物，挖池筑台，种植花果树木，供帝王狩猎游乐之用。黄帝时期的玄圃是史料记载中最早的人造景观。尧舜时期，开始设立专门官员掌管“山泽园囿田猎之事”。夏朝时，帝王园囿的风格由自然美趋向建筑美。中国早期规模较大的景观设计源于殷商时期。殷商时期，造园活动频繁，大量修建园林，有高墙围绕，并建有高台供帝王娱乐眺望，主要为帝王服务。中国园林最早见于史籍的是公元前 11 世纪西周的“灵囿”，由人工搭建，属于最古老的造园活动，“灵囿”是自然风景园囿发展到成熟时期的标志，也是人工造园的开端。

▲ 图 1-3-2　史料记载的帝王园囿

（三）春秋战国至秦汉时期

春秋战国时期，诸子百家思想争鸣，开拓了人们的思想领域。诸侯造园也开始盛行。

筑城体系是随着战争出现而产生的一种建筑形式，又随着兵器和战术的发展变化不断演变。秦汉时期，在“囿”的基础上发展出了一种宫室园林式的“建筑宫苑”，具备风景式园林的特点。秦朝统一六国后，开始大兴土木，先后修建了规模宏大、体量巨大的宫殿和万里长城等建筑体。汉朝时，帝王权贵以修建各种大型宫室殿堂为风尚，这一时期是继秦以后我国造园发展的一个重要阶段，奠定了我国传统造园的基础，影响深远。如西汉建章宫，其北部以园林为主，南部以宫殿为主，成为后世“大内御苑”规划的滥觞。它的园林一区是历史上第一座具有完整的三仙山的仙苑式皇家园林，从此以后，“一池三山”成为历来皇家园林的主要模式，一直沿袭到清代（图 1-3-3）。

▲ 图 1-3-3　西汉建章宫

（四）魏晋南北朝时期

魏晋南北朝时期，战火不断，民不聊生，小农经济受到豪族庄园经济的冲击。面对北方少数民族的入侵，皇室依然大兴土木、营建宫室，士大夫阶层不理政事，仕官文人产生了对政治悲观失望的情绪，崇尚避世的老庄思想，隐逸江湖，纷纷寄情于山水，一时间山水诗、山水画盛行。思想、文化、艺术上都有较大的变化，同时引起了景观设计创作的变革，在景观设计上也体现出人们的防御思想和避世思想。南北朝时，佛教盛行，佛寺不断出现，民间的私家园林也异军突起，一大批饶有田园风光的私家园林涌现，且多以写实的手法表现自然美。魏晋时期较为著名的私家园林有石崇的金谷园、张伦的宅园、谢灵运的谢氏庄园等，这些都是典型的私家园林。石崇在金谷园中常"昼游夜宴"，并将众人诗文编写成《金谷集》，使得雅集名垂千古。这一时期还出现了公共园林性质的兰亭，在这样一个以亭为中心，周围"有崇山峻岭，茂林修竹，又有清流激湍，映带左右"的自然环境里，曾会聚了当时的社会名流 42 人进行"曲水流觞"的修禊活动（图 1-3-4）。

（五）隋唐时期

隋朝的统一，结束了南北朝时期的混乱局面，中央集权的官僚机构更健全、完善，豪族势力和庄园经济遭受到沉重打击。这一时期的离宫别苑规模宏大、奇巧富丽，多采用布景式造园，其中隋炀帝的西苑最为著名，采取了湖、渠水系为主体，将宫苑建筑融于山水之中的手法，中国的建筑景观开始向山水建筑景观转化。唐朝早期国富民强，长安城城区整体布局规划科学合理，成为当时著名的国际性都市，在郊野建置华清宫（图 1-3-5）、九成宫等御苑。这一时期，私家园林着意于刻画园林景物的典型性格及局部的细致处理，因诗入画、因画成景的做法在唐代已见端倪，如浣花溪畔的杜甫草堂、白居易的庐山草堂、王维的辋川别业等。这一时期出现了更多的公共园林，如乐游园、曲江，既丰富了城市总体的天际线，更增益了原本已很出色的城市绿化效果。

▲ 图 1-3-4　"曲水流觞"修禊活动

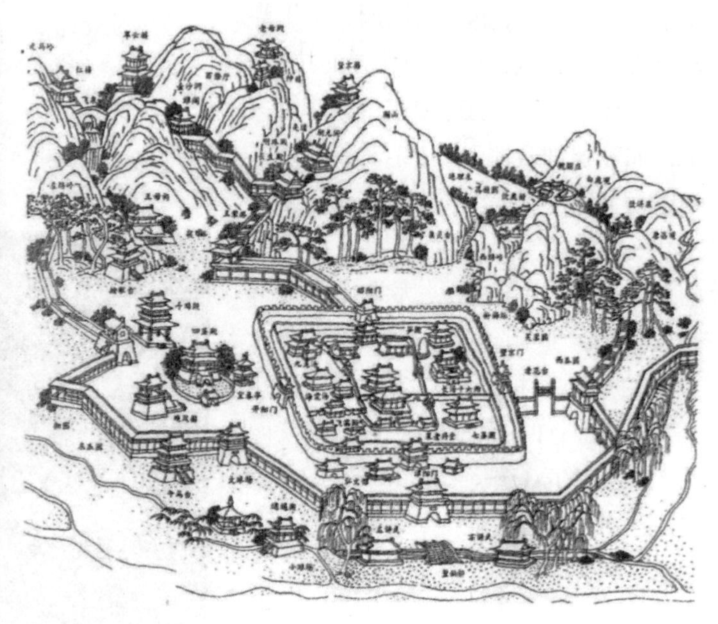

▲ 图 1-3-5　华清宫图

（六）两宋时期

宋代，中国的科技和文化发展迅速，国家经济空前繁荣，市民文化蓬勃发展，这都为传统的封建文化注入了新鲜血液。两宋时期受唐朝活泼、充满生机的景观风格影响，同时也受山水画的影响，山水宫苑的发展十分繁盛。如叠山、理水、花木、建筑完美结合的具有浓郁诗情画意的人工山水园——艮岳，代表着宋代皇家园林的风格特征和宫廷造园艺术的最高水平（图 1-3-6）。伴随着文学艺术的发展，人们对自然美的认识不断深化，这一时期出现了很多关于山水风景的理论著作，建筑景观技术也有相当的发展，出现了《营造法式》等书，奇石盆景的应用也愈发普遍，这些都对造园艺术产生了深刻的影响。

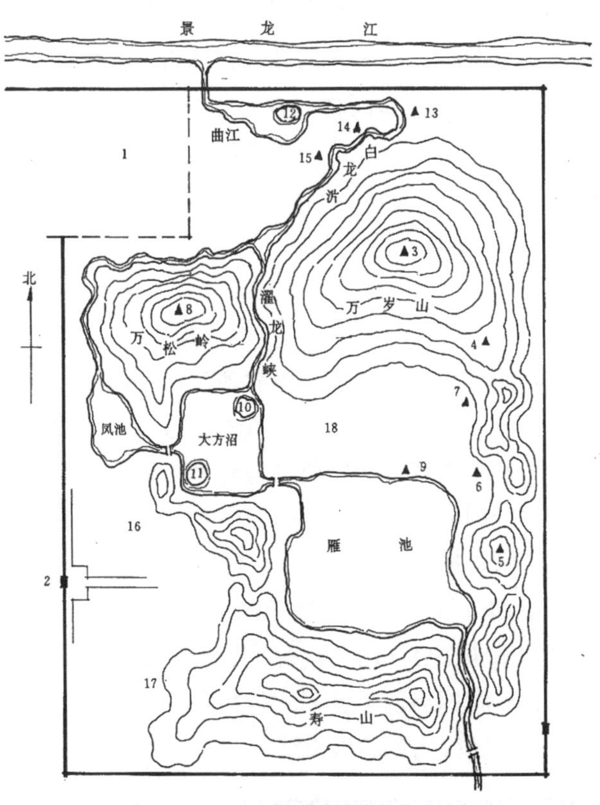

▲ 图 1-3-6　北宋艮岳地形图

（七）元代、明代、清初时期

元代、明代、清初时期的园林在继承两宋园林的基础上又有所发展。皇家园林以清初最为兴盛，且将重点放在离宫御苑上，如畅春园、圆明园、避暑山庄等，这些园林融江南民间造园技艺、皇家宫廷气派及大自然生态环境的美姿三者为一体。这一时期园林创作普遍重视建筑、叠山、植物配置的技巧，私家园林尤为兴盛且主要集中在江南一带，如苏州拙政园（图 1-3-7）、无锡寄畅园、上海豫园等。明末清初，在经济文化、发达繁荣、民间造园活动频繁的江南地区，涌现出一大批优秀的造园家，随着造园经验不断积累，文人出身的造园家将经验总结为理论著作刊行于世，如明代造园家计成的《园冶》、李渔的《一家言》、文震亨的《长物志》等。

▲ 图 1-3-7　苏州拙政园局部图

（八）清中叶、清末时期

从乾隆时期到清末这不到两百年的时间，是中国历史由古代转入近代的急剧变化时期，也是中国古典园林发展历史的终结时期。这个时期的园林继承了上一时期的传统，取得了辉煌的成就，同时也暴露出封建文化末世衰颓的迹象。皇家园林经历的大起大落的波折，从侧面反映了中国封建王朝末世的盛衰消长，这个时期出现了一些具有里程碑性质的园林作品，如避暑山庄、圆明园、清漪园。民间私家园林形成江南、北方、岭南三大地方风格鼎立的局面，在三大地方风格之中，江南园林以其精湛的造园技艺和保存下来为数甚多的优秀作品居于首席地位，如个园（图1-3-8）、瘦西湖、网师园、留园、小莲庄等。这一时期，造园理论探索停滞不前，再没有出现像明末清初时期那样的有关园林和园艺的略具雏形的理论著作，随着国际、国内形势的变化，西方的园林文化开始进入中国，如乾隆年间主持修建圆明园内的西洋楼，西方的造园艺术首次被引进中国宫苑（图1-3-9）。

▲ 图1-3-8 个园之四季假山

▲ 图1-3-9 圆明园西洋楼最大的宫殿——海晏堂复原图

（九）近现代时期

1840年鸦片战争爆发，标志着中国近代史的开始。之后随着清王朝被推翻，近代中国的社会发展出现了明显的二元化倾向。列强殖民侵略活动在危害中国主权与领土完整、掠夺剥削广大民众的同时，也带来了西方近代园林设计的观念与技术。20世纪70年代末，我国实行了改革开放政策，中国传统园林景观的发展产生了根本性的变化。

二、景观设计的发展现状

景观设计在中国有着悠久的发展历史。1978 年后，中国的现代景观设计重现生机，迅速地发展起来。近些年来，随着我国日益加快的城市化进程和快速发展的房地产市场，景观设计在观念、意识、人才培养和政策等诸多方面也需要不断发展和创新。

在"一带一路"等国家级顶层合作倡议的推动下，国内的景观设计人士有了很好的对外交流、联系的机遇，为我国的景观设计提供了良好的学习和展现的平台。例如"一带一路"沿线国家中有 17 个国家均选出了很多优秀的景观设计、城市规划的专业人士到我国交流学习，从不同国家、不同文化的角度对景观设计进行深入交流和探讨。我们迫切需要大量革命性、突破性的思想观念来研究更多创新型的解决方案，例如：住宅的选址不再放到郊区，而是改在城市内部进行更新；在办公区旁建住宅，在住宅区旁边建办公楼，尽可能减少人们的通勤时间，等等。国内当下的景观设计也更加注重自然灾害、公共安全事件等严重威胁人类生存和社会可持续发展的问题。随着"风险社会"的到来，"如何预防风险、降低风险、减少损失"的设计也成为当下社会景观设计的聚焦点。因此，一个合格的景观设计者要学会用不断变化和发展的观念和态度进行设计。

就具体建筑项目而言，我国景观设计还有很大的发挥空间，目前城市居民人口居住的基本需求面积、房屋居住的基本要求等内容还没有清晰明确的结论。在城市化进程不断加快的今天，城市人口数量快速增加，在国内大城市住房的地价、房价等因素影响下，小户型的居住空间和居民对大面积住房空间的需求之间的矛盾较大。

当今大多数日常生活环境的设计中，居住区户外环境的常见绿化设计植物品种选择较为单一，对本土植物的选择和使用相对较少，人们的园林观念中生态意识和人文关怀意识有待提高。在城市园林、环境设计中，北京、广州、上海等地开始因地制宜制定本土相关政策，在探索的路上先行一步，国内开始涌现一批较好的设计理念与方案，如智慧城市的建设、城市蓝绿空间的营造等，但是在城市园林建设领域的改变和改进，还需要在今后共同努力。

第四节　景观设计的发展趋势

一、文化多元化的景观设计

在全球一体化迅速发展的今天，外来景观设计风格正在猛烈冲击着我国的本土景观设计，这对我国景观设计而言既是挑战，也是机遇。景观设计可以在吸收外来文化的同时，注重地域文化的不同，表现出不同民族、不同思想、不同文化以及不同追求的现代优秀景观设计。

景观的差异很大程度上是因为山水景色和植物取材的不同，所以营造地域文化特色的重点在于街道景观、建筑景观、植物取材和构筑物材质等方面。例如，在岭南可以借鉴其地域传统形式“连房博厦”和“高墙冷巷”（图 1-4-1）的建筑形式，这些形式是为了遮阴防晒，以适应其独特的地理环境，同时便于内部交通等的需要，达到建筑景观的形式与功能完美结合，同时又能展现出区域特色。又如南方的吊脚楼、客家的土楼、华北地区的四合院、藏区的碉楼等，均具有各异的乡土景观风格（图 1-4-2）。

▲ 图 1-4-1　高墙冷巷的建筑形式

在景观设计中，设计者要根据地域中社会文化的构成脉络和特征，寻找体现地域传统的景观和发展机制，以演进发展的观点来对待地域的文化传统，将地域传统中最具活力的部分与景观现实及未来发展结合起来，使之获得持续的价值和生命活力；同时还要打破封闭的地域概念，结合全球文明的最新成果，用最新的技术和信息手段诠释和再现中华优秀传统文化的精神内涵，追求反映更深的文化内涵与本质，弃绝标签式的符号表达。

▲ 图 1-4-2　不同风格的地域景观建筑

二、人性化的景观设计

“人性化”概念起源于文艺复兴时期的人文主义（humanism）思想。人性化的景观设计，就是在进行景观设计之前，综合考虑人的生理结构，不同群体的生活习惯、性格特征、文化习俗等和人相关的要素，使设计尽可能满足并适合使用者的行为需要和心理需求，使他们在使用过程中能得到最佳使用体验。现代景观设计除艺术性之外，其社会作用和生态功能也备受重视，很多优秀的景观设计师开始把人们的日常生活需要作为设计的出发点，把舒适性和实用性放在首位，形式上也不再刻意追求对称和烦琐，而是以自由的平面、人性化的活动空间、简洁的造型为设计的基本原则。例如：充分考虑情侣需要空间保有一定的私密性；儿童喜爱色彩鲜艳的空间；场地要具备充分的通风和日照、遮阴的条件；植物不能选择含有毒性的品种；某些步行道旁边宜有扶手；设置坡道和可以避雨、遮阳的休息区；设置带状空间、中介空间，使空间增强场所感、领域感，从而使景观空间更人性化；等等（图 1-4-3）。

▲ 图 1-4-3　游憩活动场地的人性化设计

总之，人性化的景观设计是一个相当宽泛的概念，它建立在理论和实践经验的基础之上。景观设计师在设计之初就必须收集用户的一切对设计有实用价值的资料，并通过实地调研、现场勘察、观察、与使用者交流访谈、调查问卷、数据分析、以往经验、官方机构信息等途径进行资料的更新与补充。另外，景观设计师还要通过对景观美学、环境心理学、人文历史、人体工程学、工程技术学等学科的学习，建立强大的理论基础和科学技术支撑，真正做到景观设计的人性化。

三、新材料的景观设计

现代景观的发展要求景观设计在满足形态空间展示和功能需求的同时承载更多的信息，要及时了解并运用新技术、新材料。很多优秀的景观作品都采用新颖的材料或技术手段，营造光影、色彩、声音、质感、透明度等形式要素，创造具有现代感的景观环境（图 1-4-4）。新型材料的运用为超大型建筑景观设计提供了可能，同一个建筑、同一片空间，由不同材料进行营造，所表现出来的效果是截然不同的。设计师在设计过程中越能灵活地运用不同的建筑材料，就越能设计出好的作品。新型材料突破了原先材料的特性，对设计意向的表达有着更强烈的效果。例如穿孔金属板，本身具有多孔性，用在外观表现

▲ 图1-4-4　新型材料结合技术手段营造景观

上，能够增强空间的渗透感，打破内外空间固有的界限，真正做到内外间相互渗透，在对光线的处理上也有了更加丰富的变化效果。又如泡沫铝、铝镁锰金属板、不锈钢水波纹板等金属材料，可以赋予建筑未来科技感、水波纹等丰富的肌理效果。超薄石材、液体大理石、电镀石材等材料的出现则让石材在保留石头肌理的同时，还能够弯曲、透光，在外观造型上灵活变化，从而让石材出现超出石头本身的质感，表现出超乎想象的效果。

四、高科技的景观设计

（一）建立数据库

多个景观设计单位、高校及景观生产单位之间建立起了数据库，以便进行资料收集、数据共享与信息交流。应用数据库处理技术、网络技术与多媒体技术，可以使各个生产单位之间进行科学研究、规划设计、远程教学等方面的广泛交流与合作，包括对不同信息之间的沟通、检索与查询，并在线上进行景观信息发布、方案征集、网络会议、网上方案评审等。全国乃至全球该领域的网络用户都可以通过互联网实现信息共享，这对于促进景观业发展具有重要意义。

（二）空间分析与信息提取

地理信息系统（GIS）是景观设计专业直观而理性的空间分析工具，通过GIS对遥感技术（RS）、全球定位系统（GPS）等工具收集的各种资料进行提取分析，可以在风景评价和规划中建立所需的空间数据库，对各种信息进行提取、查询，还可以统计各种景观要素信息，对各地图要素进行操作、编辑、提取和输出。

（三）信息化、可视化分析

运用信息化、可视化的数据形式描述静态、动态形式的景观。

（四）3S 技术

景观评价时采用 3S 技术，能够对景区的资源状况更客观地进行评价和分析。通过模拟正常情况下人的视觉参数进行视觉可视化的计算分析，对地理环境进行三维虚拟可视化分析，通过城市公共空间的视觉比例等来表现城市空间，以此进行视觉环境评价；对年日照数据等内容进行分析，评估特定地点的日照情况用以进行光环境评价；借助流体动力学的相关知识，对建筑物表面的风荷载、建筑组群的风环境进行电脑数值模拟，同时结合可视化技术，直观评价方案的空间风环境。

▲ 图 1-4-5　遥感影像处理

（五）动态监测与管理

利用不同时期的遥感图像（图 1-4-5），通过分析 GIS 软件的图片、数据等资料，可以对区域绿地变迁、城市绿地发展、景观生态状况进行动态监测（图 1-4-6）。这对建构大地景观、促进城市绿化、改善城市生态系统、建设人居环境具有重要意义。

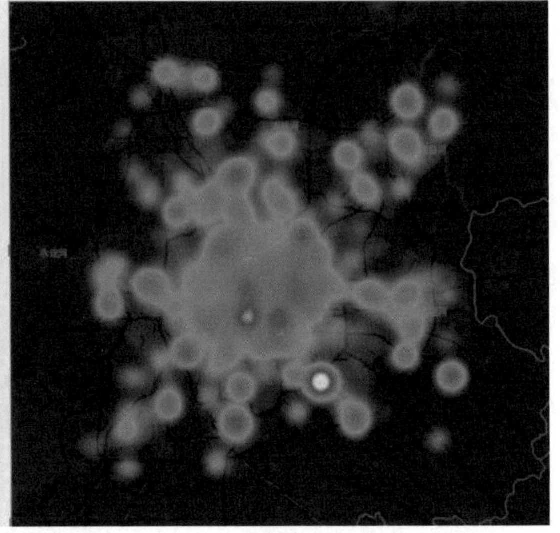

▲ 图 1-4-6　GIS 动态监测

（六）虚拟景观

利用虚拟现实技术对景观工程进行虚拟仿真演示。

（七）远程设计、施工与管理

随着大数据和计算机技术的发展成熟，未来的景观设计师可以通过计算机网络及相关技术，便捷地对千里之外的基地进行设计、施工与管理。

五、生态可持续的景观设计

景观设计中结合自然、生态可持续的设计观念，已被设计师和研究者倡导了很多年。20世纪70年代以后，生态主义浪潮席卷全球，生态主义设计也成为诸多景观设计师追求的内在追求，也由此产生了很多优秀的生态性景观设计作品。如著名的杜伊斯堡生态公园，设计保留了钢铁厂中绝大多数的生产设备及场地原本的肌理特征，用景观分层的手法把场地中原本破碎的工业景观及自然元素有机地整合，并且保留了场地内的荒草，令其自由生长，而原有的废弃材料也尽可能保留并重新利用，这种独特的工业废弃地景观设计既保留了历史印记，又节约了资源，同时还具有生态效益和社会功能（图1-4-7）。

▲ 图1-4-7　杜伊斯堡生态公园

到了21世纪，“低碳”一词也进入了景观设计领域，“低碳景观”（Low Carbon Landscape）要求在景观材料、设备制造、施工建造和景观使用的整个过程中，尽可能地减少石化能源的使用，减少二氧化碳排放。“低碳景观”的思想在我国受到极大重视，已经在各个领域中开始了实践，例如：在材料方面推广使用新型节能水泥预制品；各种节能玻璃，如中空、镀膜、钢化低辐射玻璃和光控低辐射玻璃等（图1-4-8）；保温建筑陶瓷、节水陶瓷产品；各种仿金属涂料，以代替金属装饰；使用无毒环保涂料来代替传统涂料；使用太阳能节能设施及节能照明设施等；用低能耗、低排放、低污染的建筑材料替代高能耗、高排放、高污染的传统建筑材料，并在整个施工过程中引入低碳理念，合理有效地利用能源，进而降低碳排放量。今后，我国乃至国际景观界的主流发展趋势都将是建设低碳城市、低碳国家。

▲ 图 1-4-8 低辐射钢化中空玻璃

本章小结

本章主要讲解景观设计的概念、产生、发展历程及未来趋势，其中对景观设计的概念及与相关学科的关系进行着重讲解。主要目标是让学习者对景观设计有初步认识和兴趣，为课程后续内容打好基础。

思考与练习

1. 对现阶段出现的景观新手法、新技术、新材料、新工艺等进行资料收集，了解当下景观设计的潮流和趋势，并从中学习经验，整理出自己的想法和思路。

2. 简述景观设计与景观规划的异同。

3. 根据景观设计的发展历程，简述现代景观设计从哪些方面对古典园林进行了继承与发展。

第二章

景观设计的相关理论基础

| 本章概述 |

景观是人类对环境的构想在大地上的映射，中国景观规划设计理论体系正在从不同方向和角度形成、发展和深入。在各种文化急剧碰撞、熔铸的开放时代，有意识地促进传统理论向着现代化的方向融合、创新将是一条非常有意义且可行的道路。因产生的历史和涉及的各个学科领域的综合性要求，景观设计具有多元性的特点。景观设计多元性中的社会因素十分复杂，其中包括环境学、心理学、城市学、文化艺术层面上的美学及居住哲学等各个方面，涉及各个系统间关系和理论交叉。本章主要从景观生态学、景观美学和景观环境行为学三方面详述景观设计的相关理论基础。

| 教学目标和要求 |

了解景观生态学、景观美学和景观环境行为学等相关理论知识，并结合实际，将其应用于实践中。

第一节　景观生态学

一、景观生态学概述

（一）景观生态学的概念

生态学（ecology）一词源于希腊文“οἶκος”，原意为房子、住所、家务或生活所在地，“ecology”原意为生物生存环境科学。生态学就是研究生物和人及自然环境的相互关系，研究自然与人工生态结构和功能的科学。由于其综合性的特点，生态学成为影响景观设计的重要学科。

景观生态学（landscape ecology）的概念最早由德国著名植物学家、地理学家卡尔·特罗尔（Carl Troll）在1939年提出，由此，景观的概念被引入生态学并逐渐发展成景观生态学。1968年，特罗尔将景观生态学正式定义为“研究一个给定景观区域内生物群落和其环境间的复杂因果关系的科学。这些关系在区域分布上有一定的空间格局，在自然地理分布上具有等级结构”。后来，另一位德国学者布赫瓦特（Buchwaid）进一步发展了景观生态学的思想，他认为景观是个多层次的生活空间，是由地圈、生物圈组成的相互作用的系统。

二战后，生态环境遭到了一定的破坏，随后出现了一批城市规划师、景观建筑师开始关注人类的生存环境，并在景观设计实践中开始了不懈的探索，其中麦克哈格（McHarg）的《设计结合自然》一书奠定了景观生态学的基础，建立了当时景观设计的准则，标志着景观设计专业承担起后工业时代人类整体生态环境建设的重大责任，使景观设计在原先的基础上大大扩展了活动空间。他反对以往土地和城市规划中功能分区的做法，强调土地利用规划应遵从自然固有的价值和自然过程，即土地的适宜性。

（二）主要研究内容

1. 景观结构

景观结构是指景观组成要素的类型、数量、大小、形状及其在空间上的组合形式。景观结构是景观功能的载体，强烈影响景观功能及其生态学过程。美国景观生态学家福曼（Forman）和法国地理学家戈德龙（Godron）在观察和比较各种景观的基础上，认为组成景观的结构单元不外乎三种：斑块、廊道和基质。

2. 景观功能

景观功能即景观结构与生态学的相互作用，或景观结构单元之间的相互作用。这些作用主要体现在能量、物质、生物有机体在景观镶嵌体的运动过程中。

3. 景观动态

景观动态即景观在结构和功能方面随时间的变化，包括景观结构单元组成成分的多样性、形状和格局的空间变化，以及由此导致的能量、物质和生物在分布和运动方面的差异。

然而，最引人注目的景观动态，往往是像森林砍伐、农田开垦、过度放牧、城市扩展等问题，以及由此造成的生物多样性减少、植被破坏、水土流失、土地沙化和其他生态景观功能方面的破坏，这也是当今社会主要面临的生态问题。

二、“斑块－廊道－基质”模式

“斑块－廊道－基质”模式是景观生态学用来解释景观空间结构的一种拓扑学模式，普遍适用于荒漠、森林、农业、草原、郊区和城区等各类景观。斑块、廊道、基质等的排列与组合构成景观，并成为景观中各种“流”的主要决定因素，同时也决定着景观格局和过程的时间变化。

（一）斑块

斑块是景观格局的基本组成单元，是指不同于周围背景的、相对均质的非线性区域。具体地讲，斑块可以是植物群落、湖泊、草原、农田或居民区等。因自然界各种等级系统都普遍存在时间和空间的斑块化，它反映了系统内部和系统间的相似性或相异性。不同大小、形状、边界性质的斑块及相互间的距离等空间分布特征构成了不同的生态带，形成了生态系统的差异，调节着生态过程。同时斑块这一概念也依赖于研究的尺度，在某种大尺度下的景观斑块，在小尺度研究中可能成为景观基质。斑块主要起源于环境异质性、自然干扰和人类活动，根据其成因可以分为干扰斑块、残存斑块、环境资源斑块、引入斑块四种类型。

1. 干扰斑块

干扰斑块是由于景观中局部干扰而形成的小面积斑块。如小范围火灾、冰雹、雪崩、泥石流、病虫害、哺乳动物的践踏、食草动物的取食和树木死亡等自然现象会造成干扰斑块；森林砍伐、采矿、围田等人类活动也会造成干扰斑块。但也有一些长期存在的干扰斑块，如毁林开荒形成的农田和人工采石形成的矿区等，这些是由于干扰反复发生、持续时间过长或干扰度过大，超出了原来生态系统自我恢复能力的极限而形成的，与其他斑块相比，干扰斑块通常消失最快，稳定性最低，平均年龄最短，周转速率最高。

2. 残存斑块

残存斑块是由大面积干扰所造成的、局部范围内幸存的自然或半自然生态系统或其片段。如大面积火烧后残留下来的未过火植被斑块，农业景观内残留下来的天然林地、未受洪水淹没的高地农田等。由于残存斑块与干扰斑块都起源于自然干扰或人为干扰，残存斑块的某些特征与干扰斑块类似，都具有较高的物种周转率。种群大小、迁移和灭绝速率在干扰发生之初变化较大，随后进入演化交替阶段。

3. 环境资源斑块

环境资源斑块是指由于环境资源条件（土壤类型、水分、养分以及与地形有关的各种因素）在空间分布中不均匀造成的斑块，如森林中的沼泽、冰川活动留下的泥炭地和沙漠中的绿洲等。环境资源斑块与基质之间的交界有时不太明显，如草原局部的湿草甸斑块与周围的草甸斑块并不明显，并且由于资源的分布相对持久，斑块的寿命一般较长，种群数量波动小，斑块内的物种周转率也较低。

4. 引入斑块

引人斑块是指由人类有意或无意将动植物引人某些地区而形成的，或者完全由人工建造和维护的斑块。如种植园、作物地、高尔夫球场、居民区等都属于引入斑块，其实质也是一种干扰斑块。引入斑块可进一步分为种植斑块和聚居斑块。

除了上述四种类型外，福曼和戈德龙还讨论了另外两种，即再生斑块和短生斑块。再生斑块是指先前被干扰而遭破坏的地段上再次出现的生态系统，其形式上与残留斑块类似。短生斑块则指由于环境条件短暂波动或动物活动引起的、持续期很短的斑块，如水源处时而聚集的动物群、荒漠中雨后出现的短生植物群落等。

（二）廊道

廊道是指景观中与相邻两侧环境不同的线性或带状结构，可以看作一个线状或带状斑块。常见的廊道包括农田间的防风林带、河流、道路、峡谷及输电线路等。通常廊道起到物质、能量、信息沟通与传递等积极作用。但同时也需要注意到某些呈条带状分布的景观廊道对景观系统起到了阻隔作用。如穿越森林地区的交通线使森林单元相互隔离，呈现破碎化，阻碍了森林中生物种群之间的迁移和交流。但这样的廊道同时也使周边的居民点相互联系，增加了连通性，促进了居民点间的人、物等的流通，起到了重要的纽带作用。廊道也存在尺度依赖性，例如在研究大型野生动物时，其迁徙廊道可能达到几十千米，但是对小型物种而言，几十千米的廊道则成为它们的生存环境。

按照廊道的宽度，可分为线状廊道和带状廊道，两者的主要差别在于廊道宽度及廊道的功能。

1. 线状廊道

线状廊道是指由边缘物种占优势的狭长条带（宽常为 12 m 以下），受相邻基质的影响明显，不存在核心区或内部生态环境，常见的有道路、堤坝、树篱、输电线、排水沟等。线状廊道因其宽度所限，如风、人类活动和土壤等环境条件对其内部环境和物种影响很大。

2. 带状廊道

带状廊道是指较宽的带状景观要素，有一定的内部生态环境，内部物种较丰富，如较宽的防护林带、输电线路和高速公路。

根据廊道的成分和生态系统类型，带状廊道可分为森林廊道、河流廊道和道路廊道。

（1）森林廊道。

森林廊道，又称绿色廊道，是重要的生态廊道，通常具有保护生物多样性、过滤污染物、防止水土流失、防风固沙、调控洪水等作用。森林廊道通常和河流廊道结合，形成生态廊道，以此实现保护生物多样性、控制污染物等多种生态功能，目前成为生态建设和景观设计考虑的重要环节。

（2）河流廊道。

河流廊道是指河流及其两侧分布的与周围基底不同的植被带，包括河床边缘、漫滩、堤坝。河流廊道的宽度随河流的大小和水文特性变化，其生态环境特点表现为水量丰富，空气湿度高，土壤肥力较高，季节性洪水泛滥时易被淹没。

（3）道路廊道。

道路廊道是一种典型的廊道结构，因受人为干预而与自然廊道有一定程度上的差异。道路廊道对沿线生态环境产生影响的主要方式和程度也往往因宽度、路面种类、车速、流量、形状及边际地带土地利用等形式的不同而有所不同。下面以青藏铁路建设为例说明景观生态学相关理论在道路廊道中的应用。

在青藏铁路的修建过程中，考虑了其作为线状干扰廊道对沿线生态环境的影响，并对铁路的选线等做出合理的规划，以降低铁路对沿线生态环境的负面影响。

青藏铁路沿线分布着类型众多、面积广阔的自然保护区及自然湿地，铁路选线时根据内部生态环境对各自然保护区及自然湿地进行避绕，选择从保护区和湿地的边缘通过，避免了铁路切割自然保护区及自然湿地核心地带而导致的自然保护区内部生态环境遭到破坏的情况。青藏铁路在通过自然保护区、自然湿地边缘地带及与低洼、河谷地有切割之处，采取了桥梁跨越方式，少用路堤，并在桥梁下方陆地部分留置适当空间，保证地表径流对湿地水资源的补充，防止湿地萎缩，确保水源涵养功能不受影响，尽量保存桥梁下方原有生态环境（图 2-1-1）。

▲ 图 2-1-1　青藏铁路以桥代路的形式

青藏铁路横穿可可西里国家自然保护区的缓冲区与核心区交接地带，那里生活着藏羚羊、野牦牛、藏野驴等野生动物，同时生长着数以百计的野生植物，建设者坚持“预防为主、保护优先”的原则，将采石场建在五六十公里以外的无植被区，把部分便道修成“之”字形，绕开植被区域，在通过动物迁徙的路径时预留出相应的动物廊道，保护了动物迁徙廊道中的内部生态环境与物种生存（图 2-1-2）。

▲图 2-1-2　隧道上方预留动物迁徙廊道

青藏铁路的建设尽可能地减少道路廊道对生态系统的冲击与破坏，采取适当的措施减少对较为脆弱的生态敏感区的干扰，使原有生态环境得以较好地保存，是充分运用景观生态学原理进行国家铁路建设的典型案例。

（三）基质

基质是景观格局中面积最大、分布最广、连通性最好的景观组成部分，是景观系统中占统治地位的镶嵌类型，常见的有森林基质、草原基质、农田基质和城市用地基质等。

斑块与廊道均散布在基质之中。斑块、廊道、基质三大结构单元中，基质是框架和基础，基质的运动变化导致斑块与廊道的产生，且基质、斑块、廊道是可以相互转化的。

三、生态安全格局

生态安全格局由景观中某些关键性的部分、位置和空间联系构成。无论景观是均质的还是异质的，景观中的各点对某种生态过程的重要性都不一样，其中一些现有或潜在的生态基础设施对控制景观水平生态过程起关键性的作用，这种潜在的空间格局被称为生态安全格局。生态安全格局包括维护生态过程安全与健康的生态安全格局、维护乡土遗产真实性与完整性的文化遗产安全格局、维护生态游憩过程安全与健康的游憩安全格局等。

生态安全格局所考虑的生态过程、要素，可根据一定的标准划分为高、中、低三种不同安全水平。其中理想安全格局是高水平安全格局，是维护区域生态服务的生态安全格局，在这个范围内，可以根据当地具体情况进行有条件的开发建设活动；满意安全格局是中水平安全格局，需要限制开发，实行保护措施，保护与恢复生态系统；底线安全格局是低水平生态安全格局，是生态安全的最基本保障，是城市发展建设中不可逾越的生态底线，需要重点保护和严格限制，并纳为城市的禁止和限制建设区。

生态安全格局的功能基本与“斑块 – 廊道 – 基质”模式相对应，一个生态安全格局意味着如何选择、维护和在某些潜在的战略部位引入斑块，意味着如何构筑联系廊道和辐射道。生态安全格局的理论与方法为解决如何在有限的国土面积上以最经济和最高效的方式维护生态的健康和安全、如何控制灾害性过程、如何实现人居环境的可持续性等问题提供了一个新的思维模式，同时为实现良好的土地利用格局、营造健康安全的人居环境及有效阻止生态环境的恶化提供了潜在的理论指导和实践意义。

案例解析

三亚红树林生态公园

三亚红树林生态公园位于三亚市中心的三亚河东岸，占地约 10 hm^2，由北京大学教授俞孔坚及北京土人景观规划设计研究所设计，并获得 ASLA 2020 年度综合设计荣誉奖（图 2-1-3）。

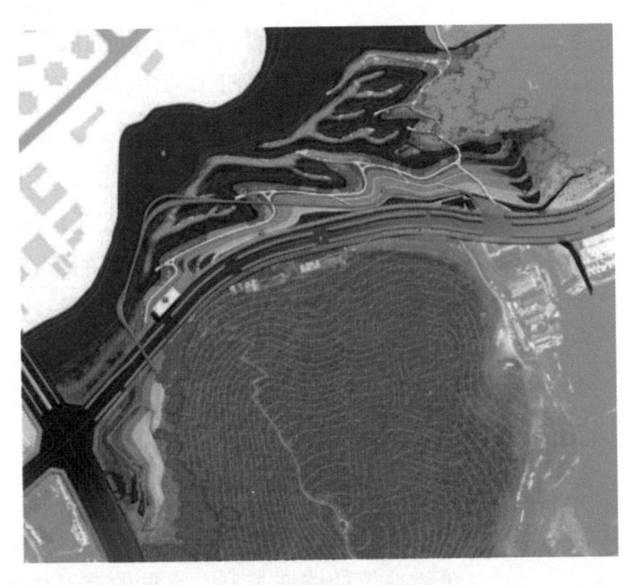

▲ 图 2-1-3　三亚红树林生态公园平面图

（一）场地现状

场地处于海水与淡水交汇的分界位置，生态状况十分脆弱（图 2-1-4）。和三亚水系的普遍状况一样，这里的水也被城市径流污染，高耸的混凝土墙将 10 hm^2 的土地围住，场地中堆满了建筑碎屑和垃圾，一条主干道从旁边穿过，路面与水面间高达 9 m 的陡坎让市民无法靠近水源。

▲ 图 2-1-4　场地区位图

（二）需解决的场地问题

这次设计的目标为修复红树林生态系统，并给其他的城市修补和生态修复项目做示范。设计需解决四大场地问题。

（1）风。每年的强热带季风会破坏幼苗，影响红树林的恢复。

（2）水。季风期上游汇集的洪水会冲散刚形成的红树林群落。

（3）城市径流。受污染的城市径流会破坏脆弱的红树林幼苗，导致红树林物种群落减少。

（4）可游性。需考虑如何将公众游憩与自然修复相结合。

（三）设计策略

1. 材料回收利用，土方平衡

设计者将现场建筑垃圾和拆除防洪墙产生的混凝土废料进行现场回收利用，通过“填—挖”的方式创造不同高度的水位，满足以红树林为主的各类植物及动物所需的生态环境，形成丰富的驳岸生态系统。

2. 营造指状相扣的地形，引海水入园

营造指状相扣的地形，将海水引进公园，避免季风期上游洪水的冲击和城市径流的污染。这样的地形最大程度地加强了边界效应，延长了岸线（图 2-1-5）；同时，公园水深变化为 0 ~ 1.5 m，潮起潮落的动态水环境为生物提供了多样的生态环境。

3. 建立台地与生态步道

利用城市道路与水面间的 9 m 高差，建造与生物洼地相结合的梯田。同时，利用场地的内部高差，建立一系列台地和生态廊道，截流并净化来自城市的地表径流，并设置高低错落的公共空间，使游客可以从公园入口沿坡道步入空中生态步道，俯瞰红树林，体验在红树林冠层上漫步的感觉，又可通过无障碍坡道快速下到水边，穿梭于红树林中（图 2-1-6）。

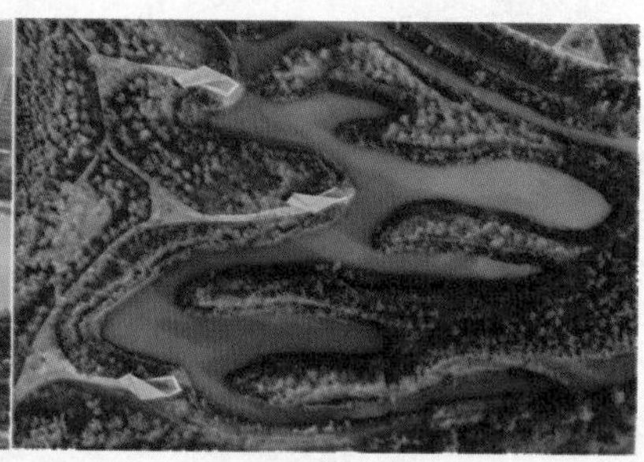

▲ 图 2-1-5　指状相扣的地形

▲ 图 2-1-6　高低错落的生态步道

▲ 图 2-1-7　模块化景观盒子

4. 设计模块化景观盒子

五个景观盒子被精心地布置在优美、僻静、视野开阔的位置，在三亚多变的气候下，这些盒子也成为必要的遮阴避雨空间。模块化的混凝土盒子保证游人避免海南烈日的暴晒和热带暴雨的侵袭，为游客提供更好的观景体验（图 2-1-7）。

对于以海绵建设、生态修复为主要目的的景观设计，设计方利用地形，以漫步道结合景观停留点对人群游线进行设计，充分降低人对场地的影响。该方案获得了巨大的成功，建成后仅三年就达到了所有设定目标。

如今繁盛的生态交错带形成了一个多孔边界，与海洋潮汐为友，促进了红树林的生长，指状岛内的红树林长势良好，鱼鸟在这里栖居，每年吸引着大量游客。三亚红树林生态公园成为市民的日常活动场所。设计修复了红树林生态系统，同时也带来了公共服务的巨大提升。

第二节 景观美学

一、景观美学概述

景观美学是环境美学的重要内容之一，涉及地质学、地理学、建筑学等多个学科，具有综合性。它一方面研究自然景观和人文景观的审美价值、美学特征、美学规律等，另一方面则研究如何按照美的规律进行景观美的创造以及创作主体、客体、载体、受体四者之间的关系和交互作用。

（一）景观美学的核心内容

1. 视觉景观的形象美感

主要是从人类视觉感受出发，根据美学规律，利用空间实体景物创造出赏心悦目的环境形象。

2. 生理感受的生态美感

根据自然界生物学原理，利用阳光、气候、动植物、土壤、水体等自然条件和人工材料，创造功能良好的生态系统和物理系统。

3. 精神层面的审美美感

从人类的心理精神需求出发，根据人类在环境中的行为心理乃至精神活动的规律，利用心理、文化的引导，创造使人赏心悦目、积极上进、流连忘返的精神环境。

一个优秀的景观为人们带来的感受必定包含着这三个层次的共同作用，形象美感、生态美感和审美美感对人们在景观环境中的感受所起的作用是巨大的，通过以视觉为主的感受通道，借助于物化了的景观环境，在人们心理上产生共鸣，这也是中国古典园林所倡导的“三位一体”（物境、情境、意境）的综合作用。

（二）景观美学的特性

1. 景观美的整体性

景观美是由多方面的因素彼此协调配合、共同作用产生的，它不是孤立地以自身的物态形式展现美的特质，而是作为一个整体存在，只有在整体之中，个性的美才能呈现。如一组建筑，一处自然风光，都要同周围的环境和事物联系起来，互相映衬，彼此烘托，才能将其美感完全展示出来。

2. 景观美的多样性

景观的千篇一律和单调乏味会导致审美精神的失落及审美特色的淡化，如城市建筑“千城一面”，标准化模式下城市景观缺乏地域特色，使其丧失了自身的个性，也丧失了审美的魅力，最终导致人们情感上对其疏离与厌倦。世界是丰富多彩的，所以位于大地之上的景观也应该是丰富多样的，这些争奇斗艳的景观，能让我们领略不同类型、不同风格的景观之美，给我们带来丰富的审美享受与乐趣。

3. 景观美的独特性

独特的景观能唤起人们的审美情感。从粗犷豪放的陕北窑洞、雅致古朴的江南民居到灵巧秀雅的西南吊脚楼，再到用简洁明朗的线条彰显“高贵的单纯、静穆的伟大”的古希腊神庙……这些景观无不以其独特的个性特征向我们呈现出最为鲜明、最为强烈的审美印象。

4. 景观美的动态性

景观美的各种形式不是静止不变的，而是时时刻刻处在一种流动变幻之中，使人不断地享受到连绵起伏、富有韵律节奏的美感满足。其中，景观美的动态性体现在时间和空间两个维度之上。从时间上来说，自然景观会随着时间的流逝繁衍生长，人文景观也会随着时间的推移传承积淀。

二、景观设计的形式美法则

对形式美的研究是美学研究的重要内容。形式美即形式所带给人的感官愉悦，是人们最熟悉的美感形态。形式美是景观表层审美结构所具有的独立审美功能，主要表现为感官享受。形式美是所有设计学科中都应遵守的法则，是一切设计的基础。景观设计中，只有将形式美的原理与法则充分应用，设计出的作品才能够符合人们的审美需求，因此形式美法则对景观设计具有指导作用。在小品的打造、园路的铺装、水体的设置及整体的布局上，都应遵循形式美法则。

（一）多样与统一

多样与统一是形式美法则中最高、最基本的审美法则。所谓多样，是指整体中所包含的各种要素在形式上的对立性和差别性，它体现了事物的多姿多彩和丰富变化；所谓统一，是指整体中的各种要素在形式上的相关性和依从性，它体现了事物的普遍联系和相互转化。黑格尔把多样统一称为和谐，他说：“和谐一方面见出本质上的差异面的整体，另一方面也消除了这些差异面的纯然对立，因此它们的相互依从和内在联系就显现为它们的统一。”多样与统一主要表现在以下五个方面。

1. 形式的统一

形式的统一就是构成景观的要素在外形和表现形式上比较接近。比如地块内的建筑不论体量大小，均采用相同的几何形体表现；内部道路不论曲折宽窄，都按照相同的铺装样式进行铺地等。

2. 材料的统一

材料的统一体现在景观各个位置上的节点要素均采用相同的材料表现。相同的材料在质感、颜色、纹样上都一致，体现了整体风格，有助于景观的统一和谐。

3. 线型的统一

在景观元素的塑造方面，应利用相同的线形来限定形态。比如方形为主的景观，内部布置方形的花坛、方形的水景，周边布置方形的座椅，方形构成了景观要素共同的线型，景观会显得更协调、美观（图 2-2-1）。

▲ 图 2-2-1 方形设计元素构成的景观

4. 色彩的统一

色彩是景观设计中最具识别力的要素之一。景观色彩可以为人们提供某些地域性的独特信息，色彩的统一能够使整个景观形成统一的风格。比如苏州古典园林中建筑物均以红柱、灰瓦、粉墙进行装饰，色彩统一，形成了鲜明的景观特征。

5. 局部和整体的统一

一个地块内部通常会在不同区域分布多个不同主题的景观节点，不同的节点应该在整体统一风格的基础上形成变化，但要避免风格、色彩、韵味等要素截然不同，否则会导致混乱，使全园丧失主题，成为一盘散沙，风格模糊不清。局部与整体的统一是整体设计的方向，是把控全局的关键。

（二）对比与调和

对比与调和在美学中被称为“统一中求变化，变化中求统一”，是提升景观审美层次的关键。对比与调和是利用构图中的两种元素将形态、色彩等要素往一致的方向调整，或是对两种差异化元素进行体量、方向等要素的对比。

1. 对比

对比是指对立或具有显著差异的形式要素之间的排列组合。通过相互对立、相互排斥的因素之间的比较和对照，可以产生相“反”相成、相得益彰的效果。对比的形式多种多样，不同的色彩、线条、形体、声音在质、量、时间、空间等方面都会形成强烈的对比，如色彩的浓与淡、冷与暖，光线的明与暗、黑与白，线条的粗与细、直与曲，体量的大与小、方与圆，质地的涩与滑、软与硬，形态的动与静、轻与重，位置的高与低、远与近，空间的虚与实、前与后，声音的长与短、强与弱，节奏的快与慢、疏与密，等等。比如苏州四大园林之一的沧浪亭，该园是北水南山的格局，山与水中间隔了一条复廊（又叫里外廊），在廊子中间隔了一道墙，形成两侧单面空廊的形式。墙上开了各式各样的漏窗，通过复廊的漏窗，将山水相联系，游人站在廊北面，水实山虚，站在廊子南面则山实水虚，山水虚实相互转化（图 2-2-2）。

▲ 图 2-2-2　沧浪亭之山水虚实相互转化

2. 调和

调和是指非对立的或没有显著差异的形式要素之间的排列组合。调和中也有变化，但是渐变而不是突变，即按照一定的次序做连续、逐渐的演进，在变化中仍保持一定的相似性、融合性和统一性，彼此之间构不成强烈的对比。

（三）对称与均衡

对称是指以一条线为中轴，使相同或相似的物体分别处于相反的方向和位置上的排列组合。对称既含有一致性的因素，又含有差异性的因素。常见的对称有左右对称、上下对称和中心对称三种，其中又以左右对称居多。对称在景观设计中最为常见，如故宫、凡尔赛宫，都采用对称形式突出中心，并显示其稳重、庄严、雄伟的气势。

均衡是指重力支点位于大小、位置、形状、色彩等不同的物体之间，且支点两边分量相等的排列组合。在景观设计中，均衡并不是均等，而是以景观要素的色彩、大小、数量、繁简等，对视觉上的平衡进行判断，这样的平衡才能让人觉得和谐。

对称与均衡，也就是将杂乱无章的形态删繁就简，重新设计组合，从而形成一种有秩序的，且十分均衡的形式美。西方古典园林十分讲究几何图形化及对称，即注重规则式均衡，通常情况下采用有中轴线的几何格局，对景观进行设计，其中最为典型的莫过于凡尔赛宫。

凡尔赛宫以东西为轴，保持南北对称，突出的是景观美感，从而突显出景观对宴会需求的把握。再比如故宫博物院（图 2-2-3），也是按照对称格局设计的。景观的对称常让人觉得严肃庄重，从而使景观显得更加崇高。但是景观对称往往缺少变化，如果处理不恰当，就会让景观显得十分单调、乏味，而均衡则改变了这一局限，让景观显得丰富、生动。

▲ 图 2-2-3　故宫博物院

（四）节奏与韵律

节奏是指有秩序的变化和有规律的反复的排列组合，而韵律则是以节奏为基础，并赋予相应的情感。节奏和韵律既在时间中存在，也在空间中存在。建筑群体的高低错落、疏密聚散、空间要素的交替、构件排列的秩序、线条的变化以及大自然四季更迭、草木荣枯所带来的不同韵味，都充分体现了景观设计的节奏与韵律。

景观设计通过多方位的构图，运用点、线、面、体等各方面达到均衡、对比、尺度、空间序列的变化，并取得视觉上有节奏与韵律的艺术效果，在特定的空间范围内创造富有趣味和变化的空间，使得景观相连，并具备前奏、高潮、尾声等类似于音乐的特性，产生令人浮想联翩、趣味无穷的艺术意境（图 2-2-4）。

▲ 图 2-2-4　富有节奏与韵律感的景观设计

（五）比例与尺度

1. 比例

比例是指事物的整体与局部以及局部与局部之间基于一定数量关系的排列组合。由不同的比例关系构成的景物，其审美特性往往有很大的差异。有的给人以修长、纤细之感，有的

给人以粗壮、有力之感；有的显得稳定，有的显得动荡；有的显得单纯，有的显得复杂。在景观设计中，各部分设计要素应比例协调，一旦失调，则影响整体视觉效果。如植物高低要根据周边环境情况进行设置（图 2-2-5）。

2. 尺度

和比例密切相关的另一个特性是尺度，景观设计中的尺度是人的身高与活动空间的度量关系，因为人们习惯于通过身高和活动所需要的空间作为感知度量的标准，使一个特定场所呈现出恰当的比例关系。尺度有绝对尺度和相对尺度之分。

绝对尺度指景观元素的实际尺度，利用数据可以准确表达，例如植物的高度、干径、冠径，道路的长度和宽度等，任何人经过测量均会得到相同的数字。相对尺度指人的心理尺度，体现人眼对景观及空间尺度的心理感受，例如传统园林中“小中见大”“占边”“把角”“让心”等，意在说明尺度较小的空间中，把具备一定高度的景观要素放置于周边，角落部分安排亭或山石，从而把园中的中心位置让出来，由于庭院中心位置相对开阔，便使人有“小中见大”的心理感受，这种做法就是在构图中满足人的心理尺度（图 2-2-6）。

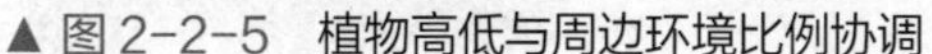

▲ 图 2-2-5　植物高低与周边环境比例协调

▲ 图 2-2-6　网师园“小中见大”布局形式

所谓的“由小见大”“曲径通幽处”“山重水复疑无路，柳暗花明又一村”，其实都是指园林自身在设计过程中更好地实现了空间的无限放大，让每一个游玩的人可以在有限空间下感受无垠之感。在有限的空间内，营造一个全新的意境空间，这既体现了尺度与比例，又超出了尺度与比例的表达范畴。园林要素的尺度与比例设计，并非简单的数字排列，而是在许多存在的可能性中找出和谐统一的组合模式，如通过勾股定理和黄金分割率等，通过要素尺度和比例所产生的变化和重构，最终缔造一个完美的空间。

三、景观空间的主要构图模式

现代景观设计在平面构图上一反传统的轴线引导或对称布置的手法，大量运用各种几何形状，线条表现简洁有力，除直线外，曲线、波浪线、螺旋线也很普遍；各种形与线组合，上下穿插，形成非对称构图，达到动态均衡。或采用与建筑城市形体呼应的几何形状的规整式排列，在规整中求变化；方格网、对角线和点阵排列构成现代景观构图的重要特征。从古今中外现存的大量景观空间构图形态中进行分析，可以将它们大体概括为规则对称式、均衡式、自然式、简洁式、混合式等几种主要的构图模式。

（一）规则对称式

孟德斯鸠（Montesquieu）认为："在一个视点上当大量的物体呈现于我们面前时，对称是必要的，因为这样可以帮助我们很快形成一个整体概念。"对称可以产生一种轻松的心理反应，使景观在形式上具有均衡、完整的特征，使观者身体两半神经处于平衡状态。对称具有平稳、富有节奏韵律感的特点，往往是以线为轴，把相同的形式和空间要素左右或上下反复配列，形成同形同量的效果，体现简洁之美，单纯之美，有利于表达严肃的主题和壮美的场景。使用规则对称的形式，能体现出环境景观严谨、庄重、宏伟、大气的特点，但在实际应用中，由于各种外界因素的影响，或出于形式美法则自身的特点，在设计中也会有意识地在整体对称的格局中出现微差或局部的突破，在消除了对称的单调感的同时，依然保持着对称的格局（图 2-2-7）。

▲ 图 2-2-7 居住区景观对称格局中的局部突破

（二）均衡式

均衡式具有平稳、韵律感强、自由生动等特点。这是一种自由组合的形式，不求轴线上严格对称，只求景观构图的均衡，均衡式在构图的单元上虽不对称，在景观元素的体量上却大致相等，使景观整体保持一定的平衡状态，从而达到优美灵活的效果（图 2-2-8）。均衡式在构图上涉及控制点、骨骼和单元等要素的协调与统一。

▲ 图 2-2-8 均衡式景观空间构图模式

（三）自然式

自然式受到的格式约束比较小，看上去是一种随意的排列，但是它的自然感和偶然性的视觉效果呈现出既朦胧又直观的感觉，且具有不稳定的含蓄美。如当代生态与可持续理念已形成普遍的社会思潮，将景观设计的自然有机的构图模式提到一种新的认知高度，即保持河流河道弯曲的形态，精心保护自然植被群落，城市环境中追求野草足下之美，使自然有机审美成为一种广泛流行的观念（图 2-2-9）。

▲ 图 2-2-9 自然式城市河道景观设计

（四）简洁式

近年来，简洁的风格越来越受到人们关注，从某种意义上讲，人们对简洁的向往是与生俱来的，特别是快节奏的现代生活使人疲惫不堪，人们渴望心灵的片刻小憩。简洁的风格用精炼的表现手段或设计手法解决最复杂的问题，将简洁清晰的思路与真实的功能

▲ 图 2-2-10　极简主义景观设计

相结合，从而达到更高的艺术境界。

简洁式的景观设计中常用三角形、矩形、圆形等简洁的几何形体，它们是人们经过高度的概括、升华而产生的视觉符号。现代景观设计除了继续沿用传统的方、圆等几何形体外，对其变体的使用也更加大胆和多样化，从早期的三角形庭院到肾形的游泳池、从螺旋线的地形到圆锥体的场地，斜线穿插、弧线扭曲，构成不规则的、破碎的几何形体。带有抽象意味的形与线的组合，使几何形体变得异常丰富复杂，超越了传统几何图形纯净、简洁的形式（图 2-2-10）。

▲ 图 2-2-11　混合式景观空间构图模式

（五）混合式

许多环境景观设计对景观形式的构图已不再简单地拘泥于规则对称式、均衡式、自然式、简洁式这些形式类型的个别运用，而是将它们有机地结合在一起，达到多样统一的形式美的景观效果（图 2-2-11）。

四、艺术景观设计

奥姆斯泰德（Olmsted）曾说过：“因为所有草皮、树木、鲜花、篱笆、人行道、水、油漆、石膏、柱子，如果没有直接的用途或服务目的，也就不是艺术……只要效用的考虑被装饰的考虑所忽视或掩盖，就不会有真正的艺术。”景观设计是一门崇高的艺术形式，艺术与景观空间的结合，可以让人感受到它们结合所爆发出来的精神力量。

（一）极简主义

现代主义建筑大师路德维希·密斯·凡·德·罗（Ludwig Mies van der Rohe）曾说“少即是多”。极简主义（minimalism）是 20 世纪 60 年代初兴起于美国的艺术派系，它属于非绘画性抽象艺术的一支。极简艺术家追求形式的纯粹抽象，客体无特征的艺术逻辑。现代景观设计中，极简主义运用简洁的形式表达深层次的文化内涵，创造出精神性的意境体验。极简的美不仅表现在形式的简约流畅，更在于它所创造的意境美。

著名景观设计师彼得·沃克（Peter Walker）是极简主义的代表人物，他主张的极简主义，目的在于去芜存菁，去掉不必要的修饰，提供实际需要的必需设施，加以艺术的表达，形成强烈的感染力。在他的设计中，既可以看到简洁现代的形式，又可以体会浓重的古典元素、神秘的氛围和原始的气息。如彼得·沃克的代表作品唐纳喷泉。该喷泉坐落于哈佛大学内，由一个圆形石阵和中心的雾喷泉组成，石阵既采用不规则的分布形式，又采用以雾喷泉为圆心的圆形形式。中间的雾喷泉与石头在四季都有不同的景象，使用者踏入其中，就会从视觉、嗅觉、触觉上产生不同的感受（图 2-2-12）。

▲ 图 2-2-12　唐纳喷泉

（二）大地艺术

大地艺术又称“地景艺术”或“土方工程”，是指艺术家以大自然作为创造素材，把艺术与大自然有机地结合所创造出的一种富有艺术整体性情景的视觉化艺术形式。大地艺术选择远离城市文明和喧嚣的环境，呼吸自然界的自由空气，以此来寻求艺术灵感，表达人类在面对大自然时恢宏壮观的感觉，具有强烈的神秘感、象征性和视觉冲击。艺术家运用土地、岩石、水、树木等材料，借助风、雷、电、光等自然力量，创作出超大尺度的作品（图 2-2-13）。

▲ 图 2-2-13　大地艺术景观

（三）波普艺术

波普艺术对于 20 世纪 60 年代的西方艺术来说具有典型意义。波普艺术针对抽象表现主义的问题，尝试新的材料、主题与形式，以流行的商业文化形象和都市生活中的事物为题材，采用的创作手法也往往反映出工业化和商业化的时代特征。波普艺术被视为一种形式主义的设计风格，它追求大众化、通俗的趣味，反对现代主义自命不凡的清高，强调新奇与独特，并大胆采用艳俗的色彩。

▲ 图 2-2-14 武汉园博园具有波普艺术风格的沉淀园

在景观设计中运用到的波普艺术手法，都是通过结合景观设计自身的创作语言并经过转译后形成具有波普意味的景观设计手法。常见的波普表现手法有诙谐与浪漫、替换与拼贴、体验与互动（图 2-2-14）。

（四）装置艺术

装置艺术是由英语 installation art 翻译而来的，这个词最初是对与传统艺术作品形态上完全不同的艺术形态的统称，指艺术家在特定的时空环境中，将人类日常生活中的已消费或未消费过的物质文化实体进行艺术性的有效选择、利用、改造、组合，令它们演绎出新的展示个体或群体精神文化意蕴的艺术形态。从某种程度上讲，装置艺术就是融场地、材料、情感为一体的综合展示艺术品，它的特殊之处在于空间本身就是异化的，是物的延伸，是人与物体之间的一种对话（图 2-2-15）。

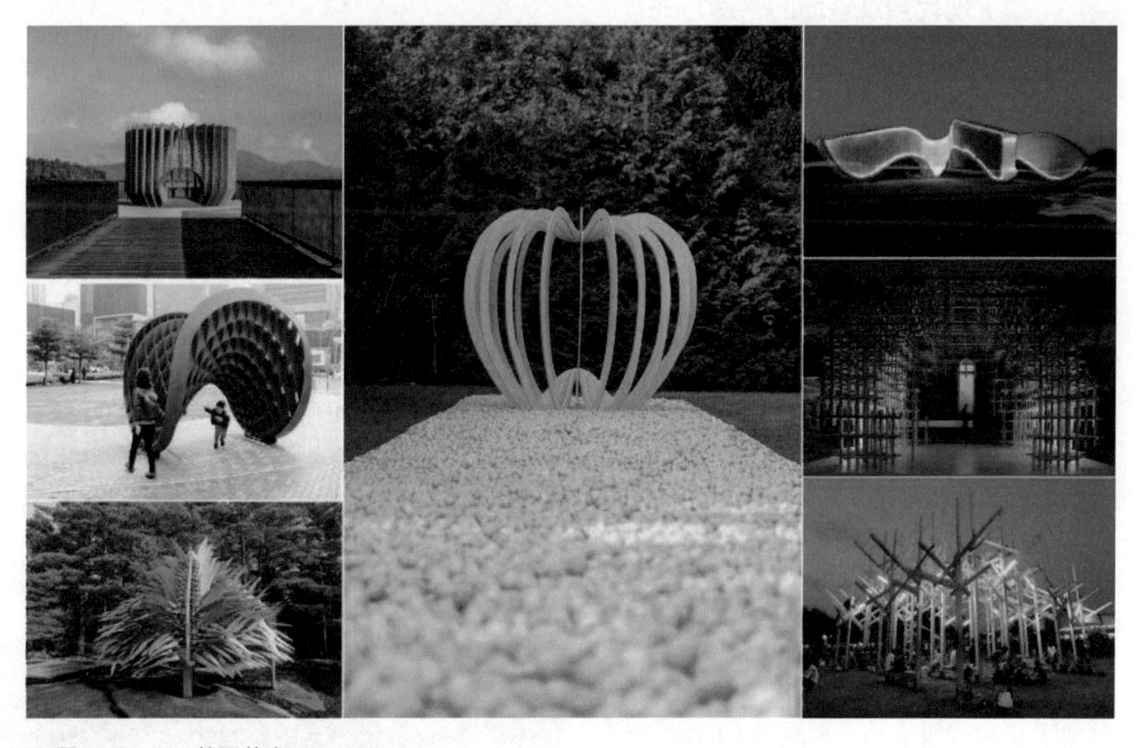

▲ 图 2-2-15 装置艺术

五、景观意境美

意境是中国艺术创作和鉴赏方面一个极其重要的美学范畴，是中国造园艺术追求的最高境界，是中国古典园林的灵魂。

（一）意境的含义

孙筱祥先生提出了中国园林的造园目标，即“三境论”——生境、画境、意境，三个方面层层递进，意境是最高的追求。陈从周先生认为：“园林之诗情画意，即诗与画之境界，在实际景物中出现之，统名之曰‘意境’。”意即主观的理念、感情，境即客观的生活、景物，意境产生于艺术创作中此两者的结合，即创作者把自己的理念、感情熔铸于客观的生活、景物之中，从而引发鉴赏者类似的情感和理念联想。

景观意境分为三个层次：一是客观存在物所传递出的一种景观意象，也就是具象存在的景观和景观所蕴含的文化符号使人们产生感知，所形成的意象；二是景观意象所表达出来的情感、趣味性、空间氛围等；三是在前两者的基础上触动产生的丰富艺术想象和联想，这三个层次之间有着逐层递进的关系，缺一不可。

“意境”不仅是中国古典园林所独有的，西方古典园林虽然更加注重园林形式美的表达，但设计者在进行园林设计时，自身的情感思想也会融入其中，同样体现了一定程度的意境。比如日本禅宗园林和英国自然风景式园林，同样都有意境的表达，但在广度和深度上，则与中国古典园林存在着一些差距。在英国的自然风景式园林中，会特意建立废墟、古墓之类能够引起游人情绪变化的景观元素。

（二）现代景观意境的营造方式

景观意境创作本身就是一种设计思考，它使某个基本空间变成具体的特定空间，其创作依附于整个景观规划设计过程中，与景观的功能规划、生态规划、运作模型、变迁预测等息息相关。从某种意义上来说，景观意境的创作是把感性渗入到整个规划设计中，而景观系统各因素最优化组合的目标则给予意境创作以理性的要求。

1. 象征与隐喻

现代景观设计常运用象征和隐喻手法体现对集体无意识的深度挖掘和历史的追忆，从而使人感受到场地中隐含的精神特质。

象征是指用某种符号示意某个对象，符号自身和示意对象之间存在着某种惯常的联想规则。古典园林中常以“一拳代山”和“仁者比德于山”来突出山石在园林中的意义，现代景观中，在延续这种做法的同时，还受日本枯山水的置石手法影响。枯山水的置石手法被借鉴到我国的现代景观设计中，通过山石的纹理、质感的象征意义营造景观意境。如苏州博物馆新馆的假山就运用了现代式的抽象手法，并没有用古典园林中的太湖石，而是用大小不一的石头成排堆在水池边，石片或灰或黄，黄石片富有肌理感，灰石片表面则比较平滑，高低起伏，别具一格，呈现出清晰的轮廓和剪影的效果，另有一番意味（图 2-2-16）。

▲ 图 2-2-16　苏州博物馆新馆假山一景

罗伯特·斯特恩（Robert Stern）认为，隐喻是后现代建筑师在视觉上构成文脉的一种手段。这是成为新的感觉中心的产物。在设计中，隐喻主要通过明显的参照物、隐含与暗示的手法，使空间环境与其地域文化、历史传统构成文脉，去传达景观的精神和思想。景观通过对历史传统的参考和历史的暗示，从而获得历史精神的延续，并增加其内涵。隐喻的设计手法着重于自身所隐含的象征意义，以地域文化符号的象征暗示其含义，不仅会使人们在视觉上产生联想，还能产生引起人们情感共鸣的效果，从而赋予地域文化内涵。如在第十届威尼斯国际建筑双年展上，王澍设计的瓦园很好地运用了隐喻的手法，其中使用的瓦片都是从拆除旧房中收集来的。现今大规模的拆迁和改造是中国很现实的社会问题，如何将这些废弃的材料重新运用起来成了当下人们关注的问题。首先瓦片作为传统的建筑材料，具有审美上的指向，它隐喻着中国几千年的建筑文化，代表着中国的历史文脉；其次也因为瓦片见证了中国在快速发展过程中大面积的房屋被拆除的现象，反映的不仅仅是瓦的拆除，还包括这种高速城市发展所引发的诸多严重社会学问题（图 2-2-17）。

▲ 图 2-2-17　王澍：瓦园

2. 对比与夸张

对比与夸张两者都是起强调作用。对比的事物最容易引起人们的注意，唤起情感的冲击，从而加强体验、引发联想，如虚实、古今、浓淡、进退、明暗等对比。中国国家大剧院的设计就是一个典型的例子，它是一个与“京派”建筑截然不同的自由曲线组成的水上建筑，其建筑屋面呈半椭圆形，被钛金属覆盖，前后两侧有两个类似三角形的玻璃幕墙切面，整个建筑漂浮于人造水面之上，造型新颖，构思独特，是传统与现代、浪漫与现实的结合，这一庞大的椭圆建筑在长安街上尤为突出，成为长安街上一座引人注目的地标建筑。中国国家大剧院与周围民族性的建筑环境互为对比，它存在的意义远远超过了建筑本身，而是给中国的建筑界带来了一种创新的风气，是中国建筑创新的标志（图 2-2-18）。

▲ 图 2-2-18　中国国家大剧院

夸张是指在原有符号基础上对局部做出更改或特殊处理，以此来强调、夸大、突出局部的作用和影响，增加符号的信息量，引起人们的注意和联想。如查尔斯·穆尔（Cherles Moore）设计的美国新奥尔良市意大利广场。该广场是运用传统建筑符号进行夸张处理的一个后现代主义成功之作。设计注重对传统建筑符号的提炼、分裂与变形处理，尺度、形状、位置、材料和色彩等形式要素在穆尔的策划下融进了新的内容和含义，戏剧性地运用了多种历史符号元素，以此引起人们的共鸣。

3. 新技术、新材料的运用

高科技正在改变着世界，新技术、新材料的运用为现代景观设计提供了更多的可能。一方面，设计者可以根据目前科学的方法选择传统的材料，推陈出新，衍生出新的含义；另一方面，通过对新的建筑和装修材料的选择，按照古典园林的营造方式造景，创造出只有现代景观设计中所产生的质感、透明度、色彩、光影等特征，从而使古典园林与现代景观设计有机融合。此外，还可以将一些传统材料和新材料结合使用，如传统的瓦片、青砖、卵石和现代的石材、不锈钢、玻璃、金属等材料结合在一起，在肌理、颜色、质感和面积等方面形成对比和反差的效果，创造出耳目一新的景观意境体验。如隐藏于北京前门传统商业街区之中的“叠院儿”，部分墙面采用透光混凝土，透光混凝土因其明暗的光影交织让人不禁忽略混凝土的厚重，展现了混凝土空灵的一面，在光的配合下展现出“犹抱琵琶半遮面”的意境。室内存在光源时，设计者利用透光混凝土的特性，弱化一个实体空间的物质存在感，营造出有别于旧建筑的轻、透、飘的氛围（图 2-2-19）。

▲ 图 2-2-19　北京“叠院儿”透光混凝土与创意的碰撞

4. 系统重构

重构是指打散或分解原始系统之间的构成关系，根据现实表达的需要，在本系统内或系统之间进行重新组构，形成一种新的秩序。这种新秩序的建立，不是简单的符号重复与堆砌，而是既表达新的意义，又强调与旧系统之间的文脉精神联系。如玛莎·施瓦茨（Martha Schwartz）设计的具有环保主义风格的拼合园，抽取法国园林和日本枯山水的组成元素变形，创造出引人发笑的空间，大胆地用塑料代替了现实中的植物，一切都符合几何学的规则，以精确性和秩序感建立起一个静态的空间。同时，这也是她对当代环境危机的一次直面和反讽——塑料植物、被涂成绿色的沙子以及“拼合园”的命名似乎都在告诉人们城市对环境的迫害（图 2-2-20）。

5. 传统文化的挖掘

尽管中国人的审美情趣在现代景观中产生不同的趋向，但始终植根于中国的传统文化，因此，园林意境的营造在当今的景观设计中更多地表现为文化的传承，而不是对传统园林景观的简单描摹，将传统文化与现代景观元素结合，使现代的景观更具有时代精神、文化底蕴，从而使现代景观中意境的营造更有深意。如西安大雁塔北广场，以唐风文化为主题，整体布局以旧唐城的结构纹理与里坊规划为主要构架。音乐喷泉布置九层跌水，寓意西安大唐文化如源源不断的流水般悠久，也暗含了对西安繁荣发展的希望；在每一平台的水体底部绘有佛教文化为题材的内容，表现佛教的特色以及佛教与唐朝的渊源。为呼应大雁塔历史文化的背景与颂扬唐风文化的延续，设计者将北广场划分为水景两侧的带状广场，发展为唐诗园林广场，以唐代著名文人及诗画为意境，配以高大的银杏树，树影婆娑，绿荫成林，建构成唐诗园林广场宏观的意境，也展现北广场多元化内涵景致的风貌。其中的雕塑小品，也都成为文化符号的载体，让人处处感受文化性与趣味性。该设计通过现代景观设计与传统文化的结合，使景观更具特色，既包含了符合大众审美的景观，又有文化的意境美（图 2-2-21）。

▲ 图 2-2-20　拼合园

▲ 图 2-2-21　西安大雁塔北广场

案例解析

中山岐江公园

与传统造园不同，工业废弃地的景观改造、生态恢复是现代景观界的热门话题。中山岐江公园是在广东省中山市粤中造船厂旧址上改建而成的主题公园，引入了一些西方环境主义、生态恢复及城市更新的设计理念，总体规划面积 110 000 m²，其中水面 36 000 m²，建筑 3000 m²。该园合理地保留了原场地上最具代表性的植物、建筑物和生产工具，运用现代设计手法对它们进行了艺术处理，将船坞、骨骼水塔、铁轨、机器、龙门吊等原场地上的标志性物体串联起来，记录了船厂曾经的辉煌和火红的记忆（图 2-2-22）。

▲ 图 2-2-22　中山岐江公园总体平面图、鸟瞰图

（一）场所精神中的隐喻表达

设计师在总体规划上，紧紧围绕船厂的历史文脉空间塑造的文化与内涵着手设计，以点、线、面的规划模式进行整体设计，利用直线路网连接各重要景点，五角星路网的设计形式隐喻了船厂诞生的意义，同时路网的简洁形式迎合了公园“工业之美”的设计主题。设计师在原有铁轨两侧安置了白色的钢柱林，千万钢柱和冲天的信仰，暗喻了当年船厂“自力更生、艰苦奋斗”的主旋律，也表达了对船厂精神的纪念和追思（图 2-2-23）。

▲ 图 2-2-23　白色钢柱林

（二）不同的艺术景观表达形式

公园大型景观集中分布在北区，设计师在对构建物的保留和再利用的基础上，集中表现了船厂的文化内涵，有的景点设计成动态形式，有的则保留了原有构筑物围合的空间。公园北部的铁轨、烟囱、船坞、水塔、柱阵、红盒子等，分别运用了不同的设计手法，把多种艺术景观很好地表现出来。

（三）对公园历史的尊重

岐江公园内部原有船坞构建的空间，是船厂历史空间的延续。它与方盒子、万柱杆共同形成了景观历史空间，增加了游客对船厂历史文化的体验，增强了岐江公园精神的表现。另外，设计师出于对历史文化的尊重，保留了原造船厂相当一部分的构筑物及工业设备，让后工业文明城市中的人们在公园散步的同时，也能感受到脚下曾经拥有过的一段历史（图 2-2-24）。

（四）对公园自然生态的保护

设计者对岐江公园地形的尊重表现为尊重公园原有的地形和格局，公园北部保留了构筑物，南部为自然树林，南北部由原有的人工湖连接而成，在公园的东区设置了内渠。这样的地形设计在尊重原有地形的基础上，还起到了很好的排洪作用。

▲ 图 2-2-24　保留的历史印记

在植被上，中山岐江公园以“野草之美”为设计主题，大量使用了当地土生植物，如白茅草、橡草和田根草等，原有植被均得以保留，因原有植被结构稳定，适应当地气候，并不需投入大量人力管理，短时间内呈现出一派生气勃勃的景象，造就了具有独特地域特征的景观公园（图 2-2-25）。

▲ 图 2-2-25　旧铁轨上的“野草之美”

在亲水设计上，设计师面临的挑战是如何在水位多变、地质结构很不稳定的情况下进行亲水设计。首先，公园在最高和最低水位之间的湖底修筑 3 ~ 4 道土墙，墙体顶部可分别在不同水位时被淹没，墙体所围成的空间回填淤泥，由此形成一系列梯田式水生和湿生种植台，它们在不同时段内完全或部分被水淹没。在此梯田式种植台上，设计了方格网状临水步行栈桥，它们也随水位的变化而出现高低错落的变化，能接近水面和各种水生、湿生植物。同时，允许水流自由升落，而高处的水生植物又可遮住土墙及栈桥的架空部分，人行走于桥上，恰如漂游于水面或植物丛中（图 2-2-26）。

▲ 图 2-2-26　水面之上的栈桥、梯田式种植台及步道

（五）装置艺术的运用

“红色记忆”是一个装置艺术作品，该装置由一个红色的敞口铁盒围成，内有一潭清水，它的入口正对着公园的入口，而两个出口分别对着琥珀水塔和骨骼水塔。设计者的构思来源于粤中造船厂所经历的革命年代，并想通过强烈的红色让观众联想起那段革命岁月（图 2-2-27）。

▲ 图 2-2-27　“红色记忆”装置艺术作品

岐江公园的设计借鉴了西方现代设计思潮和注重直观感受的审美方式，迎合了大众的审美情趣，同时，又在现代化景观形式的表象中蕴含了独到的意境美。由旧船厂到新景观的成功改造，既满足了现代人对西方景观形式的追求，又结合了设计场所的工业文化与时代精神，营造出了有地域特色的现代景观。

第三节　景观环境行为学

一、环境行为学概述

环境行为学（environment-behavior studies）是研究人的行为、人的心理与物质环境、实体要素之间互动关系的科学。环境行为学是心理学的一部分，它注重环境与人的外显行为之间的关系与相互作用，因此其应用性更强。环境行为学力图运用心理学的一些基本理论、方法与概念，研究人在城市与建筑中的活动及人对这些环境的反应，由此反馈到城市规划与景观设计中去，从而改善人类生存的环境。其相关学派主要有以下三种。

（一）格式塔心理学

格式塔心理学在1912年于德国兴起，是现代西方心理学的主要流派之一，后来在美国得到广泛传播和发展，代表人物有韦特海默（M.Wertheimer）、考夫卡（K.Koffka）和苛勒（W.Kohler）。他们认为人的大脑生来就有一些法则，对图形的组合原则有一套心理规律，这一规律力求说明建筑中构图规律有生理及心理基础。但这一规律有一定片面性，即格式塔心理学只注意人的天生因素，而没有重视人的经验积累，所以后来的“构造论”者又产生了不同的理论。

（二）皮亚杰学派

心理学家让·皮亚杰（Jean Piaget）对人的思维或心理发展方面有十分深入的研究。其理论的核心是：人的心理发展（或认识发展）从婴儿到成人都是他与外部物质世界相互作用的结果。他提出的一般发展原则是组织、平衡和适应。

（三）构造论

构造论认为形象的构图规律不是人们大脑中的天生因素在起作用，而是先前经验的记忆痕迹加到感觉中去，构造出一个知觉形象。对于同样的图形，不同的人可构造出不同的知觉。

二、空间与环境

空间与环境涉及空间（space）、场所（place）、领域（domain）三个概念。空间是由三维空间数据限定出来的，场所通过心理感受限定，而领域则是精神方面的度量。

（一）空间

1. 个人空间

美国人类学家爱德华·霍尔（Edward Hall）将“个人空间”视作“个人气泡”，即每个人都有一段属于自己的距离，仿佛在自己身体外的隐形气泡，如果有人走进这个气泡，个人做出的反应会是走开或者局促不安。任何人都有一个使其与外部环境分开的物质界限，同时在人体近距离内有个非物质界限。人体上下肢运动所形成的弧线决定了一个球形空间，这就是个人空间尺度——即所谓的“气泡”。尺度更大一些的空间大多是气泡空间的延伸。人是气泡中的内容，也是这种空间度量的单位。

个人空间的理论主要用于坐具布置。例如在城市外部空间中，为了保持个人空间，逗留者一般喜欢坐在转角处、端部、边界明显处或座椅靠背上，而长时间占用者偏爱坐在长座椅的中间。因此，带有凹凸转角的坐具，如L形座椅，曲尺形、坐墙形花池等特别吸引人们就座、进餐或角对角进行交谈。

2. 人际距离

个人空间会影响交往时的人际距离，两者实质上属于同一范畴，只是侧重点有所不同：个人空间研究源自心理学，强调自身的感受；人际距离研究源自人类学，关注人际交往时出现的现象。爱德华·霍尔以美国西北部中产阶级为对象进行研究，提出了人际距离的概念，并提出了四种典型的社会交往距离，即亲密距离、个人距离、社交距离、公共距离。

（1）亲密距离（intimate distance）：范围在 0 ~ 0.45 m，是人际关系中的最小距离。这种距离只出现在有特殊关系的人之间，如父母与子女、夫妻、恋人。对关系亲密的人来说，这个距离可以感受到对方的气味和体温等信息。

（2）个人距离（personal distance）：范围在 0.45 ~ 1.2 m，一般用于关系较为熟悉的人。处于该距离范围内，能提供详细的信息反馈，谈话声音适中，言语交往多于触觉，适用于日常熟人之间的交谈，也适用于亲属、师生、密友间的握手言欢或促膝谈心。

（3）社交距离（social distance）：范围在 1.2 ~ 3.7 m，适合聚集场合交流谈话。一般工作场合人们多采用这种距离交谈，如在小型招待会上，与没有过多交往的人打招呼可采用此距离，体现出一种社交性或礼节上的较正式关系。

（4）公共距离（public distance）：范围在 3.7 ~ 7.6 m 或 7.6 m 以上，这是约束感最弱的距离，一般适用于演讲者与听众、彼此极为生硬的交谈及非正式的场合，如教室里老师与学生的距离，舞台上演员与观众的距离等。

人际距离可作为家具布置、室内尺度和园林小品的设计依据，也可应用于景观设计和街道设计中。例如：日本建筑师芦原义信把建筑物之间的距离与人际距离作了类比，认为建筑物之间的距离（D）与建筑高度（H）之比大于 1 时产生远离感，而小于 1 时产生接近感。当大于 4 时建筑物之间的影响很小，基本上可以不加考虑。不同风格的建筑景观需要远离以保持环境协调时，也可参考这个数值，并同时考虑特殊观察视点和视觉走廊的影响。在观赏雕像、独立式小品、古树名木、标志式建筑时，观赏距离与被观赏对象的高度之比也可参照社会距离和公共距离：要看清对象及其环境时，比值宜接近 4；只要看清对象本身，比值接近 2；要看清细节，就需要走得更近。

（二）场所

场所也是由三维空间数据限定的，但是限定得不如空间那么严密精确，它有时没有顶面，有时没有底面。诺伯格·舒尔茨（Norberg Schulz）在《场所精神——迈向建筑现象学》

中认为场所是有明显特征的空间，场所依据中心和包围它边界的两个要素而成立，定位、行为图示、向心性、闭合性等同时作用形成了场所概念。场所概念也强调一种内在的心理力度，吸引和支持人的活动。例如公园中老人们相聚聊天的地方，广场上儿童们一起玩耍的地方等。从某种意义上讲，景观设计是以场所为设计单位的。有设计特色的场所，会使建筑与城市之间相互连贯，在功能、空间、实体、生态空间和行为活动上取得协调和平衡，既体现了完整性，又会让使用者体验到美感。

（三）领域

1. 领域的概念

领域一词最早出现在生物学中，指自然界中不同物种占据不同的空间位置，“一山不容二虎”就说明了这个概念。显然领域性是动物群体生存必需的机制，防止在一定地域内繁殖过多，是生存竞争、大自然选择的一项重要因素，以利于动物繁衍生息。同种入侵也不仅是为了食物与性，而且是大自然中一般生存竞争、优胜劣汰的规律。人类的领域行为与动物既有相似点，也有区别。人类的领域行为有四点作用，即安全、相互刺激、自我认同和管辖范围。

2. 领域的类型

领域对个人或群体生活的私密性、重要性及使用时间长短具有不同的影响。奥尔特曼（Altman）据此将领域分为以下三类：主要领域、次要领域和公共领域。

（1）主要领域。

主要领域由自己的住所、所在的邻里单位和办公场所组成，具有使用时间较长、控制欲较强等特点，常为个人或群体所独占和专用，并得到社会的公认和法律的保护，未经允许闯入这些场所即构成“领域侵犯”，必要时占有者可以报警或诉诸武力进行防卫。

（2）次要领域。

次要领域比起主要领域不那么具有中心感与排他性，如住宅区绿地、校园、私宅前的街道、自助餐厅或休息室的就座区等，是介于主要领域和公共领域之间的半公共场所，可向不同的使用者开放。对于使用者来说，它不如主要领域那么重要，控制欲相对较弱。但是，这些场所的常客往往喜欢在其中占有固定的座位和包间。

（3）公共性领域。

公共性领域是只要符合社会规范，就可供任何人暂时或短期使用的场所，如公园、广场等。与其他领域不同，使用者不会对公共领域产生占有感和控制欲，暂时离开后他人可继续使用。但是，如果公共领域被同一人或同一群体有规律地频繁使用，最终很可能演变为次要领域，如广场舞的人群常常在公园中选择固定的场所；学生常常在教室中选择同一个位置等。

三、人的行为活动及需求

（一）人的行为活动

在丹麦建筑师扬·盖尔（Jan Gehl）的《交往与空间》一书中，将人的行为分为必要性活动、自发性活动及社会性活动三大类（图 2-3-1）。

（1）必要性活动是人类因为生存需要而必需的活动，基本上不受环境品质的影响。

（2）自发性活动包括饭后散步、周末外出游玩等游憩类活动，其与环境的质量有很密切的关系。

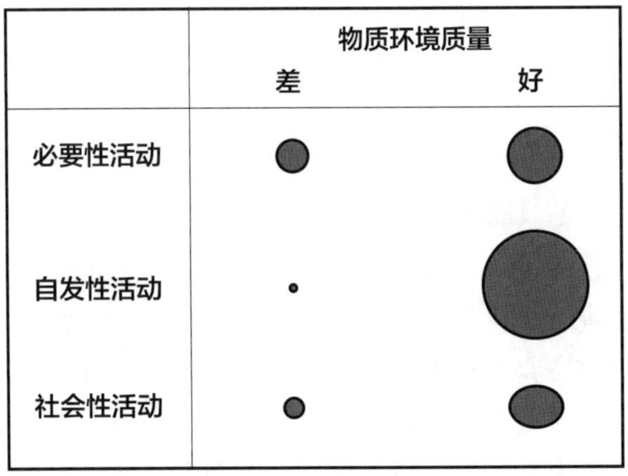

（3）社会性活动与环境品质有关，介于上述两者之间，如在公园里设一个露天舞台举办聚会就属于社交性活动，社交性活动和环境品质的好坏亦有关系。

	物质环境质量	
	差	好
必要性活动		
自发性活动		
社会性活动		

▲ 图 2-3-1　扬·盖尔对行为活动的分类

设计者只要观察自发性活动及社会性活动的多少，就可推断出空间的品质与需改进的内容。也可将行为分为正面与负面两类，虽然这种区分活动的方法在界线上比较模糊，但我们仍可抽离出非常明显的负面行为，并加以规避。同样，行为也可用静态和动态来区分。扬·盖尔指出，静态空间是公共空间品质的最佳指示器，如果有大量的人群选择在城市的户外空间消磨时光，这就显示了这个城市拥有极高的公共空间品质。

（二）人的行为需求

景观是具有多种功能的，其最基本的功能是当它与人类行为相联系时，它便作为活动的场所存在，表现它对行为的支持功能，人类行为方式的普遍性与个体化的差异在景观设计中必须兼顾。环境和行为的内在关联有：行为可看作是对环境刺激的反应，动机形成于需要，心理情感反应会导致相应的行为。人类行为对景观设计也提出了相关要求：应设计符合人们行为习惯的环境；在设计中尽量避免设置不利的挡栏，以免引起退避行为；应设计出相对僻静的小空间。如在设计步行街时，隔一定距离要设置休息空间，以及通过空间的变化来消除长时间购物带来的疲劳等；在设计花坛时，为了避免人在花坛上躺卧，可以设计得窄一些。

因此，满足人们行为需求的景观设计需考虑提供必要的设施，例如摊点、座椅、垃圾桶、卫生间、游憩和运动设施、廊道等，其设计特点主要包括醒目、悦耳、好闻、神秘、耐人寻味等。

著名人本主义心理学家马斯洛（Maslow）曾在他的著作《人类动机理论》中指出，人的需求由低到高分为五个层级，分别为生理需要、安全需要、归属与爱的需要、被尊重的需要和自我实现的需要（图 2-3-2）。

这五种层次是相互递进的关系。人只有在自己的生理需要（衣、食、住、行等）方面得到满足之后才会对安全上有一定的需求，不仅是家庭中的生活，更重要的是社会活动中的安全性。人是具有社会属性的，需要不同的交往交流，才能完整地生活。在交往中需要相互理解和尊重，这又上升了一个层次，而人最终要达到自我实现的需要才到达金字塔式需要层次的顶端。

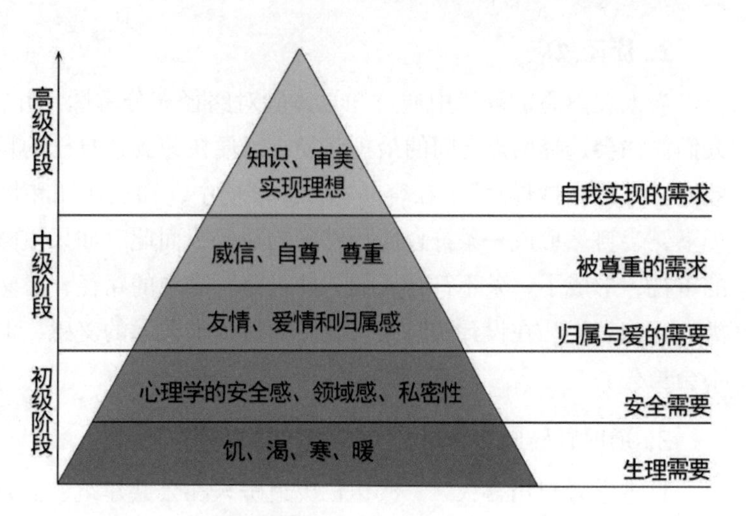

▲ 图 2-3-2 马斯洛需要层次图

四、空间行为习性

人类有许多适应环境的本能行为，因为长期的交互作用，以及文化传承、后天习得的原因，人们在空间中的行为逐渐形成了一些具有特征和规律的现象，这就是行为习性。行为习性可以分为三大类：本能性行为习性、体验性行为习性、需求性行为习性。

（一）本能性行为习性

本能性行为习性也称为动物性行为习性，这一类行为习性的形成是由于生理及心理的本能习惯，包括边界效应、捷径效应、逆时针转向、依靠性等。

1. 边界效应

在两个或两个不同性质的生态系统（或其他系统）交互作用处，由于某些生态因子或系统属性的差异和共同作用而引起系统某些成分及行为的较大变化，称为边界效应。区域的边界象征着两个不同空间的接壤，人处于中间的位置，同时具有两种选择性，在潜意识中位于相对安全的领域。

景观环境中的边界很多，尺度各有不同。森林、滩涂、广场、滨水空间等空间边缘都是人们喜爱的逗留区域。小尺度空间中，人们偏爱靠窗、靠墙、靠边的座位；当边界缩小为点状时，我们会发现广场中人们偏爱柱子、水池、树干等边缘区域，这种心理特征又可称为“可依靠性”，同样来源于寻求安全的心理需要。从某种角度来说，边界效应整合了个人空间、私密性、领域性及防卫空间的理论，心理上的边界构建了不同需求的空间，个人空间是个体需求，偏向于防卫；私密性偏向于交流控制；领域性偏向于占据，而人们在环境中所处的位置，是行为的控制器和发生器。

2. 捷径效应

当人在熟悉的环境中通过知觉体验对路径充分掌握，并在意识中构建了认知地图之后，人们往往会选择两点之间的最短路径，以便快速到达自己的目的地，这种行为现象称为捷径效应，俗称“抄近路”。在容易感知的环境中，知觉认知和物理环境在没有任何障碍物的前提下，会自然形成一条符合捷径思路的路径，而此时如果道路或游步道没有经过行为学角度的审视，形成了一条不符合人们“抄近路”需求的路径，必然会导致横穿道路、踩踏草坪之类的行为发生。在设计的时候，我们固然追求艺术的美感，但是违反人们生活习惯的美往往不会长久。

3. 逆时针转向

日本学者户川喜久二、渡边仁史追踪人在公共建筑、公园等公共空间中的活动路线，发现大多数人的转弯方向具有沿“逆时针方向”转弯的倾向。一项研究表明逆时针转向的游人比例高达 74%（69 例中有 51 例），即人一般会无意识地趋向于选择左侧通行。如果注意观察，我们会发现这种类似的现象很多，如你在园区、操场散步，或者没有目的地在公园闲逛，面对路径选择时，大部分情况下人们会产生逆时针转向性选择。体育场上的跑道设计，也几乎都是按照逆时针方向设置的。另外，国际田径联合会中有规定，赛跑的方向，必须以左手内侧为准。

4. 依靠性

研究表明，人偏爱有所凭靠地从一个小空间观察更大的空间。这样的小空间既有一定的私密性，又可观察到外部空间中更富有公共性的活动。如果人在占有空间位置时找不到这一类小空间，一般就会寻找依靠物，使之与个人空间相结合，形成一个自身占有和控制的领域，从而能有所凭靠地从这一较小空间观察周围更大的空间，恰如抢占了有利地形。比如人总是偏爱逗留在柱子、树木、旗杆、墙壁、门廊和建筑小品的附近；在餐厅中顾客倾向于占据餐厅周边视野良好、较少受到人流干扰，并有所依靠的座位；在广场中，无论有没有人流干扰，游人都偏爱逗留在柱子等依靠物附近的空间中。

（二）体验性行为习性

体验性行为习性的形成是由环境体验、后天习得之后形成的习惯性行为，如私密性、靠左侧通行、归巢性等。

1. 私密性

奥尔特曼认为空间的社会行为核心是私密性，即“对接近自己的有选择地控制”。私密性强调个人（或家庭）所处的环境具有隔绝外界干扰的作用，可以按照自己的意愿支配自己的环境，即有控制、选择与同他人交换信息的自由。当私密性过多时就对别人开放，当私密性过少时就对别人封闭。私密性调整反映了个体控制环境的能力，也反映了个体对自己生活的控制程度。

满足私密性的设计不一定就是一个完全闭合的景观空间，人对公共空间同样有较大的需求，自由开阔的公共空间为大多数人服务。那么如何在开放性的城市空间中提供一些私密空间呢？在开敞空间（如文化娱乐区）须提供某些东西使人们能有效地对空间进行控制，通过对空间中障碍物、植物、高差、遮盖、距离、方向等要素进行处理，使人们在使用空间和活动的过程中能够达到私密性的平衡；停留活动区域（如安静休息区）远离交通和步行路线，选择现状地形、植被等比较优越的地段设计布置园林景观。

2. 靠左侧通行

靠左侧通行似乎已成为一种习惯性动作，在没有汽车干扰及交通法规束缚的中心广场、道路、步行道中，当人群密度达到 0.3 人 / 米 ^{2} 以上时，就会发现行人自然而然地靠左侧通行，这可能与人类右侧优势有关；又如在人群密度较大的广场上行走的人，一般会无意识地趋向于选择靠左侧通行，进了公园一般会选择左侧道路或向左转弯，这与逆时针转向原理一样。虽然我国交通法中规定人应该靠右侧通行，但是靠左侧通行的行为习性对于景观设计依然具有很大的参考价值。

3. 归巢性

归巢性指人在进入某一场所后，如果遇到危险或因为某种原因需要返回时，会按照原路返回的现象。当不明确目的地所在位置时，人一般摸索着到达目的地，而返回时，又原路返回，这是人们的经验。到陌生环境时，归巢性是人做出的适应性反应，反映了人对安全的基本需要，当人对环境初步适应后，就迫切需要进一步了解周围环境，围绕栖息地绕圈便成为安全和认知兼顾的最佳选择。事实上，绕圈的行为使周围空间形成了领域，一次次兜圈，一次比一次范围更大，人所占有的领域也就逐渐扩大，对环境的认知也更深入。

（三）需求性行为习性

需求性行为习性是基于社交信息及其他内在需求的满足形成的驱动性行为，如从众性、聚集效应、看人与被看、舒适性与安全性等。

1. 从众性

从众性又称为社会传染效应，指个人受到外界人群行为的影响，而在自己的知觉、判断、认识上表现出符合公众舆论或多数人认知判断的行为方式，通俗的解释就是“人云亦云”“随大流”，是一种比较普遍的社会心理和行为现象。产生从众心理主要有两个原因，一种是想要融入群体，希望被接纳，一种是获得重要信息或正确决策。如在公园入口处，人们会本能地跟随人流前行；经过游戏场地的儿童会强烈要求再玩一会儿；看到用餐的人群，路过的人会产生食欲，甚至感到饥饿；等等。这种习性对景观设计有很大的参考价值。

2. 聚集效应

聚集效应俗称“围观”，人通常对周边的新鲜事物存在较强的好奇心，尤其在景观环境中，当部分人群因为某些事物聚集在一起，慢慢形成规模，就会吸引越来越多的人驻足观看或参与其中，即使原本并不有趣的东西也会在这种层层聚集的作用下受到越来越多的关注。这种聚集现象既反映了围观者对信息交流和交往的需要，也反映了人对复杂刺激，尤其是新奇刺激的偏爱。在外部空间中，围观之所以特别吸引行人，是因为这类行为具有“退出”和

“加入”的充分自由，不带有强制性。从心理学角度看，聚集效应和从众心理相关，但二者又有明显区别，即从众心理需要做出心理评价，而聚集效应只是跟随别人产生聚集的行为。因此，在设计景观通道时，一定要预测人群密度，设计合理的通道空间，尽量防止滞留现象发生。

3. 看人与被看

在日常生活中，看人与被看是社会交往需求的最基本表现，反映了人对于信息交流、社会交往、社会认同的需要。看人是信息交流的需要，被看则是希望自身被他人和社会认同，也正是通过视线的相互接触，起到了信息交流和了解他人的作用。从心理学角度分析，看人是在视觉上产生刺激，看陌生人是寻求新鲜刺激的表现，不过这种刺激通常要保持一定的距离，限制在各方都能承受的刺激负荷之下，一旦超出，很可能会产生纠纷。

4. 舒适性与安全性

在钢筋水泥的城市中，人们对休闲的要求更加迫切，对园林景观相关设施的使用频率也在增加，园林景观的舒适性可提高居民的休闲质量。此外，舒适性还表现在无障碍设施的应用上。

安全性是园林景观设计要满足的最基本要求。首先，在尺度设计和材质选用上，应按照规范要求合理设计，如迈步的宽度、道路的防滑性能、景观水池的深度和池岸护栏的高度等。其次，在心理需求方面，人需要占有和控制一定的空间区域，以满足心理上的安全需求，空间过大或过小，都容易导致安全感的下降或丧失，产生紧张和焦虑的情绪。如对儿童活动区域进行设计时，植物种植应选择无毒、无刺，无异味、无飞絮、不易引起儿童皮肤过敏的树木、花草，区内也不宜用铁丝网或其他具有伤害性的物品做护栏，以保证活动区域内儿童的安全。

五、五感设计

人类感官有视觉、听觉、味觉、嗅觉与味觉五类。人类的视觉、听觉很重要，其摄取的信息约占人类通过感官摄取的信息总量的 90%。首先，人处于直立状态下，他的器官感觉基本上是以向前及水平方向为主的，应用到景观设计中，就需要谨慎处理地面铺装与设施。其次，视觉心理学认为人往往对边界比较关心，因此在设计景墙、围墙时，对于边界应该细致处理。最后，人类直立状态下，可同时瞥见左右各 90° 范围内的事物，而人类向上或向下看时，所见范围要比左右看的范围狭小，因此希望被察觉的事物应发生在观看的前方偏下，并且几乎在同一个水平面上，这些原理也反映在所有景观环境观赏空间的设计上。

（一）视觉刺激

在视觉上，20 ~ 25 m，能看清面部表情，通常 70 ~ 100 m 能够较为准确地分辨出对方的性别、年龄及当前行为。另外，自然中不同颜色、不同形态的植物都会给人带来视觉的冲击，尤其不可忽视的是色彩对生理、心理的影响，比如色彩的温度感、距离感、动静感等。循此规律，在园艺疗法中患有躁郁症、注意力缺陷过动症的患者可多处于冷色调的植物环境中，从而让身心平静；相对的，多处于暖色调的植物环境中可让患有抑郁症的患者感受到生命的美好。如英国的玫瑰花园（Rosemoor Garden），在其 24 个大大小小的独立花园中设置了凉花园和热花园。凉花园以蓝、白和柔和色的花朵及灰色的树叶为特色植物，配以五个螺旋状的浅水区域，整体呈现清凉的色调（图 2-3-3）。热花园是一个美丽大气的空间，充满花卉香气、美丽的观感和喧闹的声音，花园边界采用深红色色调，非黄竹则提供引人注目的深黄色，而紫色系、橙色系植物与蜜蜂及其他授粉媒介一起共生（图 2-3-4）。

▲ 图 2-3-3　玫瑰花园之凉花园

▲ 图 2-3-4　玫瑰花园之热花园

（二）听觉刺激

在听觉方面，人们在 7 m 以内的听力是非常灵敏的，在这个距离交谈没有问题；35 m 以内，可以听清楚讲话。徜徉在美丽的庭园中，不同大小的植株在清风的吹拂下发出不同的声响，林间的虫鸣鸟叫、露水滑落的声响都是大自然赐予却被我们忽略的美好乐章。我们可以尝试闭上眼睛，让听觉变得敏锐，用心感受自然的声音，有助于消除疲劳感和紧张感。

（三）味觉刺激

很多植物都具有药用功效，园艺疗法的参与者可以通过品尝无毒可食用植物的根、茎、叶或果实，刺激味蕾进而促进其他感官的发展。除此之外，通过园艺活动栽种果实，还能体验收获的成就感。

“可食用景观”近年来逐渐引入大众视线，也是一个新鲜话题。一方面，随着城市建设高速发展，城市园林景观的也暴露出造价高昂、功能单一等问题，需要更加实用的功能复合型景观填补其功能缺陷。另一方面，城市与农业日益严重的割裂也引发了城市居民对自然、农业的原始渴望，一种返璞归真的田园情节在城市居民中散发开来，如许多城市居民开始利用自家庭院、阳台种植各种可供食用的蔬菜水果，“种菜热”在城市中流行起来。利用景观的手段将城市居民喜闻乐见的可食用植物与传统景观植物结合，并通过一系列生态的措施将其应用于城市公共绿地当中，不仅实现了实用性与景观性的融合，更满足了城市居民的“田园梦”，创造了具有良好参与性的城市景观。近年来，城乡一体化的推广及都市农业的兴起也获得了良好的社会与经济效益，为可食用景观的发展提供了机会（图 2-3-5）。

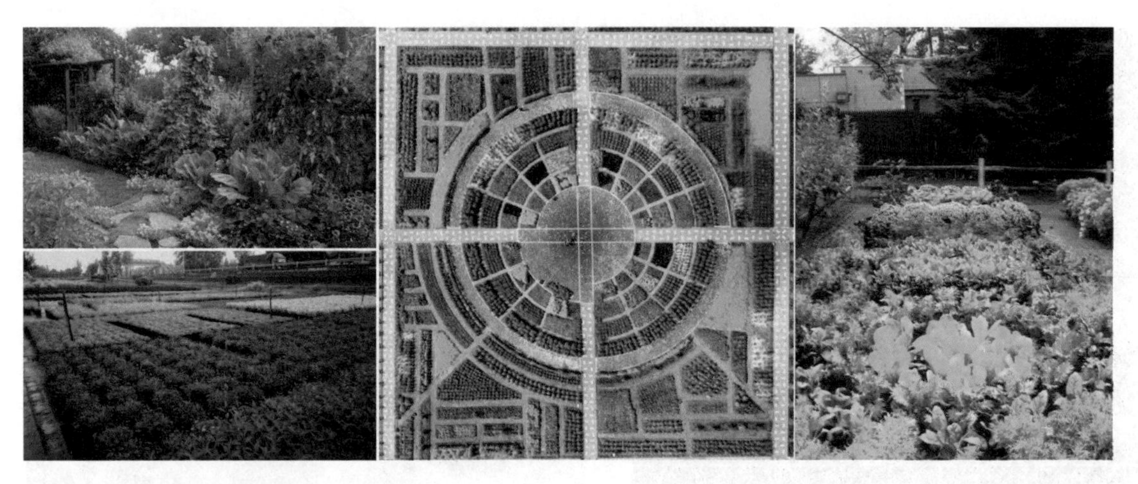

▲ 图 2-3-5　可食用景观之蔬菜花园

（四）嗅觉刺激

在嗅觉方面，1 m 以内的距离人们才能闻到对方的气味，2 ~ 3 m 能够闻到较强的香水气息。景观中的花卉、树叶、芳草、果实、清新的空气和建筑中的熏香等，是形成嗅觉体验的重要元素。现存的中国古典园林中，有不少以嗅觉为主要特征命名的建筑与景点，如苏州拙政园的“远香堂”和“香洲”，网师园的“小山丛桂轩”，狮子林的“暗香疏影阁”，上海豫园的“香雪堂”，承德避暑山庄的“梨花伴月”和“曲水荷香”，杭州西湖的“曲院风荷”（图 2-3-6）等。

（五）触觉刺激

通过接触的方式感知对象的肌理和质感也是体验环境的重要方式之一，当我们畅游在一个美丽的庭园中时，我们总是不自觉地触摸身边的花草树木。这些不经意的动作有助于刺激人的触觉神经，让我们零距离感受自然的奥妙。界面的质感变化可作为划分空间和控制行为的暗示，如草地、沙滩、积水、土路、石阶等不同的铺地可以暗示空间的不同功能，还可以唤起不同的情感反应，而用相同的铺地外加图案可以表明预定的行进路线（图 2-3-7）。

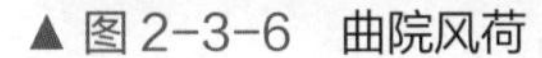

▲ 图 2-3-6　曲院风荷

▲ 图 2-3-7　铺装图案预示行进路线

六、城市意象

著名设计理论家凯文·林奇（Kevin Lynch）于 1960 年发表了《城市意象》一书，书中指出一个城市如同一件印刷品，城市各个元素就是不同的符号，它们共同组合成了一个相关的模式。城市意象指当人处在一个环境之中时，不借助其他程序的指导认路，而是根据一种概括的环境意象找出自己的位置，推断自己去的方向和距离，也就是通过对空间环境的既有认知归纳、总结、推测类似新环境的特征。城市意象理论认为，人们对城市的认识形成的意象，是通过对城市环境形体的观察实现的。城市形体的各种标志是供人们识别城市的符号，人们通过对这些符号的观察形成感觉，从而逐步认识城市的本质。城市环境的符号、结构越清楚，人们也越能识别城市，从而带来心理的安定。

城市意象主要表现在五个城市形体环境要素之间的相互关系上，包括道路、边界、区域、节点、标志物。

（一）道路

道路（图 2-3-8）是城市意象感知的主体要素，是观察者们或频繁或偶然，或有潜在可能沿之运动的轨迹，可以是街道、步道、运输线、河道或铁路。通常情况下，一个陌生人到一座新的城市首先要找参照物或认路。道路经常与人的方向感联系在一起，凯文·林奇十分强调城市道路的方向性、可度性和网状空间体系，他认为任何城市的道路必然具有网状关系，在道路上行走

▲ 图 2-3-8　法国香榭丽舍大街

的人需要有明确的方向，或者说在道路上行走的人本身就是在选择方向和目标。在这一过程中，人们是通过道路两旁的要素比较感知道路的长度和距离。人们对自己已经熟悉的道路，或者在一条不断变化的景观道路上行走，相对而言不会觉得路很长，而且有预期感，即所谓“移步异景”的心理。

（二）边界

边界即不同区域之间的分界线。城市的边界构成要素既有自然的界线，如山、沟壑、河湖、森林等，也有人工界线，如高速公路、铁路线、桥梁、港口和人造标志物等。自然因素构成的边界一般比人工界线的范围更广、尺度更大，形成的城市特色也更加鲜明。城市边界不仅在某些时候形成“心理界标”，而且有时还会使人形成两种不同的文化心理结构。

（三）区域

区域指具有共同特征的特定空间范围。这一共同特征在区域内是共性，但在区域之外就成为与众不同的特性，从而使观察者易于把这一空间中的所有要素看作一个整体。利用格式塔组织原则对要素的空间布局、造型、质感、色彩等加以合理组织，可以形成一种整体感，从而建立足以引起人们注意的区域的整体性，从更大环境的整体来看，区域的共性又可以成为特性，起到标志的作用。

（四）节点

节点是城市结构空间及主要要素的联结点，如联结枢纽、运输线上的停靠点、道路岔口或会合点，以及从一种结构向另一种结构转换的关键环节。节点在不同程度上表现为城市意象的汇聚点、浓缩点，有的节点更有可能是城市或区域的中心及某种意义上的核心。节点往往成为城市占主导地位的特征，凯文·林奇把节点视为不同结构的连接处与转换处，是观察者可以进入的战略性焦点，典型的如道路的交会处和某些特征的集中点。比较其他城市意象要素而言，节点是一个相对较广泛的概念，它可能是一个广场，也可能是一个城市中心区。如苏州东方之门（图 2-3-9），俗称“秋裤楼”，被誉为“世界第一门”，总高度为 301.8 米，在层高 238 米处两部分建筑连接起来，具备高级酒店、酒店式公寓、写字楼、大型商场等多种功能，其外形像一座巨大的拱门，如今已是苏州标志性现代建筑及重要景观节点。

▲ 图 2-3-9　苏州东方之门

（五）标志物

标志物是点状参照物，标志可以是日月星辰、山川岛屿、花草树木，也可以是人工建筑。标志在人们对城市意象的形成中经常用作确定身份和结构的线索，当一个城市的某一人工建筑被公认为城市标志性建筑时，这个建筑就成了一个空间结构系统的标志物，它与其他要素在有规律的相互作用或相互依赖中构成一个集合体。另外，城市标志物最重要的特点是“在某些方面具有唯一性”，在整个环境中令人印象深刻。如中国的长城、纽约的自由女神像、迪拜的哈利法塔、意大利的比萨斜塔等，这些特殊标志都成了城市或国家的标志物（图 2-3-10）。

▲ 图 2-3-10　部分城市（国家）标志物

案例解析

“最佳路径”

世界著名的建筑大师瓦尔特·格罗皮乌斯（Walter Gropius）设计的迪士尼乐园经过三年的精心施工，马上就要对外开放了，然而各景点之间的道路该怎样连接，还没有确定最后的方案。

施工部打电话给正在法国参加庆典的格罗皮乌斯，请他赶快定稿，以便按计划竣工和开放。格罗皮乌斯攻克过无数个建筑方面的难题，在世界各地留下了很多精美的杰作，然而这一次，建筑学中最微不足道的路径设计却让他大伤脑筋。对于迪斯尼乐园景点之间的道路设计方案，他已修改了五十多次，却没有一次让他满意。接到施工部的电报，他心里更加焦躁不安。庆典一结束，他就让司机驾车带他去了地中海海滨，希望可以整理一下思绪，争取在回国前把方案定下来。

汽车在法国南部的乡间公路上奔驰，这儿是法国著名的葡萄产区，漫山遍野都是葡萄园。一路上，他看到许多葡萄园主把葡萄摘下来提到路边，向过往的车辆和行人叫卖，然而那些人和车很少有停下来的。当他们的车子拐入一个小山谷时，却发现那儿停着许多车子。原来这儿是一个无人看管的葡萄园，只要在路旁的箱子里投入五法郎，就可以摘一篮葡萄上路。据说这是一位老太太的葡萄园，她因年迈无力料理而想出这个办法，起初她还担心这种办法是否能卖出葡萄，谁知这绵延上百里的葡萄产区，总是她的葡萄最先卖完。她这种给人自由、任其选择的做法使格罗皮乌斯深受启发。他下车摘了一篮葡萄，就让司机调转车头，立即返回了住地。

回到住地，他给施工部发了封电报：撒上草种，提前开放。施工部按格罗皮乌斯的指示，在乐园的空地上撒满草种。没多久，小草出来了，整个乐园的空地被绿草覆盖。在迪士尼乐园提前开放的半年里，草地被踩出许多小道，这些踩出的小道有宽有窄，优雅自然。第二年，格罗皮乌斯让人按这些踩出的痕迹铺设了人行道。1971 年在伦敦国际园林建筑艺术研讨会上，迪士尼乐园的路径设计被评为世界最佳设计。

该路径设计充分考虑到人的行为活动需求及空间行为习性，对景观设计具有十分重要的启发意义。

本章小结

中国景观规划设计理论体系正在从不同方向和角度形成、发展和深入。本章着重从景观生态学、景观美学和景观环境行为学三方面出发，对景观设计相关理论进行分析，这些理论知识对有效地开发和利用现有的景观资源、创造可持续发展的新型景观具有重要意义，同时也使环境景观呈现出多元化的创新局面，从而获得最佳的文化、经济和社会效益。

思考与练习

1. 简述景观设计理论的发展趋势及其指导思想、分析与评价方法。
2. 利用景观生态学、景观美学和景观环境行为学等景观设计相关理论对经典景观设计案例进行分析与解读。

景观设计的构成要素

| 本章概述 |

景观设计的最终目的是要规划出适合人类居住和生活的栖居地。在设计过程中，对于构成景观的要素的精心设计和合理配置是景观设计成功的关键。影响景观建设与发展的环境要素很多，起主导或重要作用的因素亦不尽相同，归根结底，不外乎自然要素和人工要素两大类，每一类景观要素又包括许多子要素。景观设计就是将其构成要素进行有序组合和合理配置，使其和谐统一、良性循环，形成一个综合的、可持续的、有特色的城市景观。想要充分利用这些景观构成要素，就要多角度、深层次地认知它们，这也是现代景观设计的前提和基础。

| 教学目标和要求 |

掌握景观设计中的构成要素及其特征，能够灵活地将各种景观元素巧妙、合理地结合，在深化理解景观概念的同时，为下一步更好地进行景观设计整体构思和艺术处理奠定基础。

第一节　景观设计的自然要素

自然景观要素是景观设计的物质基础，虽然自然景观要素会不可避免地被不同程度的人工活动改造，但不可否认的是，自然景观要素是构筑城市生态环境必不可少的物质保障。自然景观要素包括地形、气候、土壤、水体、植物等。

一、地形

地形是景观设计最基本的场地基础与存在依据。在景观设计时，如何利用地形应视其所处的具体位置和面积而定。自然景观的地形大致可以分为平地、凸地、凹地、山脊、谷地、边坡等类型。

（一）平地

平地是较为开敞的地形，视野开阔，通风条件好，适合人群集体活动和休息，方便人流疏散。从设计角度看，大面积平坦、无起伏的地面容易使人感到乏味，且不利于排水，所以在进行平地的设计时要避免过于直白的表达方式，需要依靠空间与空间、景观要素与空间及景观要素之间的相互关系对景观进行补充，通过颜色、体量、造型等的变化增加空间的趣味性，形成视觉焦点；通过建筑物强化地平线与天际线的水平走向，形成大尺度的韵律感；通过竖向垂直的标志物形成与地面水平走向的对比，增加视觉冲击力。

（二）凸地

凸地既是一个正向实体，又是一个负向空间。凸地比周围环境的地形要高，视线更开阔，属于发散状空间，具有较强的延伸性。凸地地形坡面限制空间（图 3-1-1），控制着视线。和平地不同，凸地是一种具有动态感和行进感的地形，与其他地形相比，它最具抗拒重力之感，因而又被视作权力和力量的象征。土丘、丘陵、山峦及小山峰都是凸地的主要表现形式。人站在凸地顶部，外向感强烈，可以根据坡度陡峭程度及高度在低处找到一个被观赏点，以吸引外向视线。因此，凸地适合建观景建筑，它通常可以提供观察周围环境的最佳视野（图 3-1-2）。另外，凸地地形还有助于发挥水流的动力，形成瀑布。

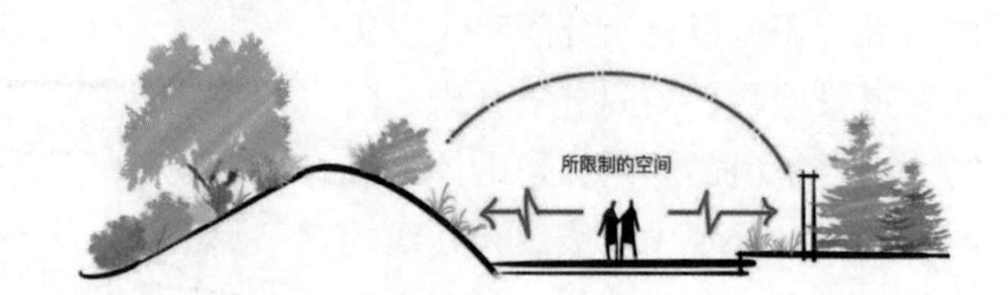

▲ 图 3-1-1　凸地地形限制的空间

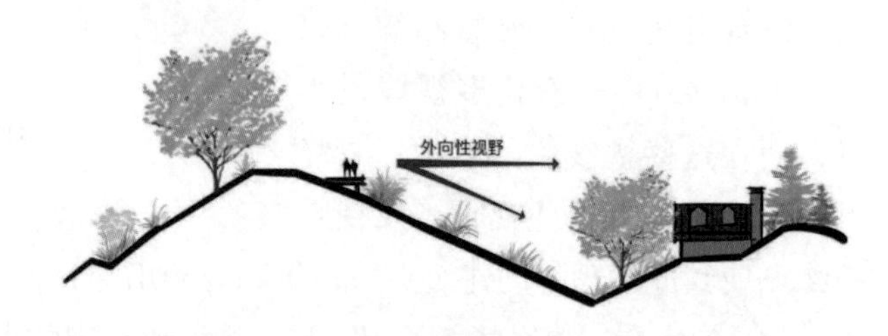

▲ 图 3-1-2　凸地地形的外向性视野

（三）凹地

凹地比周围环境的地形低，视线通常较封闭，且封闭程度取决于凹地的绝对标高、脊线范围、坡面角、树木和建筑高度等，空间呈积聚性。凹地形成方式有两种，一种是挖掘地面的泥土而产生的区域，另一种是两块以上的凸地合并在一起的时候形成的区域。由于凹地具有内向性和封闭性，可以将它作为理想的天然舞台。类似于露天舞台的建筑物一般修建在自然形成的洼地中或斜坡的地面上，由此方便人们从四周斜坡上观看表演（图 3-1-3）。如果利用凹地做下沉式广场以交汇视线景观，营造群众文化表演和休闲的景点设施，则要考虑遮阴和视线的通透。凹地由于阳光直射其斜坡，使地形内的温度升高，在同一地区的地形中会更暖和些，成为一个宜人的小气候区。由于凹地特殊的地形形态，区域内降雨易聚积在低洼处，长时间会形成水池甚至湖泊，所以要考虑凹地形在排水方面的问题。

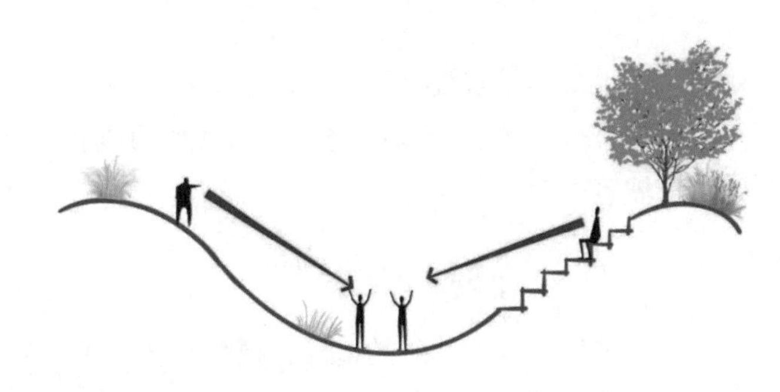

▲ 图 3-1-3　凹地的空间属性

（四）山脊

山脊是山地中线状的高地，两侧是下降的坡。山脊是凸地的变体，它与凸地相似，其形状却又比凸地更显得集中、紧凑。山脊作为空间的边缘，还可以充当分隔物，它犹如一道景墙将各空间分隔开来。同时，山脊是山的脉络，是山体走势的骨架，是景观中脊线、天际线的重要组成部分。像凸地一样，山脊可提供一个外倾于周围景观的制高点。山脊空间具有节奏感和韵律感（图 3-1-4），沿山脊有许多视线供给点，而在这些视线供给点中，以终点效果为最佳，这些视野点及视野的终点使其成为理想的建筑点。建筑物处于山脊顶部时，其形式应尽量做到长而宽，由此，构筑物（如房屋、停车场等）才能与山脊地形在视觉上融合，同时，建筑、道路和停车场均以线状形式沿山脊线布局。

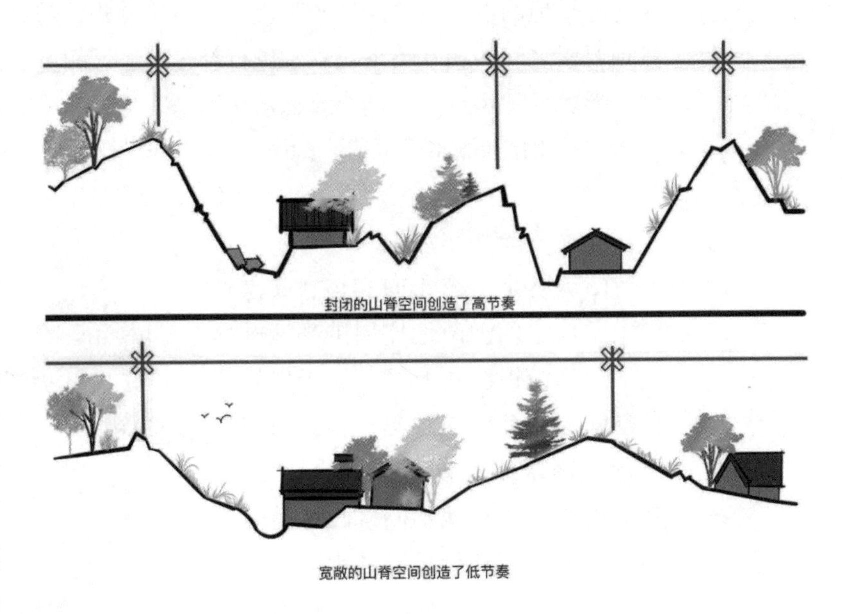

▲ 图 3-1-4　山脊空间的节奏感和韵律感

（五）谷地

谷地是一种特殊的凹地，和山脊一样呈线性，空间特性和山脊相反，并具有方向性，分

▲ 图 3-1-5　谷地景观

为谷坡和谷底两部分。由于谷地地势相对平坦，而且是一个低地，可在其中进行任何活动。谷地和山脊在活动上是有差别的，它是生态和水文的敏感地带，常伴有河流、小溪及相应泛滥区，土地肥沃，是水陆生态的交界地带（图 3-1-5）。谷地建设时，要顺应谷地流线型的地形特征，将各类设施线性布置，与其特征相融合，道路、建筑可建在谷坡上，对有小溪或河流的坡底加以保护，以促进该地区自然、生态、人文和谐发展。

（六）边坡

边坡主要是指城市中由于构筑物、道路和山体护坡等需要，对原有地貌改造较大或者破坏了原有地貌肌理的坡地环境，它们大多位于城市和自然环境结合的区域，也是人对环境的使用和环境现有特征保护矛盾最突出的区域。边坡的概念范围较广，包括城市道路与广场、车站、港口、边岸等难以利用的区域。边坡可以说是单面景观，由于地形较为单调且变化少，在景观绿化时可以运用分段法进行空间的组织，以使景观富有变化。另外，边坡一般具有较大坡度，稳定性较差，虽排水良好，但需注意水土的保持，可以运用植物与其他人工设施相结合的方式进行固坡（图 3-1-6）。

▲ 图 3-1-6　边坡立体绿化

二、气候

气候是一个地区在一段时期内各种气象要素特征的总和，通过降水量的大小和对岩层的风化影响某一地区自然环境的形成和变化。在理解气候的前提下进行景观设计，不仅有助于保护公众健康和人身安全，而且有助于经济发展和资源保护。景观设计中大气候、地形气候和微气候之间相互影响并不断发生变化。

大气候是一个大面积区域中的气象条件和天气模式。如我国北方内陆地区的大陆性气候、南方的湿热气候等。为适应不同地区的气候条件，景观设计中应做出相应处理，如沿海地区要预防强风和暴雨，高原则应充分利用太阳能，此外还要注意“城市热岛效应”等。地形气候是由于地形的起伏对基地的日照、温度、湿度、气流等小气候因素产生影响，从而使基地的气候条件有所改变而形成的。例如：日辐射小、通风好的坡面夏季较凉爽；日辐射大、通风差的坡面冬季较温暖。微气候是由于地表的坡度和坡向、土壤类型和湿度、岩石性质、植被类型和高度、水面大小以及人为因素等不同条件使热量和水分收支不一，从而形成的近地面大气层中局部地段特殊气候。在某一区域内有许多微气候，每一种微气候数据都要通过多年的观测积累才能获得。如德国北莱茵－威斯特法伦州卡门市景观规划规定，应构建蓝绿气候廊道，以改善城市气候，恢复自然降水量平衡并降低洪灾风险（图 3-1-7）。

▲ 图 3-1-7　德国北莱茵－威斯特法伦州卡门市蓝绿气候廊道

三、土壤

（一）土壤组成

土壤组成是指构成土壤的所有物质成分，包括矿物质颗粒、有机质、水、空气和微生物等。其中，矿物质颗粒占土壤体积的 50% ~ 80%，是构成土壤的重要物质。通过矿物质颗粒之间的相互挤压产生承载力，支撑起土壤自身和建造在土壤上的景观物重量。一般来说，砂土、砾石具有较强的承载能力，而黏土的承载能力则较低。有机质是构成土壤的另一大组成要素，含有有机质的表层土以及湿地中的有机沉积物都具有重要的水分存储功能，因此，有机质在维持陆地水量的平衡方面起着重要作用。另外，有机沉淀物还可作为湿地植被的水分贮存器以及地下水的补给点。

（二）土壤质地

土壤质地是指土壤的粗糙与细腻状况，对环境中动植物的生长、建筑物的布局及工程造价均有一定的影响。土壤是由固体、液体和气体组成的三相系统，组成土壤固体的颗粒主要是矿物颗粒，常见的有砂粒（粒径 0.05 ~ 1.00 mm）、粉粒（粒径 0.001 ~ 0.05 mm）和黏粒（粒径小于 0.001 mm），依据各类矿物颗粒的含量可分为以下几类。

（1）砂土类。砂粒多、黏粒少，因此质地粗糙、疏松，空隙多，通气透水性强，蓄水力差，适合耐贫瘠植物生长。

（2）壤土类。土壤质地较均匀，不同大小的矿物颗粒大多等量混合，物理性质良好，通气透水，水肥协调能力较强，是多数植物生长的良好土壤。

（3）黏土类。土壤质地较细，以黏粒和粉粒居多，结构致密，潮湿时较黏，而干燥时较硬，保水保肥能力强，透水性差。

（三）土壤酸碱度

土壤酸碱度的不同直接影响到植物的生长及分布。土壤酸碱度是土壤中许多化学性质的综合反映，用 pH 表示。我国土壤酸碱度的等级划分标准为：酸性极强（pH<4.5）、强酸性（pH=4.5 ~ 5.5）、酸性（pH=5.5 ~ 6.5）、中性（pH=6.5 ~ 7.5）、碱性（pH=7.5 ~ 8.5）、强碱性（pH=8.5 ~ 9.5）、碱性极强（pH > 9.5）。

四、水体

水体是重要的自然景观要素，以水为主要表现对象，可以在景观中展现水的各种形态、声音、色泽等。水体景观特性突出，具有静止性、流动性、可塑性，可发出声音，可以映射周围景物，可以与建筑物、植物、雕塑等景观要素组合，创造出生动活泼、富有生命力的景观形态。水体分为静水、流水、落水、喷水四种基本类型。

（一）静水

静水，也称滞水，是指环境景观中能够成片状稳定汇集的水面，常以湖泊、水池、潭、井等形式出现。静水是现代水景设计中最简单、最常用、最能取得效果的一种水景设计形式，具有静谧祥和的特点，由于处于地势平坦处，无落差变化，可产生丰富的倒影和镜像，这又赋予了静水特殊的景观效果。如网师园中位于彩霞池西侧供临风赏月的“月到风来亭”，池中不植荷，反射天光，映照倒影，尤其中秋佳节，天上明月高挂，池中皓月相映，金桂盛开，兼夜鱼戏水，一池碎银，形成独特的景观（图 3-1-8）。

▲ 图 3-1-8　网师园之月到风来亭

在静水设计上，以湖泊和水池为例。景观中的静态湖面，多设置堤、岛、桥、洲等，目的是划分水面，增加水面的层次，扩大空间感，增添风景园林的景致与活动空间，如颐和园连接昆明湖东岸与南湖岛的长桥——十七孔桥，状若长虹卧波，既丰富了水面景观，又起到划分湖面空间的作用（图 3-1-9）。人工湖设计包括平面设计、湖底结构、驳岸设计，设计人工湖形状时应注意收、放、曲、直的变化，形状的设计考虑原有地形，降低工程造价，湖水的深度在 1.5 ~ 3 m，安全水深不超过 0.7 m。水池可分为自然式水池和规则式水池，是较小的水体，可布置在广场中心、建筑物前方成为视觉焦点，也可布置在绿地中，或与亭、廊、花架等组合在一起，设计时注意水池的形态要与整体的环境景观风格一致，水池的尺度、装饰材料分别与景观面积和景观环境材料相协调，水池的深度要与水的面积相适应，注意水面溢水、水质干净、排污处理等问题。

▲ 图 3-1-9　颐和园十七孔桥

（二）流水

流水包括河、溪、涧以及各类人工修建的流动水景，如运河、水渠等。流水富有变化，水流的速度受地形地貌影响，流量、流速是决定流水变化的主要因素。河流和溪流是最常见的流水形式。

河流是陆地表面经常或间歇有水流动的线形天然水道，较大的称江、河、川、水，较小的称溪、涧、沟、渠等。溪流比河流体量要小很多，且形式更加生动，富有野趣。溪流分为可涉入式和不可涉入式两种。可涉入式溪流水深小于 0.3 m，水底做防滑处理。不可涉入式溪流应种养适应本地气候的植物，增强观赏性和趣味性。普通溪流坡度宜为 0.5%，急流处为 3%，水深超过 0.4 m 的，应增加栏杆等防护措施。

流水景观通过地形落差可自由形成导流，也可呈台阶状跌落设置，还可将流水通过地势高差的控制，形成急速的流动和缓缓流淌等不同形态。同时，流水跟建筑、山石、自然植物、雕塑等组合，其蜿蜒的形态和流动的声响使景观环境富有个性与动感。如著名建筑师赖特（Wright）设计的流水别墅，将自然水景与山地建筑完美地结合在一起（图 3-1-10）。

▲ 图 3-1-10　流水别墅

（三）落水

落水是利用自然或人工的方式聚集水流，使水流从高处跌落而形成的垂直水带景观。落水一般是因水体受地形条件的影响而产生高差跌落，受落水口、落水面的不同影响而呈现出丰富的下落形式。落水向下坠落时所产生的水声、水花，都能给人带来美的感受，根据其形式与状态，可分为瀑布、跌水、溢流、管流、壁泉等五种形式。

1. 瀑布

瀑布是指自然形态的、比较大的落水景观，多与假山、溪流等结合。瀑布按照其跌落形式分为直落式瀑布、滑落式瀑布、叠落式瀑布三种。直落式瀑布是指水体下落时未碰到任何障碍物而垂直下落的一种瀑布形式（图 3-1-11）。滑落式瀑布是指水体沿着倾斜的水道表面滑落而下的一种瀑布形式，这种瀑布类似于流水，但出现在坡度较陡、高差较大且水道较宽的地方（图 3-1-12）。叠落式瀑布是水道呈不规则的台阶形，水体断断续续呈多级跌落状态的一种瀑布形式，叠落式瀑布可看作是由多个小瀑布组合而成，所以又叫作多级瀑布。在平面上叠落式瀑布可以占据较大的进深，立面上也更为丰富，有较强的层次感和节奏感（图 3-1-13）。

▲ 图 3-1-11　直落式瀑布形式

2. 跌水

跌水是指利用人工构筑的高差使水由高处往低处跌落形成的落水景观。跌水台阶有高有低，层级有多有少，使得跌水造型灵活多变。跌水的梯级宽高比宜在 3 : 2 到 1 : 1 之间，梯面宽度宜在 0.3 ~ 1.0 m 之间。人工跌水往往多与建筑、景墙、挡土墙等结合，以表现水景的节奏和变化。跌水常见形式有水帘、水幕、叠水等。水帘或水幕是让水从平直的水口落下形成的，在下落的过程中水体悬空直下，呈平滑、透明的帘幕状，水体轻薄，透明感强。形成水幕的出水量一般较大，落水比较厚重，如幕布一般，水体透明感稍弱（图 3-1-14）。叠水是水体沿着台阶形的水道滑落而下、水体呈现有节奏的级级跌落的落水形式。叠水是柔化地形高差的手法之一，它将整段地形分为多段落差，使每段落差都不会太大，给人亲切平和之感。美国沃斯堡流水公园的流动水池设置了 11 m 高的阶梯山丘，水通过阶梯山丘流向底部小水池，游人

▲ 图 3-1-12　滑落式瀑布形式

▲ 图 3-1-13　波特兰凯勒喷泉公园之叠落式瀑布形式

可在阶梯上行走，体验到周围水的流动、声音和力量（图 3-1-15）。

▲ 图 3-1-14　水帘与水幕墙（a 水帘，b 水幕墙）

▲ 图 3-1-15　美国沃斯堡流水公园流动水池

3. 溢流

溢流即池水满盈外流。人工设计的溢流形态取决于水池或容器面积的大小、形状及层次。在合适的环境中，这种落水形式会产生一种梦幻效果。

4. 管流

管流是指水从管状物中流出。这种人工水景源自乡野的村落，人们常用中心挖空的竹竿引导山泉水，使之常年不断地流入缸中，作为生活用水。在景观设计中，通过水泥管道的排

列设计，可以组成丰富多样的管流水景。管流的形式多样，最具有代表性的当属日式水景中的管流景观，它源于自然，简朴清新而又具有禅意，现已成为一种较为普遍的庭园装饰水景（图 3-1-16）。

▲ 图 3-1-16　日式庭院管流水景

5. 壁泉

水从墙壁上顺流而下形成壁泉。在人工建筑的墙面，结合雕塑设计，不论其凹凸与否，都可形成壁泉，而水流也不一定都是从上而下，还可设计成具有多种石砌缝隙的墙面，水从墙面的各个缝隙中流出，产生涓涓细流的水景。

（四）喷水

喷水是指利用压力使水喷向空中，到一定高度后水受地球引力的作用落下，从而形成的水体景观。水量和喷水的压力直接影响到喷水的高度。喷泉是喷水的一种主要形式（图 3-1-17）。

喷泉原是一种自然景观，是承压水在地面上的释放。人工喷泉需要通过压力将水从喷头喷洒出来，提供水压的一般为水泵，也有利用地形高差制造的喷泉。喷泉在景观设计中应用非常广泛，其形式有涌泉型、直射型、雪松型、牵牛型、蒲公英型、雕塑型等。另外，喷泉又可分为一般喷泉、时控喷泉、声控喷泉、灯光喷泉等。喷泉多布置在建筑物前、广场中央、主干道交叉口等处，为使喷泉线条清晰，常以深色景物为背景。景观设计利用喷泉制造喷薄的水景，喷泉的动感可以活化环境空间，提升环境景观的品质，给人以良好的身心感受。喷泉按其形式与景观效果可分为涌泉、跳泉、雾化喷泉、旱喷泉等（表 3-1-1）。

▲ 3-1-17　西安大雁塔北广场喷泉

表 3-1-1 部分喷泉形式及特点

喷泉形式	主要特点
涌泉	水由下向上冒出，不高喷，称为涌泉，可独立设置也可组成图案
跳泉	在计算机的控制下生成的可变化长度和跳跃时间，能准确落在受水孔中
雾化喷泉	由多组微型管组成，水流通过微型孔喷出雾状水景，呈柱状或球形
旱喷泉	喷泉管道和设备被放置到地面以下的水池中，喷水时水流回落到广场硬质铺装上，或回流至水池，或沿地面坡度排出；不喷水时可作为休憩场地

五、植物

植物是园林景观的基本要素，为园林增添了无穷生机，装扮着城市景观。植物随季节变化，春季山花烂漫，夏季浓荫葱郁，秋季红叶层叠，冬季枝丫凝雪。植物是环境中最能体现时间、生命和自然变化的要素，传统的园林植物运用法则是“四季常绿，三季有花，高低错落，疏密有致”，但在城市景观设计中，还应遵循生态性、观赏性及可持续性等原则。

第二节　景观设计的人工要素

景观设计的人工要素主要从景观建筑、园路与铺装、景观小品设施等方面体现。

一、景观建筑

景观建筑是建造在城市绿地中供人们游憩或观赏用的建筑物，常见的有亭、廊、榭、舫、轩、架、景观墙、膜结构等建筑物。景观建筑具有审美价值，本身就是一道亮丽的风景，起到限定室外空间、组织游览线路、影响视线和影响毗邻景观的功能。与其他景观设计要素相比，景观建筑较少受到条件制约，是造园过程中运用最积极、最灵活的手段。随着工程技术和材料科学的发展及人们审美观念的变化，景观建筑被赋予了新的意义，其形式也越来越复杂多样，朝着改善和提高人类居住环境质量的方向发展。

（一）游憩类建筑

1. 亭

“亭者，停也。人所停集也。”（刘熙《释名》）在我国传统园林建筑中，亭是最常见的一种建筑形式。亭造型轻巧，布设灵活，一般为开放式结构，空间具有流动性，内外交融，与周围的建筑、绿化、水景等元素相互结合，构成景观。亭在景观设计中常作对景、借景，用以点缀风景，也是人们游览、赏景的好去处。亭在景观中有显著的点缀风景作用，往往作为“亮点”起到画龙点睛的作用。从功能上讲，亭满足了人们在游赏活动中驻足休息、纳凉避雨的需要。

（1）亭的分类。

按照平面形式来分，亭有三角亭、方亭、长方亭、半亭、扇形亭、圆亭、梅花形等形式；按照屋顶的类型来分，有单檐、重檐、三重檐、攒尖、歇山顶、卷棚、庑殿顶、盝顶、十字顶、悬山顶、平顶等；从位置上分，有山亭、半山亭、桥亭、沿水亭、廊亭等；从材料上分，有木亭、石亭、竹亭、茅草亭、铜亭等，现代还有采用钢筋混凝土、玻璃钢、膜结构、环保技术材料等建造的亭子。

（2）亭的设计要点。

亭的设计应首先选好位置，要考虑亭的布景形式。亭常常布置于主要的观景点和风景点上。亭在景观空间中起到画龙点睛的作用，一般多设在视线交接处。亭的色彩设计要因地制宜，对当地风俗习惯、气候环境等综合考虑。亭的造型体量应与它所处的环境、位置相协调，以小巧为宜，单亭直径一般不小于 3 m，不大于 5 m，高不低于 2.3 m。如果体量很大，可以采用组合亭形式，如扬州瘦西湖风景区的五亭桥（图 3-2-1）。当前，亭的设计更加注重运用现代材料，形式更加简洁、抽象。如苏州博物馆庭院中的茶亭，其形态为双层玻璃屋顶，内侧局部覆盖木饰钢格栅板，整体结构为钢结构，钢柱上设置照明灯具。该亭的内部空间也有所创新，除了周围有座椅外，中心设计了一座洗漱台供人使用，在功能上与传统的亭有所区别（图 3-2-2）。

▲ 图 3-2-1　五亭桥

▲ 图 3-2-2　苏州博物馆庭院中的茶亭

2. 廊

“廊者，庑出一步也，宜曲宜长则胜。”（计成《园冶》）在中国古典园林中，廊并不能算作独立的建筑，它只是防雨防晒的室内外过渡空间，后发展成为建筑之间的连接通道。廊是景点与景点之间联系的纽带，是空间联系和划分的重要手段，廊可用透景、隔景、框景等手法使空间发生变化。如上海豫园以复廊著称，其内部空间曲折多变、趣味无穷（图 3-2-3）。

依据廊道位置的不同，分为沿墙走廊、爬山廊、水廊等；按结构形式的不同分为空廊、花墙半廊、花墙复廊等；按廊的总体造型及其与地形的关系可分为直廊、曲廊、回廊、抄手廊、爬山廊、叠落廊、水廊等；按结构形式可分为双面空廊、单面空廊、复廊、双层廊和单支柱廊五种。

廊的选址及设计应随环境地势和功能需要而定，一般最忌平直单调，造型以玲珑轻巧为上，规模可大可小，大规模的可形成空间的划分，小规模的可以独立成景，形成视觉中心。廊的立面多选用开敞式，开间宜在 3 m 左右，一般横向净宽在 1.2 ~ 1.5 m 之间，现代的一些廊宽常在 2.5 ~ 3 m 之间，以适应游人客流量增长的需要。檐口距地面高度一般 2.4 ~ 2.8 m。廊顶设计为平顶、坡顶、卷棚均可。廊身两侧通透，便于游人充分欣赏周边环境，实现人与自然的接触。廊也有很多种变体，如廊和亭结合形成廊亭，和桥结合形成廊桥。咸阳的古渡廊桥，就是将古代廊、亭、坊、桥结合起来，形成了特色鲜明的秦文化风格建筑群（图 3-2-4）。

▲ 图 3-2-3　上海豫园之复廊

▲ 图 3-2-4　古渡廊桥

3. 榭

“榭者，藉也。藉景而成者也。或水边，或花畔，制亦随态。”（刘熙《释名》）榭多建于水边或花畔，是一种平面为长方形的建筑。中国园林中水榭的典型形式是在水边架起平台，平台一部分架在岸上，一部分伸入水中，平台跨水部分以梁、柱凌空架设于水面之上。平台临水围绕低平的栏杆，或设鹅颈靠椅以供休憩。平台靠岸部分建有长方形的单体建筑，屋顶常用卷棚歇山顶。如苏州网师园的濯缨水阁、留园的闻木樨香轩等。在北方皇家园林中，榭的建筑尺度增大，风格稳重，多由单体建筑变成群体建筑。如北京颐和园中谐趣园的“洗秋”和“饮绿”，它们是以短廊相接的两座水榭，“洗秋”厚重沉稳，“饮绿”小巧玲珑，形成了强烈对比与反差（图 3-2-5）。

水榭的位置宜选在水面有景可借之处，要考虑到对景、借景，并以在湖岸线突出的位置为佳。水榭应尽可能突出池岸，形成三面临水或四面临水的形式。榭在造型上应与水面、池岸相互融合，以强调水平线条为宜。建筑物贴近水面，适时配以粉墙、漏窗、水廊，结合几株翠竹、垂柳，可以在线条的横竖对比上取得较为理想的效果。

▲ 图 3-2-5　颐和园谐趣园的“洗秋”和“饮绿”

4. 舫

舫是立于水边或水中的船形建筑物，舫形似船而不能动，所以又名“不系舟”，运用联想使人有虽在建筑中，犹如置身舟楫之感。舫身分为前、中、后三个部分：前部船头做成敞棚，供赏景用；中部船舱外形略矮，是休息、宴饮的主要场所，两侧开长窗，坐着观赏时可有宽广的视野；后部尾舱最高，一般为两层，下实上虚，上层状似楼阁，四面开窗以便远眺。舫的屋顶一般为两坡顶或者卷棚式样，首尾舱则是歇山式。下部船体用石料，上部船舱则多用木构。在江南园林中，苏州拙政园的“香洲”、怡园的“画舫斋”是比较典型的实例。北方园林中的舫是由南方引进的，如北京颐和园清晏舫，船体长 36 m，用巨大的石块雕砌而成，两层舱楼为木结构，油饰成大理石纹样，顶部用砖雕装饰，精巧华丽（图 3-2-6）。

▲ 图 3-2-6　颐和园清晏舫

5. 轩

▲ 图 3-2-7　拙政园之“与谁同坐轩”

轩是一种以敞廊为特点的建筑物，其体量、规模不大，是一种点缀性的建筑。轩也指一种“天花”做法，用于遮蔽屋项结构，以椽子和望砖为材料，令建筑富有亲切感。现今江南园林中轩的式样繁多，如船篷轩、鹤胫轩、弓形轩、菱角轩等。轩的位置不同于厅堂那样讲究轴线对称布局，而是比较随意。如网师园中的“竹外一枝轩”，经此处通向“月到风来亭”，又作为“濯缨水阁”的对景；拙政园中的“与谁同坐轩”（图 3-2-7），是一座扇形建筑，生动、别致，是从中部园区经“别有洞天”至西部园区第一眼看见的建筑。

6. 架

架既有亭、廊那样的结构，又不像亭、廊那样密实。架更加通透，更加接近自然。架的材料多种多样，常见的有木架、竹架、砖石架、钢架和混凝土架等。架与攀缘植物搭配，形成美丽的花架，常搭配常春藤、凌霄、紫藤、络石、地锦、南蛇藤、木香等。

花架四周应开敞通透，方形花架高度一般在 2.2 ~ 2.5 m，宽 2.5 ~ 4 m，长度 5 ~ 10 m，立柱间距一般为 2.4 ~ 2.7 m。花架的位置选择较灵活，公园隅角、水边、小径或城市其他休闲环境中均可设置。沿小径设置的花架一般呈线形分布，置于路的一侧，与坐具配合，形成局部休息空间。设置在城市休闲环境中的花架，有的围成一个扇形，形成向心的小空间，有的形成一个弧形，从一个空间通向另一个空间（图 3-2-8）。

▲ 图 3-2-8　不同形式的花架

7. 景观墙

景观墙主要有两种类型，一种是作为场地周边、生活区的分隔景观墙，一种是场地内划分、组织空间而布置的景观墙，具有分割空间、组织游览路线、衬托景物、遮蔽视线、装饰美化等作用。在进行景观墙的设计时，尽量做到低、透，只有特别要求掩饰隐私处，才用

▲ 图 3-2-9　不同类型的景观墙

封闭的景观墙。一般景观墙的高度不小于 2.2 m，位置常与游人路线、视线、景物关系等统一考虑，形成框景、对景、障景等。景墙可独立成景，也可结合植物、山石、建筑、水体等其他要素，以及墙上的漏窗、门洞、雕花刻木的巧妙处理，形成空间有序、富有层次的景观（图 3-2-9）。

8. 膜结构

膜结构建筑作为一种新型建筑模式，相对于传统建筑模式更具有艺术性。它以造型学、色彩学为基础，结合自然条件及民族风情，能根据设计师的创意设计出传统建筑难以实现的曲线及造型，这种独特曲面外形使其具有强烈的雕塑感。这种结构形式特别适用于大型体育场馆、入口廊道、小品、公众休闲娱乐广场、展览会场、购物中心等领域。

膜结构从结构上可分为骨架式膜结构、张拉式膜结构、充气式膜结构 3 种（图 3-2-10）。膜结构景观主要由钢结构和膜布材料构成，膜布材料的选择直接决定了膜结构景观是否美观。常见的膜布材料以白色为主，但不是所有景观都适合白色，因此，在膜结构景观的选择上还可以根据整体景观环境和地理位置进行调整。

▲ 图 3-2-10　膜结构形式（自左到右：骨架式膜结构、张拉式膜结构、充气式膜结构）

（二）服务类、管理类建筑

景观中的服务类建筑包括餐厅、酒吧、茶室、接待室、商品售卖部等，这类建筑对人流集散、功能、服务、建筑形象要求较高。景观中的管理类建筑主要指管理设施以及方便职工的各种设施，如广播站、变电室、垃圾污水处理厂等。

二、园路与铺装

（一）园路

园路是指园林中的道路工程，包括园路布局、路面层结构和地面铺装等的设计，是景观不可或缺的构成要素，是景观的脉络，把各个景区连成整体。园路是景观环境中交通集散、开展各类活动和进行生产管理的硬质开敞区域，不同的园路规划布置，往往反映不同的景观面貌和风格。例如苏州古典园林讲究峰回路转，曲折迂回，而法国勒诺特尔式园林，则讲究按照平面几何形状铺设。

1. 园路的类型

园路分主要园路、次要园路及游步道三种类型。主要园路是从园区入口通往园内各个景区、主要广场、主要建筑、景点及管理区的园路，是园内人流和车流最大的行进路线，须考虑通行、生产、救护、消防、游览车辆等，宽一般在 7～8 m。次要园路为主要园路的辅助道路，分布于各功能区，沟通着各建筑与景点。宽度通常为 3～4 m。游步道，又称小径，是人们散步、休息及观赏景观的道路，是次园路的进一步细化。引导游人深入到景点内部，走进山林、水边等处，宜曲折自然地布置，宽度在 1~3 m。

▲ 图 3-2-11 杭州花园

2. 园路的设计要点

（1）因地制宜，步移景异。

园路的线型有自由曲线式和规则直线式两种，并形成两种不同的景观风格。园路的设计也可以采用两种线型相结合的方式，通常以一种线型为主，依靠另一种线型进行补充。如孟兆祯设计的“杭州花园”(图 3-2-11)，采用直线与曲线相结合的道路形式，直线式道路为主，也是园林主轴线，曲线式道路为辅，连接主园路。在自然式园林中，可以结合园内的山水地形，将园路或沿池，或绕山迂回布置，延长游览路线，达到“步移景异”的效果。园路也可根据观景要求设计为套环状，避免走回头路。在规则式园林中，园路多采用规则的直线、折线、放射线等，表现出规整严肃、整齐划一的景观特点，如美国景观设计师彼得·沃克的伯内特公园，园路由方格网状的道路和对角线方向斜交 45° 的道路网组成，道路略高于草坪，可将阴影投在草坪上，在草坪衬映下，使草坪层与道路层有明显的层次区分，产生图案效果（图 3-2-12）。

▲ 图 3-2-12 伯内特公园道路网

（2）与其他景观元素组合。

在设计中应注意以人为本，形成“路从景出，景从路生”的道路景观效果，与座椅、花坛、树林、灯具等其他景观元素组合，塑造道路两侧的凹凸空间，方便游人沿路休憩观景。

（3）园路铺装。

景观道路铺装通常采用可渗透的生态路面，防止路面积水。可渗透的铺装材料有沙、石、木、强力草皮、空心铺装格和多孔沥青等。不同功能的道路选用的材料不同，铺设手法也不同。铺砌材料要结合周边的景观元素，与园林景观相协调，多采用石板、砖砌铺装、鹅卵石、碎石拼花等材料。

（4）交叉点园路设计。

园路在交叉点的设计应做到主次分明，在宽度、铺装、走向上有明显的区别；应避免多路交叉，导致路况复杂、导向不明。在交叉时，角度不宜过小，角度过小会导致车辆不易转弯、人行横穿绿地等问题。

（5）山坡园路设计。

园路设在山坡时，坡度应不小于 6°，顺着等高线做盘山路状，也可以与等高线斜交，来回曲折，增加观赏点和观赏面；考虑到自行车时，坡度应不大于 8°；考虑到汽车时，坡度应不大于 15°；人行坡度不小于 10° 时，宜设计台阶。

（二）步石、汀步、桥

1. 步石

步石可以是规则形，也可以是不规则自然形，主要进行散铺（图 3-2-13）。步石的选材有花岗岩、加工石、混凝土板、木材等。铺设步石时要注意每块步石的大小，尺寸一般控制在 3 ~ 50 cm，厚度在 6 cm 以上。铺设步石时注意每块石料之间的间隔，一般保持 10 cm 左右，露出土面的高度在 3 ~ 6 cm。

▲ 图 3-2-13　步石

2. 汀步

汀步是设在水中的步石。通常汀步可自由地横跨在浅涧小溪之上，或点缀在浅水滩涂上(图 3-2-14)。汀步的基底一定要稳固，需用水泥固定。在宽深的水面上，不宜设置汀步。当汀步较长时，还应考虑两人相对而行时水面中间要有一个相互错开的地方。石块不宜过小，一般应在 40 cm 以上，汀步石面应高出水面 6 ~ 10 cm。汀步的间距，应考虑人的步幅，成人步幅为 56 ~ 60 cm，石块的间距可为 8 ~ 15 cm。

▲ 图 3-2-14　汀步

3. 桥

桥本身是一种跨越河流的功能性构筑物，可以分隔和联系水面，是道路交通的组成部分。桥按照形式可分为平板桥、圆拱桥、单孔桥、多孔桥、廊桥等；按照结构可分为梁桥和拱桥两种；按照建造材质可分为木桥、竹桥、石桥、砖桥、铁桥及混凝土、玻璃钢等材料建成的桥。在小庭院环境中也有一步就可跨越的小园桥。在水流较窄处适宜架设跨度较小的桥，在水面宽阔的地方适合用曲桥，在有船经过的水面应架设拱桥。在当代设计中，桥的形式多样，如北京土人景观规划设计研究所设计的江苏睢宁流云水袖桥，该桥是城市景观元素的功能和形式完美结合的典范。流云水袖桥最初为加强和合广场与森林广场的联系而建，在满足功能需求的前提下，设计紧扣“水”这一大主题，从水袖舞动的流畅柔美形态中获得灵感，在三维空间中婉转起伏，创造出行云流水般的美感（图 3-2-15）。

▲ 图 3-2-15　江苏睢宁流云水袖桥

（三）景观铺装

景观铺装是指在环境中运用自然或人工的铺地材料，按照一定的砌筑方式铺设于地面的地表景观。其主要作用是为车辆或行人提供一个安全的、硬质的、干燥的、美观的承载界面，并与建筑、植物、水体等元素共同构成景观。因此，铺装是景观环境的重要组成部分。

1. 景观铺装的类型

景观铺装按材料和形式一般可分为四种：整体铺装、块料铺装、碎石铺装和木料铺装。

（1）整体铺装。

整体铺装是一种连续、均匀的地面铺装形式，主要包括水泥混凝土路面和沥青混凝土路面两种。水泥混凝土是以水泥为胶结料，矿物骨料为黏结体的整体结构。沥青混凝土由粗集料、细集料和填料组成，是符合规定级别的矿料与沥青混合制成的符合技术要求的沥青混合料。在景观设计中，常见的水泥混凝土路面为灰白色，沥青混凝土为黑灰色，由于这两种路面的颜色比较单一，主要在主干道或车行道上使用。现代出现了彩色透水混凝土铺装，是体现海绵城市建设的一项新技术，广泛应用于人行道、广场、停车场等地（图 3-2-16）。除了人造的色彩外，使用无色透明改性树脂胶为胶黏剂的透水混凝土还可以充分体现自然石的本色，使石粒色泽鲜亮，还可以利用石粒的本色设计图案。

▲ 图 3-2-16 彩色透水混凝土路面铺装

（2）块料铺装。

块料铺装根据材料的厚度可以分为板材和片材两大类。常见的板材有石板、混凝土板、水泥彩砖、黏土砖、砌块嵌草铺地等，常见的板材厚度有 40 ~ 50 mm 的薄板材和 80 ~ 100 mm 的厚板材。片材主要有石片铺地、陶瓷广场砖铺地、马赛克铺地、釉面地砖铺地等（图 3-2-17）。

▲ 图 3-2-17 块料铺装

（3）碎石铺装。

碎石铺装材料有砂砾、碎石等，是一种成本低、优点多的铺装形式。可以分为碎石铺地和花街铺地。碎石铺地主要采用卵石和砾石两种材料，卵石为方便行走可采用横铺，为足部按摩可采用竖铺；花街铺地多以青砖、瓦片为骨架，以卵石、砾石为填充，组合成美观的图形（图 3-2-18）。

（4）木料铺装。

木料铺装材料主要有木板、木桩、木砖、原木条、锯末等，适用于林荫木栈道的景观设计。木板的主要铺装形式有实铺和空铺两种；木桩和木砖一般用粘贴的方法，原木条通过砂土结合层铺地（图 3-2-19）。

▲ 图 3-2-18　碎石铺地与花街铺地

2. 景观铺装的设计要点

铺装本身也是一种景观，对铺装的设计主要从构形元素、色彩、纹样、质感、尺度等几个方面表现。

▲ 图 3-2-19　木料铺装

（1）构形元素。

铺装设计形式中主要的构形元素是点、线、面，通过点、线、面的巧妙组合，可以传达给人们各种各样的空间感受，或宁静、高雅，或粗犷、奔放等（图 3-2-20）。

▲ 图 3-2-20　点、线、面在铺装设计中的体现

（2）色彩。

铺装色彩运用是否合理，是体现空间环境的魅力所在。铺装的色彩一般起到衬托主体物背景的作用，只有很少的情况下会成为主景观，所以要与周围环境的色调相协调。一般的色彩选择以中性色调为主，少量的冷暖色调作为装饰图案，一般较少采用过于鲜艳的色彩：一方面，长时间处于鲜艳的色彩环境中容易让人产生视觉疲劳；另一方面，彩色铺装材料一般容易老化、褪色，时间一久会显得残旧，影响景观质量。色彩的选择还应该考虑人的心理感受，如：在儿童活动区，根据儿童的心理特点选择适合它们年龄的偏活泼的配色；在纪念性的场所，应使用稳重的色调，营造庄重、肃穆的气氛。同时也应该考虑到地域性和部分民族的禁忌，根据实际环境选择合适的色彩（图 3-2-21）。

▲ 图 3-2-21　景观铺装的色彩设计

（3）纹样。

纹样也是景观铺装中具有装饰、美化效果的基本要素，铺装纹样必须符合景观环境的主题或意境表达。中国传统景观铺装中，精美的铺装纹样比比皆是，随着景观设计的发展，个性化、创造性的铺装图案越来越多，这些铺装图案的使用必须结合特定的环境，才能表达出自身蕴涵的深层次意蕴。如巴西里约热内卢科帕卡巴纳海滩海滨步道选用了马赛克形式的抛物线状波纹，与海浪呼应，达到了很好的装饰效果（图 3-2-22）。

▲ 图 3-2-22　科帕卡巴纳海滩海滨步道

（4）质感。

一般来说，质地细密、光滑的材料给人以优美雅致、富丽堂皇之感，但同时也常有冷漠、傲然的感觉；质感粗糙、疏松、无光泽的材料给人以粗犷豪放、朴实亲切之感，但同时也常有草率、野蛮的感觉。在景观铺装设计中，面积大的场地应选择大尺度的图案，以适应场地的整体环境。对于商业广场、步行商业街的铺装，为突出其优雅华贵，可采用质地细密光滑的材料，但这些场所人流密集，也要注意防滑问题；对于休闲娱乐广场、居住区道路的铺装，为突出亲切宜人，可采用质感粗糙的材料；对于运动场地的铺装，可采用质感柔软的材料，给人舒适安全之感；对于风景林区道路的铺装，可采用具有自然质感的材料，如天然石材、卵石、木材等（图 3-2-23）。

▲ 图 3-2-23　不同质感的景观铺装形式

（5）尺度。

景观铺装图案的不同尺度会取得不一样的空间效果。尺度如果不合适，将破坏整体空间的氛围，严重时甚至会使人们出现混乱感。通常大尺度的花岗岩、抛光砖适合大空间，以表现整体的统一、大气，而小尺度的地砖和马赛克，更适合中小型的空间，以此来刻画空间的精致。有时小尺度的材料铺装成的肌理往往能产生很好的形式趣味，利用小尺度材料组成大的图案可以与大空间取得比例上的协调（3-2-24）。

▲ 图 3-2-24　小尺度的材料铺装在大空间中的表现

三、景观小品设施

（一）雕塑类景观小品

雕塑是造型艺术的一种，是雕、刻、塑三种技法的总称，指用传统的雕塑手法，在石、木、泥、金属等材料上直接创作，反映历史文化和理想追求的艺术作品。雕塑的材料有大理石、金属、人造石、高分子材料、陶瓷等。雕塑类景观小品有以下几种分类。

1. 按空间形式分

雕塑按空间形式分为圆雕、浮雕、透雕三种。现代艺术中还出现了四维雕塑、五维雕塑、声光雕塑、动态雕塑和软雕塑等。

（1）圆雕。

圆雕具有相对独立的空间属性，稳定地安置在面上或者基座上，主要特点是可以 360° 地观赏，以完全立体的形态呈现给大众（图 3-2-25）。

▲ 图 3-2-25　创意性圆雕

（2）浮雕。

浮雕是以二维平面的形式出现在观众面前的，它通常附着在某种载体上（景墙、建筑的外墙或内壁等），只适合通过特定角度欣赏。浮雕实际上是介于绘画和圆雕之间的一种艺术形式（图 3-2-26）。

（3）透雕。

又称镂雕，指保留凸出的物像部分，将衬底部分进行局部或全部镂空的雕塑艺术形式。透雕实际上是从浮雕中派生出来的，是浮雕的一种立体化形式，有单面雕和双面雕。透雕保留形象部分，使得空间流通、形象清晰（图 3-2-27）。

▲ 图 3-2-26 浮雕

▲ 图 3-2-27 透雕

2. 按艺术形式分

雕塑按艺术形式分为具象与抽象两种。具象雕塑以再现客观现实为主，在城市雕塑中应用广泛；抽象雕塑是对形体加以概括，并用抽象符号加以组合，具有强烈的视觉冲击力和现代意味。

3. 按功能分

雕塑按功能分为纪念性雕塑、装饰性雕塑、功能性雕塑、主题性雕塑等。

（1）纪念性雕塑。

纪念性雕塑的位置通常选在纪念性广场或公园、绿地之中，为了怀念某位伟人或重大历史事件，有特定的主题，有教育、纪念、宣传等意义，通常为纪念碑或人物雕像。纪念性雕塑最重要的特点是它在环境景观中处于中心或主导位置，起到控制和统率全部景观的作用，所以环境要素和总平面设计都要服从雕塑的立意。如杭州孤山下的鲁迅雕塑（图 3-2-28），在绿色背景植物映衬下成为整个环境的视觉焦点。

▲ 图 3-2-28 鲁迅雕塑

（2）装饰性雕塑。

装饰性雕塑也被称为雕塑小品。其形式多样、取材广泛，能应用于公共空间的多数角落，这类作品并不刻意要求有特定的主题和内容，主要发挥着装饰和美化环境的作用。装饰性雕塑的设计需要注重美感，它的观赏价值极高，题材内容可以广泛构思，情调可以轻松活泼，风格可以自由多样，尺度可大可小，大部分都从属于环境和建筑，成为整体环境中的点缀和亮点（图 3-2-29）。

▲ 图 3-2-29　不同形式风格的装饰性雕塑

（3）功能性雕塑。

功能性雕塑具有实用性，将艺术美感和使用功能相结合。有些环境功能设施如垃圾箱、座椅、标识牌都可以设计为功能性雕塑。功能性雕塑可以把游客的活动和场地设施联系起来，使人成为环境中活动的景观，也激发人们探索环境的兴趣。如莫斯科扎里亚季耶公园的“母亲”雕塑（图 3-2-30），该雕塑由抛光不锈钢焊接而成，将雕塑与座椅联系起来，意在让游人在“母亲”的怀抱中再次找回安全感。

▲ 图 3-2-30　“母亲”雕塑

（4）主题性雕塑。

主题性雕塑是指在特定环境中揭示某些主题的景观雕塑。主题性雕塑同环境有机结合，可以充分发挥景观雕塑和环境的特殊作用，弥补一般环境缺乏主题的功能。如“祝福北京”雕塑（图 3-2-31），与奥林匹克塔交相辉映。该雕塑以北京作为世界上第一个“双奥之城”为灵感，将人们对北京的挚爱与祝福凝聚成飞翔的翅膀，生动地展现出奥林匹克精神。

▲ 图 3-2-31 “祝福北京”雕塑

（二）植物类景观小品

利用天然的植物创作出的景观小品即为植物类景观小品（图 3-2-32）。植物是景观要素中唯一具有生命的元素，它随着季节生长而变化，一年四季可以表现出不同的颜色和形状。植物类景观小品与其他景观要素紧密相连，常常与建筑、雕塑小品等景观元素结合，作为一种背景或者配景，起到美化环境的作用。同时还可以充分利用植物的色、香、形作为景观设计的主题，单独创造出具有独特效果的景观空间。

▲ 图 3-2-32　植物类景观小品

（三）室外家具类景观小品

室外家具类景观小品形式多样，具有体量小、数量多、功能性强等特点，其中功能性强的特点最为明显，也是组成景观环境的一道风景线。具体内容包括座椅、景观标牌、照明灯具、卫生设施、公共游乐设施等。

1. 座椅

座椅是景观环境中最常见的室外家具，为游人提供休憩和交流的场所。良好的座椅设计不仅能为人们提供良好的休憩场所，还能满足人们的心理需求，促进人们的户外交往，诱发景观环境中各类活动的发生。

座椅的设计首先应满足人们休息的需求，因而适宜的高度和良好的界面材料是最基本的要求，对于成人来说，座位应高于地面 46~51 cm，宽度为 30.5 ~ 46 cm ；如果加靠背，靠背应高于座面 38 cm ；若设计带扶手的座椅，扶手应高于座面 15 ~ 23 cm。在材质选择上，由于休息设施多设置在室外，在功能上需要防水、防晒、防腐蚀，多采用铸铁、不锈钢、防水木、石材等。在位置选择上，路边的座椅应退出路面一段距离，避开人流，形成休憩的半开放空间。景观节点的座椅应设置在有背景且面对景色的位置，让游人休息时有景可观。另外，直线形座椅造型简洁，给人一种稳定的平衡感；曲线形座椅和谐生动，可以取得变化多样的艺术效果；直线和曲线相结合的座椅，刚柔并济，富有对比与变化，别有神韵（图 3-2-33）。

2. 景观标牌

景观标牌在景观环境中起到指示、说明和导向的作用，虽然体量较小，但可以提供许多关于环境的资讯和信息，使人对景区的景点、资源有更深刻的认知，以达到了解和教育的目的。景观标牌依据功能来分，主要有解说牌、指示牌、警告牌、管理牌等。

▲ 图 3-2-33　景观座椅设计

景观标牌要放置在游客易看到的位置，简明醒目。景观标牌的色彩、造型和高度等应充分考虑，用材应经久耐用、不易破损、方便维修，还要注意新材料、新工艺、新技术的使用，保留经过时间考验、得到广泛认同的传统工艺形式。如成都宽窄巷子的标识系统（图 3-2-34），从灰瓦、砖墙、窗扇、雀替垂花柱等建筑构件中获得灵感，汲取川西民居的窗格与灯笼元素，从细节上勾画出成都浪漫悠然的生活韵味。

▲ 图 3-2-34　成都宽窄巷子的景观标牌

3. 照明灯具

照明灯具也是景观环境中常用的室外家具类景观小品，主要是为了方便游人夜行，点亮夜晚，起到渲染景观的效果。常用的景观照明灯具有草坪灯、埋地灯、庭院灯、高杆灯和投光灯等（图 3-2-35）。

▲ 图 3-2-35　常用的景观照明灯具

（1）草坪灯。比较低矮，造型多样，多放在草坪边缘或广场周边作为照明装饰，创造夜景气氛，高度通常在 0.3 ~ 0.4 m。

（2）埋地灯。埋地灯的灯体嵌入地下，形成自下而上的投光效果。其特点是体积小，能保持与地面的平整统一，照明的同时不会影响通行。广泛应用于广场、商业街、停车场等。

（3）庭院灯。一种常见的中等尺度灯杆的照明装置，灯具在灯杆顶端。主要用于庭院、公园、街头绿地、居住区的照明，高度通常在 2～3 m，

（4）高杆灯。一般指 15 m 以上的钢制柱形灯杆和大功率组合式灯架构成的照明装置，由灯头、内部灯具、杆体及基础部分组成。主要用于广场、街道、立交桥等大面积照明区域。

（5）投光灯。指利用反射器和折射器在限定的立体角内获得高强度光的照明装置。主要用于建筑物、体育场、立交桥、纪念碑等大型公共建筑。

首先，景观的照明要符合场地的要求（表 3-2-1），通行空间要考虑安全性，建筑物的照明要突出建筑的造型特点；其次，区域照明要做到主次分明、整体统一，对于重点景物要重点刻画，同时注意它和周边的关系；再次，空间照明是一种艺术性创作，并不仅仅是照亮物体，灯具形态要有美感，光线设计要配合环境，形成亮部与阴影的对比，丰富空间的层次和立体感。最后，还要注意环保与节能。

表 3-2-1　园内主要位置的照明标准

位置	园灯最低功率（W）	光源高度（m）	间隔距离（m）
园地（树木多者）	100	4 ~ 5	25
园地（树木少者）	200	5 ~ 6	40
园路	200	5 ~ 6	30
广场	500	10	100 m^2 中 3~6 盏

4. 卫生设施

卫生设施是景观环境中不可或缺的组成部分，是为保持市政卫生而设置的相关设施，包括垃圾箱、饮水台、卫生间等（图 3-2-36）。

▲ 图 3-2-36　景观卫生设施

（1）垃圾箱。

垃圾箱按照形态可分为直竖型、柱头型和托座型三类，材质可为金属、塑料、钢木、大理石等。按照垃圾投入方式可分为旋转式、抽屉式、启门式、套连式等。垃圾箱的设计要便于使用，标示清晰，也可复合其他设施的功能；在功能上要注意区分垃圾类型，有效回收可利用垃圾；在形态上要注意与环境协调，并利于垃圾投放和防止气味外溢；在位置上可设置于道路两侧和景观单元出入口，外观色彩和标识应符合国际垃圾分类的要求。

（2）饮水台。

饮水台为近代造园中重要的实用设施兼装饰景物，多设于广场中心、儿童游戏场中心、园路一隅。按照饮水台龙头位置划分，有龙头在顶部和龙头在侧面两种。材料较多样，有混凝土抹面、花岗石、天然石、陶瓷、不锈钢、铸铝等。饮水台高度应在 50 ~ 90 cm，设计时要依据人体工学的数据并考虑残疾人和老年人的便利，同时注意废水的排放问题。

（3）卫生间。

卫生间应依据景观环境的规模容量设计，既要满足功能特征、外形美观，又不能过于修饰而喧宾夺主。卫生间内部应有较好的通风排水设施。在人流较大的区域需要放置临时卫生间，造型上力求与环境相融合，并考虑人体工学和无障碍设计等方面。

5. 公共游乐设施

公共游乐设施主要指提供休闲娱乐和健身活动的器械，能够增加人与环境的互动交流，丰富空间活力，营造可参与的活动空间。从活动内容看可细分为游戏设施和健身设施（图 3-2-37）。游戏设施一般为 12 岁以下的儿童设置，需要家长带领，在设计时注意考虑儿童身体和动作基本尺寸，以及结构和材料的安全保障，同时在游戏设施周围应设置家长的休息看管座椅，常见的有沙坑、滑梯、戏水池、秋千等。健身设施指能够通过运动锻炼身体各个部位的健身器械，健身设施一般为 12 岁以上儿童及成年人设置，在设计时要考虑成年人和儿童的不同身体和动作基本尺寸要求，同时确保材料环保、结构安全。

▲ 图 3-2-37　游戏设施与健身设施

本章小结

本章主要从景观设计各要素的含义、分类及特点入手，着重介绍景观设计的自然要素和人工要素，并对相关要素的设计要点进行分析讲解。应深入地认识和理解这些景观要素的特点，在实际设计中综合考虑环境与景观要素之间的关系并恰当运用，全面提高设计能力。

思考与练习

1. 分析现代景观建筑对古典建筑的传承与创新之处。

2. 思考如何运用景观构形要素进行铺装设计。

3. 2 ~ 4 人为一组，对某一区域景观做一次整体调研，分析景观中各类景观要素的特点和运用技巧，并绘制局部节点平面、立体效果图，同时书写一份详细的调研报告。

第四章

景观设计的原则、方法与步骤

第一节　景观设计的原则
第二节　景观设计方法
第三节　景观设计基本步骤

| 本章概述 |

景观设计是一门综合性很强的学科，要想设计出好的景观，必须对景观设计方法和设计步骤有深入透彻的了解。本章从景观设计的形式要素、空间营造、造景手法等方面入手探讨景观设计的方法，同时介绍了设计过程中的系统化和设计程序的规范性原则。本章从任务书发布、场地解读、概念设计、方案构思与设计、详细设计、方案表达、设计探索和实施、管理与监督等八个阶段讲解景观设计的基本程序与步骤。

| 教学目标和要求 |

初步掌握景观设计的必备知识，并能完成一些简单的景观设计任务。

第一节　景观设计的原则

一、以人为本原则

满足人的活动需求是景观设计最基本的原则，一切景观设计的最终目的都是为人所用。规划师威廉·阿朗索（William·ALonso）曾说过，规划师犹如一个翻译，他的职责在于把公众的需要“翻译”成物质的环境。以人为本的原则就是围绕人的需求设计景观，随着社会、经济、科技的发展，人们早已不满足于单纯的视觉景观因素，景观的品质以及景观与人的互动是目前人们最关心的问题，只有做到这些，才能进一步地满足人的心理需求和生理需求。以人为本的景观设计需要有科学的分区，将各类空间结构进行有序的组合排列，从而满足人的不同需求，充分分析不同年龄层次的人的心理需求，做到因人而异，尽可能地面面俱到。现在经常见到的无障碍设计就是以人为本原则的一种体现，如利用缓坡满足特殊人群的出行（图 4-1-1）。

设计不同的空间场所，使空间多元化，往往可以避免很多景观设计的误区。只注重景观的美观是非常不冷静的做法，要想使景观具备空间活力，就必须考虑到人的各种活动，以人为本原则是景观设计的重中之重，是景观设计方案的风向标，也是人类社会进步的必然结果。从某些方面来讲，以人为本的原则也是在提升人的价值，并尊重人与自然的关系，综合考虑人群与环境、与社会的关系，使其有效地结合起来，景观作为其中的润滑剂，能够使人更好地融入自然与社会当中。因此，以人为本应该是站在人性的高度上把握景观设计的方向，以综合协调景观设计涉及的深层次问题。

▲ 图 4-1-1　无障碍设计

二、生态性原则

生态问题是景观设计中永远绕不开的话题，随着科学技术等的快速发展，人们赖以生存的自然环境受到了前所未有的威胁。景观设计的生态性原则建立在可持续发展原则和以人为本原则的基础之上，要既能满足现在人们当下的要求，又能满足后代的发展需求，将资源浪费降到最低，不断完善水循环系统，为动植物提供良好的生长条件，为整个生态系统的持续发展创造有利条件，最大限度地改善人居环境。景观设计的生态性主要体现在以下两点。

（一）因地制宜

景观设计开始之前，要对现场进行充分调研，发现地块所包含的积极因素，利用好现有的地形、自然水景及植被，尽量避免大面积的地块改造，将施工过程中对环境因素的破坏降到最低，在考察现场时，应该全方位地对该地块进行科学分析，如当地的日照时间、风向、自然水体、动植物、气候条件、土壤条件、地形分布等问题，发现古迹、古墓等应及时采取防护手段。然后整合收集到的数据，利用掌握的数据对该地块进行适应性评价，得出设计的科学依据。尊重自然、保护自然是景观设计的初衷，例如：地块内存在自然水源，就可以利用这块水源，针对现有水景进行提升改造，以达到景观效果，避免破坏自然水源的现象发生；如果地块内部有山，可以利用山组织空间，通过高差形成视线的遮挡，使场地更具趣味性；如果地块内部有古木，可以将该古木形成景观节点的中心，既起到了保护作用，又能使景观更加生动，切记不可砍伐破坏。总而言之，要在尽量不破坏现有自然条件的基础之上对地块进行设计。景观原指自然景色，充分利用好自然景观营造现代景观，对人工景观的自然价值及文化价值都有较大的帮助。

避免水资源浪费和过度消耗是生态性的重要体现，所以在景观设计过程中应充分考虑到雨水回收和水资源循环利用的原则，特别是雨水充沛的地域，更应利用雨水回收系统，在避免城市内涝的同时，通过回收的雨水进行水景营造、浇灌、清洁等。比如宾夕法尼亚大学的口袋公园（图 4-1-2），雨后场地形成地表径流，一部分地表径流通过排水层的过滤渗透到场地内部的蓄水池中，蓄水池储蓄的水可以回收，用于晴天时候的植物灌溉，其中最主要的就是草坪的喷灌系统用水；另一部分和用于喷灌的水被土壤吸收，用于维持土壤自身的湿度，又被场地植物的根系吸收，利用植物的蒸腾作用回归到大气中。除此之外，场地对极端情况也做了设计，如干旱时可以从城市用水管道引水进行植物灌溉，雨水量过大的时候可以溢流到下水道进入城市排水管。

人造景观并不是肆意地破坏自然景观，而是将自然与人文更有效地结合在一起，通过很小的代价实现最大的生态利益。设计时应因地制宜，利用现有资源，设计出具有自然特点和地域特征的景观。

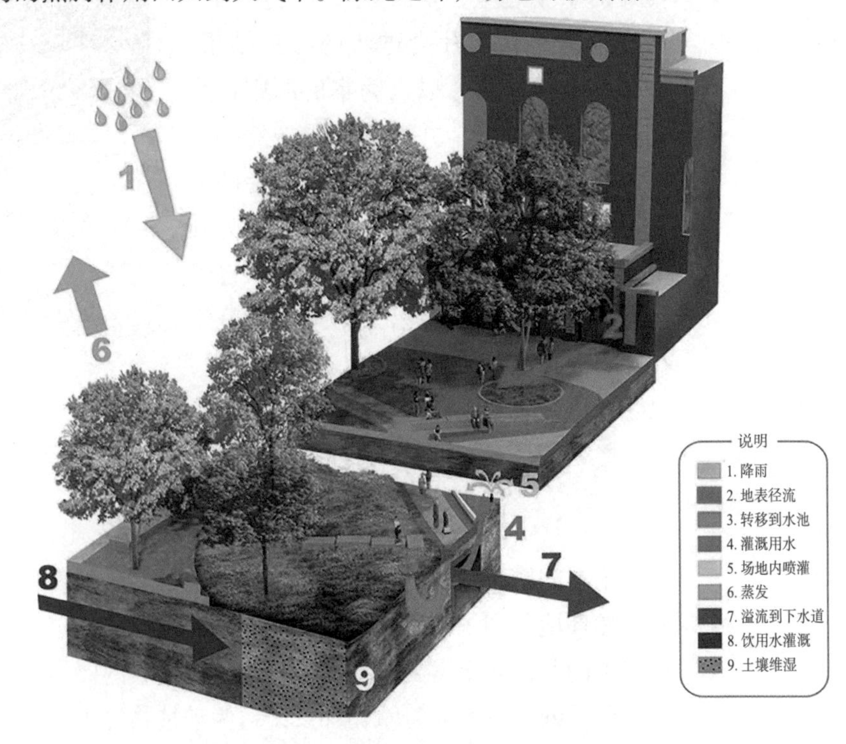

▲ 图 4-1-2　宾夕法尼亚大学口袋公园区域水循环模型

（二）保护生物多样性

生物的多样性是大自然给人类最好的礼物，也是维持生态平衡最重要的因素，同样是人类赖以生存的基础。景观设计必须充分考虑与大自然的结合，并促进生物多样性的发展。生物多样性是景观设计中更深层次的追求。

促进生物多样性的发展，包括原有生物栖息条件的延伸及对新生生物栖息条件的创造、对具有当地地域特征的植物的保护（包括有丰富乡土植物和野生动植物栖息的荒废地、湿地、自然河川、低洼地、盐碱地、沙地等生态脆弱地带）、保护乡土树种及稳定区域性植物群落组成、有节制地引种、在发展人工草地的同时保护野生花草、保护湿地生态系统等。

三、整体可持续发展原则

景观设计要针对整体环境进行综合考虑，在设计时把控整体的艺术性及经济价值，不能过于片面或停留在某一点上。对自然景观的改变往往都是从外到内的介入，是对环境形成改变以及对发展方向的引导。所以，在进行介入时要适可而止，一定要掌握好度，不要给环境造成太大的改变，一步一步，逐渐完成。景观设计是对人们所处的环境进行全方位的设计，并不是针对某一点进行设计，应是以人类生存、各种动植物生存、经济发展、审美需求等为目标的优化过程。

景观设计是一门学科，不是建筑物的背景或其他项目的配景，因此要凸显地域特征，与周边环境相得益彰。城市景观能够寄托人们的理想与追求，大到一个广场，小到一个小品，都应该注重人的感受，强调人们的生活体验，为人们提供良好的栖居之所。好的景观设计是对美好生活的憧憬，也是美好生活的记忆，更是现代人生活中必不可少的空间场景。

四、时代性原则

时代的发展对景观设计起着举足轻重的作用，随着时间的推移，景观设计的发展也愈加迅速，逐渐被人们重视，既为现代人设计出了生活、工作、休闲、娱乐的空间环境，也反映了人在社会当中对物质生活和精神生活的美好向往。科技的进步、人们对时尚的认知发展、社会意识形态的变化等因素都对景观设计的发展产生了影响。在进行景观设计时，除了将景观所包含的社会功能和人们的行为模式考虑在内，还应将当代的审美及价值取向融合进来，利用当时成熟先进的科学技术手段进行富有时代性的景观设计。

景观设计的发展从来都与时代有着密切的关系，上层建筑对每个时期景观的发展都起着决定性的作用，时代特有的精神文化以及经济特征都可以通过景观的形式体现出来。工业革命带来科学进步，使景观设计的内容和形式发生了巨大的变革，科技对现代景观设计的发展起着不断推动的作用，从而对当代景观设计产生了新的要求。随着人口数量激增，人们拥有的活动空间不断减少，也就要求设计师们在进行景观设计的时候要合理利用有限空间，将空间结构多元化，以此满足人们日常活动的需求。同时新的材料和新的工艺不断发展，也在不断完善着景观设计的形式。

环境的污染及能源的消耗给人们在日常生活中增加了一系列危机感，注重生态的可持续发展成为大家的共识。从长远利益上来看，要加强对自然环境的保护意识，运用生态学原理建立可持续发展的景观格局，促使资源的高效利用与循环再生，减少废气排放，将景观生态性放在首位，使人居环境走向生态化和可持续发展之路。

五、安全性原则

安全性是检验景观设计成功与否的重要指标，景观设计中一切准则都是建立在安全之上的。景观设计的安全性延伸到了方方面面，材料、结构及施工等方面的安全是保障景观设计安全性的关键。

材料的安全性表现在对环境是否存在危害、对人身是否存在隐患、材料的寿命和替换的便利程度等。有毒的、会产生放射性污染的材料在使用时应慎重考虑，要选择对人和环境没有危害的材料。材料的寿命也应充分考虑，特别是景观结构的关键部位上，应高度重视。结构方面的安全性主要指各方面的构造要符合物理特性、遵守力学法则等。施工方面的安全性主要指工程要符合物理原理，不能偷工减料。

第二节　景观设计方法

一、景观设计的形式要素

（一）点

1. 点的造型意义

点是所有形式要素中在视觉上最小的，当然这是在景观设计当中相对而言的。点在空间之内只能表示位置信息，并不存在任何方向性，在空间内相对面积最小，不论其外形形态是怎样的，都具备点的属性，比如飞机在陆地上时，对于人来说飞机的体积很大，但飞上天空后，对于天空来说，它就是很小的一个点。所以，“点”的形态丰富多样，可以是任何物体的抽象体。

2. 点在景观中的表现

我们常见的雕塑、孤植、小岛等在景观中通常以点的形式存在。两个点在同一个视域范围内，人们通常会将其联系起来，形成对景的效果，如桥两端的桥亭、地块内部的景观座椅、特色植物等（图 4-2-1）。

在进行景观设计时，可以通过景观节点的分布组织全园，景观节点往往是不同分区中的核心或主题。各类节点在平面图中分布的均衡性直接关系到人们游园的趣味。分布均衡并不是分布均匀，平面布局中，必须正确处理好景观节点聚散的关系，重要位置的节点可以适当集中、重点突出，但不宜过多，导致人群过分集中，产生各种隐患。

▲图 4-2-1　点在景观中的表现（a. 景观中点的分布，b. 石头茶海，c. 北京陶然亭公园风雨同舟亭）

（二）线

1. 线的造型意义

线是一种具有长度意义的造型，有了长度，自然也具备方向感。无论是绘画艺术还是在设计当中，线都是最常用的表现形式之一。绘画中轮廓的绘制、设计中的基础形态、不同区域的限制、面与面之间的分割，都要通过线表达。线本身具有很强的表形功能和分割功能。

线的形态也有很多种，针对线本身来说，可以是笔直的、弯曲的，也可以是粗的或细的，也可以是实的或虚的，根据不同的需求可以有针对性地绘制。线独有的功能在绘画和制图方面为人们提供了很好的造型方法和约束力。在现实生活中，线的形态普遍存在，道路及道路两侧的绿篱、河流的边缘以及驳岸等都是以线为基础设计出来的，闻名于世的法国埃菲尔铁塔（图 4-2-2）就是以线为主体结构建造的。大部分物体内部的结构都可以用线来表现。通过改变线的方向，能够使绘制的图形发生属性的改变，不同的排列方式也会使物体产生体量感。

▲ 图 4-2-2　法国埃菲尔铁塔

线可以是抽象的，也可以是具象的，它以不同的方式存在于人们生活的环境当中。早在史前时期，线就为人类所熟知和应用。西班牙阿尔塔米拉洞窟的壁画、中国的彩陶纹样（图 4-2-3）、我国的书法都是以线为基础元素形成的具象或抽象的造型艺术。在艺术创作中，线被赋予了速度、上升、下降、稳定、力量、抒情等一系列情感因素，使物体形态也产生了生动性。

▲ 图 4-2-3　彩陶纹样

2. 线在景观中的表现

在景观设计中，线的运用是比较多且最重要的。景观元素中的河流走向、植物枝干及边缘、天际线、地平线、地形的形态、边界，道路、雕塑形态等都是通过不同的线表达的。除了这些，线还应用于建筑的轮廓、铺装的样式、小型构筑物及各种配套设施的形态等方面。

线可以是真实存在能够被人们看见的，同时也可以是看不见的，比如我们常说的视线、中轴线等。中国传统园林当中的框景、对景、借景等造园手法就是通过引导人的视线达到相应的景观效果。在空间的视觉感知中，不同方向的轴线可以根据其独有的控制力对各种景观要素进行组织排序和限定，从而将景观要素井井有条地分布在地块当中，以达到人们的视觉平衡（图 4-2-4）。

▲ 图 4-2-4　各景观元素根据轴线关系有序布置

（三）面（形）

线的移动可以形成面，线的围合也可以形成面，形态与面融合才具有实际意义。面所呈现出来的形态会带给人们不同的氛围。针对设计来说，平面就像是一种媒介，很多信息都是通过平面传达的，比如在平面上加入肌理、文字、图形、颜色等。在景观中，面可以限定空间或者分割空间，同时，面也可以作为单独的景观装饰物来进行修饰，景墙、倒影池（图 4-2-5）都是通过面来进行装饰的。

▲ 图 4-2-5 倒影池

面可以由多种形态的面组合而成，并给人们留下深刻的印象，景观设计中经常利用精美的图形进行组合。面的样式有很多种，规则式、自然式以及人造的形式都是日常生活中比较常见的。园林当中的面通常是指草坪、绿墙、立体绿化、垂直绿化等。面的形态多种多样，比如对称的、几何的、抽象的，把它们平铺、垂直摆放、叠加以及相交，可以产生很强的表现力。面在景观设计中应用广泛，比如设计初期的布局，草坪、花坛、静水景观、广场、各种样式的门窗、植物群落、建筑物等，都由各种形式的面构成，并通过形式美的原理与法则进行加工，将大家口中常说的“美景”设计出来。

法国巴黎拉 · 维莱特公园就是将点、线、面三个要素充分融合的典型案例（图 4-2-6a）。设计师在方案设计时，从构图的基本要素点、线、面出发，按尺寸为 120 m × 120 m 的网格进行布线，并在重要节点上放置相应的构筑物，形成点的分布，构筑物的主体颜色以红色为主，与景观植物形成了强烈对比，从而将“点”突出。构筑物形态多为长、宽、高各 10 m 的立方体组合而成，且位置不受原有建筑或新建建筑的位置限制，所以有的点状构筑物与建筑相结合，有的则根据建筑形态发生形变，还有一些成为建筑的入口景观。地块内部还设置了数条直线林荫路和一条连接全园庭院和主体建筑的流线型园路，形成了构图要素“线”，起着连接各主体部分的作用。公园中还分布了 10 个主题园林，有镜园、恐怖童话园、风园、雾园、龙园、竹园等，这十个主题园林与植物群落和开放草坪共同组成了构图要素“面”。又如 2020 年迪拜世博会中国馆“华夏之光”主题灯光展演（图 4-2-6b），主创围绕“构建人类命运共同体——创新和机遇”这一主题，突破现场限制，克服跨国境的作业阻碍，以点线面的巧妙组合和极简的艺术风格，传递理念。在设计上，主创团队最大程度开发中国馆建筑主体，并以中国馆建筑主体为轴展开画卷，以建筑主体红框灯体为点，以点为阵，以阵为面，用点阵的排列组合，将 360° 的中国馆外墙体作为画布；同时，主创团队通过演艺灯光、建筑照明、LED 影像、无人机等多重技术手段相互呼应、配合，将舞台无限伸延，于天地间打造光影盛宴。大道至简，瞬间永恒，主创团队通过 7 分钟的光影变幻，仅靠 150 架无人机的巧妙组合，将四大篇章的叙事巧妙展开，以简造不凡，在向世界讲述中国故事的同时，传递“朋友，您好”的问候，生动纯粹、凸显匠心。

(a)　　(b)

▲ 图 4-2-6　点、线、面三要素融合的典型案例

（四）体

体是由面的围合形成的，是占有和限定空间的三维实体。面在光照下会产生阴影，且受时间因素的影响，所以体可以是四维的，人们常说的移步异景和春夏秋冬不同的景观变化就是在说体的四维性。

从形态到体块的特征和线与面的移动轨迹来看，可以形成几何形态的体和不规则形态的体。几何形态的体具有比较正式、对称的视觉和心理感受；不规则形态的体则具有新奇、有趣味性的视觉和心理感受。在设计时，通过对比和移动，可以将“体”抽象成“点”或者“线”，比如人民英雄纪念碑（图 4-2-7）就是垂直于地面的一种体块，在立面和剖面上可以用线进行代替，而在平面上则可以利用点来代替。

▲ 图 4-2-7　人民英雄纪念碑

（五）质感（肌理）

质感（肌理）是人们通过身体接触或用肉眼感知的物体质地特征。质感大概可以分为两种，一种是天然的物体质感，另一种是人工的物体质感，比如水、石材、木材等属于自然界中现有的质感，而金属、油漆、玻璃、水泥等则属于人工质感。不同的质感可以带给人们不同的心理和生理感受，比如粗糙的质感可以给人原始、粗犷的感觉；光滑的质感给人以高级、优雅的感觉；金属材质可以给人坚硬、牢固的感觉；石材给人坚硬、沉稳的感觉。

在进行景观设计时，大量地使用某一种材质可以使风格更明显，比如纯砖石结构的长城、纯钢结构的埃菲尔铁塔、石材与混凝土结构的流水别墅等。材料运用的统一性可以使整个作品具有鲜明、整体的特点。

在现代景观设计中，更多的是多种材料配合使用，在强调主材料统一的前提下达到美观且有益于日常维修更换的好处。建筑、小品、山石等不同材料的运用会达到独特的风格特点，比如北京紫竹院公园中的筠石苑（图4-2-8），太湖石配合竹子，既达到了视觉的统一效果，又产生了园林中的意境美。同时，材料的运用也要在统一中寻求变化，既可以通过不同材料的质感对比达到变化，也可以通过相同材料的不同形态达到变化。传统园林中的步石与汀步，在石材与草坪、石材与水面间形成了刚与柔的对比，充分体现出不同材质的质感美；现代建筑中金属与木材的搭配，在强调主体结构稳定的前提下通过木材对冰冷的金属进行软化，也可以达到使人身心愉悦的效果。

▲图4-2-8　北京紫竹院公园筠石苑景题

（六）色彩

色彩是设计学科里不可或缺的重要部分，是人们视觉感官最为强烈的设计要素。色彩被应用于各个领域，建筑、景观、包装、服饰、食品、医学、工业等，并且随着科技与社会的发展，色彩的应用也越来越受到人们重视。在当代景观设计中，对景观色彩的深入研究可以使景观作品更具艺术性。在景观设计中，应合理地利用色彩获得更好的景观艺术效果。色彩在景观中的应用主要从以下六个方面进行考虑。

1. 温度感

根据人们以往的生活经验，不同的颜色具有不同的温度感，色系的差别可以带给人们不同的心理和生理反应。随着季节的变化，大自然中的色彩也在变化。较暖的色调可多用于寒带地区，以增加人们的心理温度；反之，热带地区则可以多用冷色系，从视觉上可以降低人们的心理温度（图4-2-9）。在实际操作中，除了人为的颜色，还应充分考虑到植物配置在四季中的变化，要做到四季常绿、四季有花，通过颜色的温度感让人们在景观中获得的乐趣。

▲图4-2-9　冷色系在夏季的视觉效果

2. 距离感

同一空间内使用不同色系的颜色可以使空间产生不同的视觉效果，比如空间内部使用深色系涂料会让空间在视觉上变得狭小、压抑，而使用浅色系涂料则会让空间变得宽敞。在进行景观设计时，若相对封闭的空间面积受限，为了让该空间具备深远的视觉感受，可以选择灰绿色或灰蓝色的树种，如毛白杨、银白杨、雪松等。

3. 运动感

颜色还具备一定的运动感：色彩艳丽、明度和饱和度较高的颜色会给人以运动的感觉，比如橙色；明度和饱和度较低的颜色给人以深沉稳重的感觉，比如深棕色。在儿童活动区域或运动区域选用颜色鲜艳和对比较强的互补色可以展现出欢快活跃的气氛（图 4-2-10）；而在交流洽谈区域，可以选用比较深沉的颜色，给人带来一种安静的感觉。

▲ 图 4-2-10　儿童活动区域色彩设计

4. 方向感

一般来说，较亮的颜色具有扩张性，较暗的颜色具有收缩性。通过颜色的变化往往可以起到引导方向的作用。因此，利用颜色引导人群来往的方向是景观设计中常用的设计手法之一，而且颜色的多变可以引起人的游园兴趣，提高景观的参与度，也经常用在学校等青少年活动较多的地方（图 4-2-11）。

▲ 图 4-2-11　校园景观的色彩导向性

5. 面积感

任何颜色都具备一定的面积感，只是这种面积感受到色系的影响，比如白色要比黑色带给人们的视觉感受更大，而互补的两个颜色放在一起，会使两种颜色的面积感在人的心理上放大。在景观中，往往会感觉水的面积大于草地，草地的面积大于铺装路面，铺装路面的面积大于阴影处。所以，在地块面积较小时，可利用水体、明快的色调进行装饰，以扩大游人心理上的空间感。

6. 重量感

明快的色调通常可以给人们带来“轻”的感觉，较重的色调则带给人们“重”的感觉，这是色彩独有的重量感。色彩的重量感对建筑景观设计起着重要的作用，比如：建筑的底部和承重部分经常使用深色系，显得扎实和稳重；景观的底界面也会选用深色系铺装或植物进行装饰，不会显得“头重脚轻”。色彩的规律是人们在生活中视觉和心理经验的总结，通过色彩提升景观整体的艺术性是设计者必须掌握的一种设计手法。

二、景观空间营造

景观空间营造是对空间中的所有景观元素进行合理调度安排，从空间布局上使山水、道路、花草都处在最合适的空间位置，使观者身处其间感受到空间之美。景观空间比建筑空间灵活、复杂得多，常常是变化多端、互相流通的。

（一）景观空间的基本类型

1. 按照服务对象的流线划分

（1）静态空间。

静态空间是指在游人视点不移动的情况下，观赏静态风景画面所需的空间。营造静态空间时必须注意在优美的"静态风景"画面之前布置广场、平台、亭、廊等设施，以利于游人静态赏景；在人们经常逗留之处，则应该设立"静态风景"观赏画面。驻足于景观静态空间，人们不但可以欣赏到美丽如画的风景，而且能引入沉思、冥想，达到陶冶性情、愉悦精神的效果（图 4-2-12）。

▲ 图 4-2-12　景观静态空间

（2）动态空间。

动态空间是指在游人视点移动的情况下，观赏动态风景所需要的空间。组织动态空间时，要使空间视景具有节奏感和韵律感，有起景、高潮和结尾，形成一个完整的连续构图，从而达到移步换景的效果。以乡村景观为例，按"山景—传统村落建筑—农田种植区"划分构成连续的景观序列，形成动态空间（图 4-2-13）。

▲ 图 4-2-13　乡村景观动态空间

2. 按照视景空间的类型划分

（1）开敞空间。

开敞空间是指人的视平线高于四周景物的空间。在开敞空间中见到的风景为开敞风景。人在开敞空间里视野无穷，心胸开阔，视觉不易疲劳，远景鉴别率高，但对景物形象、色彩、细节的感觉模糊（图 4-2-14）。

▲ 图 4-2-14　开敞空间

（2）半开敞空间。

当空间一面或多面敞开，而剩余面受到高于视平线上的景物围挡，限制了视线的穿透，就形成了半开敞空间。一般围挡的面越多，开敞性越小，隐蔽性越强。同时，半开敞空间具有较强的导向性，指向开敞面，从而开辟了赏景面，封闭的一面往往增强了向心力，形成景观焦点（图 4-2-15）。

▲ 图 4-2-15　半开敞空间

（3）闭合空间。

闭合空间是指人的视线被四周屏障遮挡的空间。在闭合空间中观赏到的风景为闭合风景，四周屏障物的顶部与视线所成的角度愈大、人与景物愈近，则闭合性愈强；反之，闭合性愈小。闭合风景离人较近，所以感染力最强，但是若人们长时间观赏闭合风景，则容易产生视觉疲劳。景观中的闭合风景主要是林地空地、群山环绕的谷底以及园中园（图 4-2-16）。

▲ 图 4-2-16　闭合空间

（4）纵深空间。

纵深空间是指在城市街道、河滨两岸、峡谷两旁因设有建筑或树林而形成的狭长空间。在纵深空间中轴线端点上的风景叫集聚风景，通常为纵深空间的主景，吸引人们的注意力，成为视觉焦点（图 4-2-17）。

▲ 图 4-2-17　纵深空间

（5）拱弯空间。

拱弯空间是指地下或山中的洞穴所组成的空间。在拱弯空间中见到的景观为拱弯风景。对于天然岩洞，应加以保护，宜扬其自然美景，营造奇特的拱弯风景；人工洞穴应认真组织拱弯空间，使人犹如身临天然岩洞（图 4-2-18）。

▲ 图 4-2-18　拱弯空间

（二）景观空间序列

景观空间序列是空间内各个区域之间的关系，关系到景观的整体结构和布局的问题，空间序列的组织是整体布局结构的重要内容。常见的空间序列组织由前导、发展、高潮、结尾等几部分构成，也就是起景、前景、主景、结景等景观的依次展开，一些复杂的序列还有序景、转折等部分。

1. 起景（前导）

起景通过相应的造景或组景手段，使游人的心态摆脱外部环境干扰，将注意力和追寻的目标集中到设定的环境气氛中来。如古代帝王陵墓的神道即是起到这个作用。起景一般都从景观空间的入口开始。

2. 前景（发展）

前景是景观序列中已经经过入口或起景阶段，进入游览主题而又没有到达主景前的景物及环境，是景观序列展开后开始移步异景、不断发展、渐入佳境的部分，是为展示主景而进行环境烘托和情绪积累的景观空间。

3. 主景（高潮）

主景是景观空间的高潮部分，是游人的注意力最集中、兴趣调动最充分、情感最振奋、景观意境最强烈的景观空间。它是景观空间的标志性景观，是代表景观空间的特征和神韵、揭示景观主题，并能统领全局的风光和景物。

4. 结景（结尾）

在景观序列中，结景是景观空间的结尾部分，是对景观意趣的总结，是高潮之后为衬托主景而设立的景观空间。

（三）景观空间结构

1. 边界

景观空间的边界有很多构成方法，如道路、绿化、铺装材料和高低变化等都会形成边界，同时产生空间感。由边界形成的景观空间可分为开敞空间与闭合空间，开敞空间指景观空间周边或者空间内部无明显遮挡物，在空间里人的视线可以看到空间以外很远的地方。闭合空间与之相反，即空间周边或内部有遮挡物，并对空间进行围合，使空间里人的视线为遮挡物所遮挡。空间的闭合程度会给人们的心理和行为带来一定影响。开敞空间人们视野开阔，令人心情振奋，能给人带来壮观、宏大的感觉；闭合空间相对封闭，令人感到安静、安全。同时，闭合空间封闭性的强弱还可以使空间相互隔断、相互穿插渗透，增加空间层次和引导性。

空间的边界有实有虚，如墙、植物等实体围合即是实；地面铺装的变化、道路的穿插围合即是虚，虚实的围合变化可以增加空间的层次，也会产生不同的边界效果。

2. 路径

路径是运动的通道，也是视线的通道。在景观空间中，路径穿越不同的景区，是进入骨干空间过程中具有支配性的构成要素。路径具有连续性和方向性，借助路径可以获得整个空间环境的特征。路径可分为直线型和曲线型，具体的使用要根据空间的功能需求和所处环境决定。如在现代景观为主的空间中，路径设置一般以直线型为主，可以最大限度地满足工作和生产的需求；公园等空间中，路径大多为曲线，可以延长游览路径，同时给人一种自然放松的感觉，与空间的性质相匹配。

路径在空间中的另一功能即是具有一定的引导性，会暗示人们沿着路径走。在行走的过程中，人们往往怀有某种期待，同时随着路径方向和角度的变换，人们的视点也在不断地变换，沿路的景观会以不断变化的形态呈现在人们眼前。此外，路径还具有空间限定的功能，路径的限定一般不是实体限定，只是在视觉上给人以空间限定，在满足道路通行功能的同时分割空间，这种限定方式使不同的空间既分割又相互连接，是景观空间中常用的空间分割方式。

3. 区域

区域是构成环境形象的主要因素之一，景观空间由不同的区域构成，人们对空间的整体印象也是由人们对各个大小不同的区域印象拼凑起来的。空间中每个区域的局部演绎既独立又相互联系，整体形成了具有丰富变化又协调统一的景观空间。

空间的区域设计有很多，以自然条件作为基础进行空间区域划分是常用的手法，这种划分方式常用于较大的景观空间中，如南京钟山风景名胜区即是以自然条件为基础进行区域划分的，它以紫金山和玄武湖为中心，划分了多个景区，如中山陵、明孝陵、音乐台、灵谷寺等。另外一种常用的区域划分方式是以功能划分，这种方式常用于相对较小的空间中，如常见的城市广场景观，划分出集会区、健身区、儿童娱乐区等。

三、景观造景手法

（一）主景与配景

景观设计中有主景与配景之分。在布局中起控制作用的景观叫“主景”，是整个景观布局的核心、重点，往往呈现主要的使用功能或主题，是整个视线的焦点。主景包含两个方面的含义：一是指整个景观环境中的主景；二是景观环境中被景观要素分割的局部空间的主景。配景起衬托作用，可使主景突出，是主景的延伸和补充。在同一空间范围内，许多位置、角度都可以欣赏主景，而处在主景之中，空间范围内的一切配景又成为欣赏的主要对象，所以主景与配景相得益彰。突出主景的方法有以下几种。

（1）主景升高或降低。主景升高，相对使视点降低，看主景要仰视，一般能以简洁明朗的蓝天远山为背景，使主体的造型、轮廓鲜明；主景降低，看主景要俯视也能使其更突出、清晰。

（2）面阳朝向。建筑物朝向以南为好，其他景观元素也是向南为好，这样使景观元素显得光亮、富有生气、生动活泼。

（3）运用轴线和风景视线的焦点。主景前方两侧常常进行配置，以强调陪衬主景。对称物体形成的对称轴称中轴线，主景总是布置在中轴线的终点，此外也常布置在景观纵横轴线的交会处，也可置于放射轴线的焦点或风景透视线的焦点上。

（4）动势集中。一般四面环抱的空间，如水面、广场、庭院等，四周次要的景色往往具有动势，趋向于一个视线焦点，而主景宜布置在这个焦点上。

（5）居于空间构图的重心。主景可以布置在构图的重心处。在规则式景观构图中，主景常居于几何中心，而在自然式景观构图中，主景常位于自然重心上。

（6）主景体量加大或增多。体量的加大或增多，可使主景明显地区别于配景，以达到重点突出，主次分明的目的。

（7）色彩突出。突出的色彩能使主景一目了然。

（二）分景

分景是以山水、植物、小品及建筑等在某种程度上隔断视线或通道，常用于景观布局中划分若干空间，使之园中有园、景中有景、岛中有岛。景色虚实变换，丰富多彩，空间变化多样，引人入胜。分景可以把人们的注意力缩小到一定的空间范围，按其划分空间的作用和景观效果的不同，可分为障景和隔景。

1. 障景

障景是指遮挡视线、引导空间、屏障景物，促使视线转移方向的造景手法。障景有土障、山障、树障、曲障等。

障景是我国景观设计的特色之一。障景常常采用欲露先藏、欲扬先抑的手法，给人以“曲径通幽”“山重水复疑无路，柳暗花明又一村”等感觉。障景给游人以曲折多变、丰富多彩的观感，可避免游人一眼看到全景。如留园入口通道的设计（图 4-2-19），曲折狭长的入口与园内开阔明朗的景色形成强烈的明暗对比，也是一种欲扬先抑的处理手法。另外，障景还有“障丑显美”的功能，例如卫生间、功能房等，可使用障景遮蔽，这在公共花园中是常见的景观设计手法。

▲ 图 4-2-19　苏州留园入口“欲扬先抑”手法

2. 隔景

隔景（图 4-2-20）指将景观分隔为不同空间、不同景区的造景手法。隔景可以避免各景区互相干扰，增加景观构图变化，隔断部分视线或通道，使空间“小中见大”，富有曲折感和层次感。隔景的办法和题材很多，如山岗、围墙、建筑、植物、假山、堤岛、水面等。隔景的方式有实隔、虚隔、虚实相隔三种。实隔是指视线基本上不能从一个空间透入另一个空间，以建筑、实墙、山石密林等为隔断物可以形成实隔。虚隔是指视线可以从一个空间透入另一个空间，不仅能丰富景观的层次，而且能够造成隐约显现，但难窥全貌，近在咫尺，却不可触及的意境，以水面、疏林、道、廊、花架等为隔断物可以形成虚隔。虚实相隔是游人视线有断有续地从一个空间透入另一个空间。以堤、岛、桥或实墙开漏窗等方式，可以形成虚实相隔。

▲ 图 4-2-20　隔景

（三）借景

将景观空间之外的景象引入空间内并与空间内景观融合的方式称为借景，是景观设计的重要手法之一。借景可分为远借、邻借、仰借、俯借、应时而借等类型。如颐和园昆明湖远借玉泉山玉峰塔、静水池邻借树的倒影等（图 4-2-21）。

▲ 图 4-2-21　借景

（四）近景、中景、全景与远景

景观就空间距离层次而言，有近景、中景、全景与远景之分。近景是视野近处范围较小的单独风景；中景是目视所及范围的景致；全景是相对于一定区域范围总的景色；远景是辽阔空间伸向远处的景致，相对处于一个较大的范围。远景可以作为园林开旷处瞭望的景色，也可以作为登高处鸟瞰全景的背景。山地远景的轮廓称为轮廓景，晨昏和阴天的天际线起伏称为蒙景。合理地安排前景、中景、全景与远景，可以加深景观色彩，使画面富有层次感，使人获得更加深远的感受。

（五）对景

位于景观布局轴线及风景视线端点的景观叫对景。为了观赏对景，要选择最精彩的位置，设置供人们休息逗留的场所作为观赏点。如亭、榭、草地等与景相对。景可以正对，也可以互对。正对是为了达到雄伟、庄严、气魄宏大的效果，一般设置在轴线的端点。互对是在景观布局轴线或景观视线的两个端点设置景点，互成对景。对景不一定有非常严格的轴线，可以正对，也可以有所偏离（图 4-2-22）。

▲ 图 4-2-22　对景

（六）框景

框景是有意识地设置框洞结构，并引导游人通过框洞欣赏景色的造景手法。在中国古典园林里，框景的使用非常频繁，常见的有墙面上开窗、开门洞，这种造景手法可以很巧妙地把两个独立空间有机联系在一起，两个空间既独立又相互联系。同时，当游人从框洞欣赏到景色后，会产生更强烈的好奇心去探究框洞后面的景色，可以引导游人进入相邻的空间（图 4-2-23）。

▲ 图 4-2-23　框景

（七）夹景

夹景是运用轴线和左右遮挡的狭长空间突出对景的造景手法。这种造景手法可以表现特定的意境，诱导景观空间的氛围。夹景是一种带有控制性的造景手法，它不但能表现特定的情趣和感染力（如肃穆、深远等），以强化设计构思意境、突出端景地位，而且能够诱导、组织、汇聚视线，使景观空间定向延伸，直到对景的高潮（图 4-2-24）。

▲ 图 4-2-24　夹景

第三节　景观设计基本步骤

景观设计是一门综合性很强的学科，要想有长足的发展，就必须对与景观设计相关的其他学科有所了解。景观设计师在接到委托后，应该与委托方进行详细沟通，确定委托方各方面的需求，并仔细研读任务书。之后要对设计地点进行各方面的详细调研，收集详细资料，将调研数据及收集的资料综合概括分析，提出合理的构思方案和设想，最后形成设计方案。一般来说，景观设计大致可以分为以下几个步骤：任务书阶段、场地解读、概念设计、方案构思与设计、详细设计、方案表达。几个阶段通常会交替、重复进行，以保证设计任务圆满完成。

一、任务书阶段

委托方有需要进行景观设计时，会向设计单位提出设计要求，即景观设计任务书。景观设计任务书是景观设计师在进行方案设计前确定项目定位的直接依据和重要的参考资料，设计任务书中一般包含设计对象的基本情况、委托方的详细诉求、设计进度的控制及要求、设计成果的要求，并会附上相关的审批文件和场地现状图片，如果没有场地图纸的话，前期还会委托测绘单位对场地进行测量，并绘制场地图纸。

二、场地解读

详细研读景观设计任务书后，方能了解委托方的一切诉求，这时就要对设计的场地进行调研。该阶段主要是对场地的现状进行勘查并收集场地的相关资料，场地解读的程度往往决定了方案的深度，所以该阶段工作量比较大并且非常重要，是设计师进行设计的基础和设计灵感的初步触发期。在此阶段，设计师首先需要对场地进行勘察，以便核实现状图纸的准确度及修正一些现场已经变化的要素，并发现场地的一切可能性。此外，还要求设计师对场地内外部状况有一个深刻的印象，以便在设计方案时可以因地制宜。现场勘察阶段需要完成的任务有以下几个方面。

（1）针对场地内的现状及包含的地形要素确定位置。需确定的内容包括场地的地形、地貌特征，特殊地形的具体形态和范围，现有地形的陡缓程度。

（2）了解场地所处位置的周边情况和日照方向，分析周边主要人群类型和活动时间、附近是否有大型的建筑物或地形影响场地的日照情况，对长期阴影覆盖范围进行标注。

（3）观察场地内是否存在水体，如果存在，调查该水体的范围和大概深度、水体与场地外水体的关系，是自然水系的话，则要观察水流动向与水利设施的位置、水体沿岸的情况、水生植物及水岸植被的种类和生长情况等。

（4）了解场地植被的种类和生长状况、现有植物的分布情况，对植物生长质量进行简单的判断。观察是否存在古树或国家保护的动、植物，有的话不能擅自变动，并标明种类、生长状况等信息，拍摄照片。勘察过程中可以绘制简单的植被分布现状图，方便设计时使用。

（5）了解场地内的市政管网及设施分布，重点要确定地下管线（排水、给水、电力、电信、燃气、热力等）的具体位置，不确定时可以积极与委托方沟通，并要求对方标明。场地内若存在市政道路，不能擅自变动，非市政道路的内部道路可以根据新旧程度和走向等因素在设计中进行完善或删减。

（6）了解场地内现有的构筑物和建筑物是否需要拆除或进行翻新。

除了以上所说，还应把握场地与周边环境的关系，了解基地红线及红线形态。对附近的用地性质和建筑物分布，以及周边道路的道路等级与各功能用地的出入口位置进行记录。景观设计师可以利用各种影像手段，在每个角度从场地外向场地内拍摄，为设计阶段的区域分布做好前期准备，还可以通过各种影像手段记录边界的视觉形态。

现场勘察具有直观性的特点，同时具备感性的特点，所以，为了从更全面的角度审视设计对象，设计师还应该充分收集跟地域相关的资料，包括：场地所处区域的自然特征（土壤性质、气候变化、降水量、日照方向和风向等）；查阅地方志，针对基地所处的地理位置了解当地的历史、文化、民俗、节庆、人口数量等情况。收集资料并全面透彻地分析，有利于创作出具有地域特色、传承历史文化的景观方案，还需严格根据总体规划中对场地性质的要求和有关部门的规定进行设计，这些都是基地总体定位和总体布局的依据。上位规划中会对该地块的用地性质及地块范围进行明确说明，对该地块的建筑高度、建筑层数、容积率、建筑覆盖率、绿化率等指标提出明确要求，并对场地内总体布局的形态等提出建议。根据上位规划，可以控制设计方案的大致走向，千万不能擅自修改或违背总体要求。完成现场勘察并得到有效的相关数据后，就可以整合相关信息，分析各类景观形式的可行性，发现问题，并拟定解决方案，用来确定方案的总体基调，并根据委托方的意愿进行设计。

三、概念设计

考察现场和收集资料是景观设计的前提，想要设计方案具有深度，还需在此基础上不断地分析和推敲，在各种有效的资料和数据中展开想象，进而触发设计灵感，绘制出总体设计方案。景观设计要求设计师综合利用人文、艺术、技术等相关知识，创造出满足人的功能需求和审美需求、符合可持续发展的原则、具有创造性的新空间。景观设计的创意构思一般从以下几个方向产生。

（一）自然

遵循保持生态可持续发展原则，在进行景观设计时，应在现有自然资源（地貌、气候、植被、材料等）的基础上进行创新，避免没有必要的乱砍滥伐，尽可能地保持生态稳定。

（二）技术

科学技术是景观设计方案落地的保障，同时也是景观设计创作灵感的源泉之一，先进的科学技术给景观设计带来了革新，为景观能够有全新的面貌打下了基础。如高伊策设计并建成的荷兰鹿特丹舒乌伯格广场，广场上的 4 个标志性构筑物是高达 35 m 的红色水压式路灯

(图 4-3-1)，这 4 个路灯每隔 2 小时改变一次形态，游客和市民如果想看它的形态变化，也可以通过投币的方式操纵摆臂，改变路灯的角度，高大的路灯与港口遥相呼应，衬托出城市的科技感。又如美国千禧公园由电子显示屏组合成的喷泉景观（图 4-3-2），也是艺术与科技的完美结合。

▲ 图 4-3-1 舒乌伯格广场的路灯设计

（三）历史文脉

体现历史文脉是当代景观设计中不可缺少的内容，不同时代的景观作品都起到了延续历史的作用，通过景观体现地域性，能够直观地反映出不同地区的差异。景观与历史文化相互协调的手法有很多，比如西安大雁塔北广场(图 4-3-3)，整个广场以大雁塔为中心分为三部分，中轴线为音乐喷泉，轴线两侧分别设置了“唐诗园林区”“法相花坛区”“禅修林树区”等景观，广场地面铺设有佛教纹样，反映出唐朝时期佛教的兴盛。广场内部设置有中国传统美术特色的“诗书画印”雕塑等，连灯箱、石柱等配套设施上都题有著名诗篇，反映出唐代诗词文化的兴盛。北广场设计有九台地，每个台地之间有五层踏步，暗喻“九五至尊”。设计师只有充分发掘地域文化及时代特征，设计出的景观作品才能耐人寻味。

▲ 图 4-3-2 千禧公园的电子喷泉

▲ 图 4-3-3 西安大雁塔广场唐文化的体现

（四）功能

功能性是景观设计以人为本的表现之一，景观设计必须满足人们的使用需求。不同年龄层次的人群在景观中都应找到归属感，不同的使用人群在同一景观环境中的行为也是多样的。因此，针对人的使用需求进行设计以及考虑如何才能利用景观形式为人们提供满足需求的景观空间，也是景观设计构思的出发点之一。

（五）视觉景象、精神向往

景观在满足人的各种需求之外，还要充分考虑人们对景观的审美需求和精神寄托，要在不同的空间、多样的形式和景观蕴含的含义上达到和谐。中国文化历来精于托物言志，营造现实中的景象来寄托精神上的需求，也是为了达到美的境界，例如在水景中设置岛屿模拟仙境，以蓬莱、瀛州、方丈三山表达对仙境的向往，北海、西湖等风景区都有类似的做法（图 4-3-4）；用松、梅、竹来象征人的高洁品性，也是在人的视觉之上通过植物表达情感。

▲ 图 4-3-4　风景区中模拟仙境的景观

四、方案构思与设计

方案的构思过程是景观设计中比较重要的部分。它建立在资料整合及充分分析之上，明确景观设计效果之后，就可以规划、构思。方案的构思要富有创意，一个景观设计方案能否被大家认可，关键在于设计师的构思是否有新意。

灵感和构思终究要落实在图纸上，这就需要将创意与实际结合起来，不能只有超前创意而难以实现，也不能单纯地追求功能而毫无新意。该阶段是一个统筹协调的过程，讲究收放有度，需要在各种限制中寻求特色。

（一）方案构思

景观设计涉及多个学科的交叉，方案构思阶段可以概括为以下五个特性。

1. 创造性

景观设计本质是创作活动，将本不存在的景观通过各种手段创造出来，这就需要设计师具备相关学识和丰富的想象力以及灵活开放的思维方式。设计师在进行不同类型的景观设计时，必须有发现问题的洞察力和解决问题的能力，并展现出创新意识和创造能力，以此设计出令人满意的作品。

2. 综合性

景观设计的综合性特征，往往也是设计师在方案构思阶段应着重考虑的问题，它涉及工程、生态、历史、文化、科学、社会、行为、心理等学科。一名合格的景观设计师，必须熟悉、掌握相关学科的基础知识。景观环境本身也具有多种类型的设计需求，例如道路景观、水景景观、大地景观、社区景观、公园、风景区等。因此，形成一套行之有效的学习方法和工作方法十分关键。

3. 双重性

设计类学科的思维活动相对其他学科有着明显的差异，具有学术性和创造性的双重特点。景观设计的设计过程可概括为：分析研究—构思设计—分析选择—再构思设计—分析选择……以此循环往复。在每一个分析阶段，设计师要有良好的逻辑思维能力，而在构思阶段，又要有超强的空间想象能力，在图纸绘制完成之前，脑子里要有建成后的大概图像，因此在平时的学习和训练过程中必须兼顾逻辑思维能力和形象思维能力两个方面。

4. 过程性

在进行景观设计的过程中，需要重复分析收集的资料，并不断补充设计资源，大胆尝试、反复推敲，积极与委托方沟通，并听取建议，在反复论证的基础上选择最优方案。景观设计的过程是一个不断推敲、修改、完善的过程。

5. 社会性

景观是组成城市的重要部分，具有广泛的社会性。社会性要求景观设计师在设计过程中平衡社会效益、经济效益与作品独特性三者的关系，在这三者之间找到一个有效的结合点，方能创作出具有地域性和人文关怀的景观作品。

（二）方案设计

方案设计阶段需要完成以下任务：场地的分区、交通系统的组织与道路设计、绿化布局等。

1. 场地的分区

景观分区是整体景观的大框架，有了框架，设计师在填充内容的时候就不容易混乱，简单来说，就是合理、充分地利用场地，将各种空间安排到场地内，同时赋予每个空间功能性，使整个地块形成一个有机的整体。场地分区一般分为两种形式：一种是群落式，将相同种类的景观要素以群落的形式集中在一起，这种做法的好处是可以更有效地利用土地，使土地利用率更高；另一种是均衡式，将景观的功能性以串联的方式连接起来，每个节点之间间隔不同的距离，整个场地内的节点分布比较均衡。另外，景观观赏性的高与低、动与静、开敞与私密等也都是分区的依据。

2. 交通系统的组织与道路设计

景观道路是人流和车流的行进路线，起到串联场地内各个节点的重要作用。道路是场地的骨架，道路系统流畅与否关系到场地空间是否能保持秩序及各功能能否实现作用。场地内的道路系统通常分为三类，分别是尽端式、环通式、混合式。

尽端式的道路结构相互独立，但都与场地外围道路有连接，道路与道路之间基本没有联系，这种做法的好处在于道路系统清晰明了，缺点在于各个部分之间缺乏联系，不利于人们寻址。环通式的道路系统是每条线路在场地内均相互连接，整个道路系统是一个整体，这种道路系统的好处在于无论哪条路线进入场地都可以比较方便地去到场地其他地方，减少了人们的行走距离，缺点在于可能会存在混乱感。混合式是将上述两种做法进行混合，取其长处，避其短处，是现代景观中比较常用的方式。

好的路线可以使景观环境更加宜人，因此，道路设计往往是景观设计中首先要考虑的因素之一。道路规划时应遵循主次分明、导向明确、组织有序、移步异景的设计原则，同时还要充分考虑到与其他景观要素的组合及无障碍设计要求。另外，合理安排停车设施也是道路设计中需要考虑的问题，车位的安排应该紧扣场地内的主园路或靠近各个入口处。停车场的主要作用是停放各类机动车、非机动车和大型公共交通工具，设计师要根据场地能容纳的人群数量核算车位数量，例如居住区车位配比基本保证在1 ∶ 1.2，车位的分布一般可以分为集中式停车场和分散式停车位。若场地面积有限，可以选择设置地下停车场或立体车位，地下停车场一般会设置在建筑底层，大面积绿化和广场等区域的地下，没有建设地下停车场的条件时，也可以选用立体车库。景区的车位是现代生活中必不可少的，需要设计师在方案初期就充分考虑。

3. 绿化布局

绿化布局是场地总体布局中最重要的部分之一，也是景观设计中比较多变和灵活的景观元素。绿化设计相对于建筑物和构筑物以及其他景观元素而言要是最有弹性的要素。一般来说，绿化布局有三种常见形态，分别是点状绿化、线状绿化、面状绿化。

（1）点状绿化。

点状绿化一般是孤植植物、盆栽植物、小型绿地等。点状绿化在景观空间布局中一般作为比较显眼的标志性景观，因此在位置上需要选择合适的位置，一般会将孤植植物设计成对景，或将点状植物作为视觉焦点，比如设置成入口景观或者布置在节点中央等。在植物的选择上，单株的点状绿化往往会选择大型乔木或者树形优美的植物。

（2）线状绿化。

线状绿化常见于道路两侧、河流沿岸、楼前等。线状绿化中植物的高度以及分布的长度都受到周边环境影响，长度过长会给人景观重复、单调乏味的感觉；间隔过短，又会过分遮挡人的视线，因此，栽种时应注意植物的韵律感。以线状种植植物可以起到限定空间的作用，还可以作为背景烘托主体景观，在场地面积有限的情况下，可以通过线状植物分隔空间，尽量串联起场地内的绿化，以扩大背景面积。

（3）面状绿化。

面状绿化对场地的生态环境起到了至关重要的作用，可以改变场地内的小气候，同时对人的视觉产生较大影响。面积较大的面状绿化在布置时应该结合场地内部的实际情况，适用于地势复杂或地形起伏较大的区域，生态环境类型较复杂的地块也可以布置面状绿化。大面积的面状绿化在设置时还应考虑功能性，例如居住区景观中，面状绿化在满足人们观赏休憩需求的同时还应注意其通过性，不能过于茂密，可以在其中布置道路，也可以形成树阵，以方便人们快速通过。

五、详细设计

与委托方沟通并确定设计方案后，就可以进入到详细设计（施工图）阶段。详细设计阶段是对方案的深化、再设计的过程，通过绘制施工图，可以发现设计方案中不合理的地方，这时就要求设计人员与施工图人员包括委托方再进行沟通，找到合适的方法解决问题。详细设计阶段包括场地的改造情况、建筑物的位置、构筑物的做法、植物配置详图、工程管线的排布、照明等细节。方案详细设计阶段具体包括以下几点。

（一）场地竖向设计

设计人员应根据设计方案的布置要求，结合场地地貌特征和施工工艺，协调场地现状地形与景观建构要素在竖向上的关系。竖向设计图用于表明各设计要素间的高差关系，比如丘陵、盆地、缓坡、平地、河湖驳岸等的具体高度，各景观节点的给排水方向，雨水汇集及场地的具体高度等。为保证排水的效率，一般绿地坡度不得小于 5%，缓坡为 8%～12%，陡坡在 12% 以上。需要重点落实建筑物、构筑物、道路、水体等要素在竖向上的定位，排水、电力等市政管线的铺设，场地内外高程的衔接，都属于场地的竖向设计。场地竖向设计的原则是尽可能顺应地形，安排排水设施、道路设施等，以减少土方量。竖向设计的图纸表达一般有平面标高控制图和剖面标高图两类。平面标高控制图标注各种设施的坐标和标高。剖面标高图绘制出地形改动较大或重要构筑物所在的剖面图，根据确定的控制点标高，标示出剖面重要节点的标高。

（二）道路广场设计

详细设计阶段要确定道路具体定位、道路做法、道路与其他元素的衔接关系、车位的尺寸及做法、道路与广场的铺装布置等。

（三）植物配置

植物配置在景观详细设计阶段比较重要，需要对植物的种类、数量、规格、种植面积等进行详细说明，并绘制放线图以确定种植的位置。

（四）建筑与小品

详细设计阶段需要对场地内设计的建筑和小品的具体位置、平面、立面、剖面及节点大样等进行详细交代。

（五）市政设施

包括给排水、强弱电、室外工程、燃气等市政管线的类型、走向、管径大小、排布的具体定位、管线埋深，泵站及附属设施的定位、平面、立面设计等信息。

（六）照明设计

照明设计在现代景观设计中是比较重要的一部分，通过亮化工程可以有效地提升景观整体品质，因此照明需要仔细地设计。在详细设计阶段要对照明的位置、灯具的规格等做出详细的说明。

（七）其他设计

根据不同的景观设计类型，会涉及不同的节点做法和配套设施的位置做法等。需要对方案的某些方面进行相应的阐述。

六、方案表达

景观设计的过程是一个感性转化到理性的思考过程，在这个过程中要辩证地思考问题，从而将脑中所想以图纸的方式呈现出来。通过对收集的资料进行详细解读，会产生相应的灵感，并通过绘制、建模的方式更好地将构思呈现给委托方，以方便沟通。绘图和建模贯穿整个设计过程，从起初的草图绘制到最终的方案确定，表达方式、侧重点、图纸内容各不相同。

方案设计的初期需要确定场地现状并绘制场地图纸，绘制场地图纸时以电脑绘图为主，位置、比例等有用的信息一定要在图纸中表现出来，以满足现场分析的准确性。绘制场地现状分析图，重在表达场地内外各类现状要素给场地带来的影响，电脑、手绘均可，意在准确地记录分析结果。概念设计阶段主要以绘制泡泡图居多，大致地划分出区域，并抓住瞬间出现的设计灵感，快速记录下来，绘图手法随意。方案设计阶段绘制的图纸较多，推敲合理性用的草图，为了表达设计对象的大致全貌而绘制的平面图、立面图、剖面图和透视图等，手法和类型多样。随着设计的深入和方案的确定，为了能全面地表达设计对象，设计人员需要准备完整的设计理念及各类图纸表达方案，往往图纸越详细，越能将方案表述清楚。为了便于后期的施工，图纸还需对方案的施工方法、材料选择、材料尺寸等细节进行阐述，这些均可以表现在施工图上，施工图要定位准确、表述精确。

景观设计的方案表达，侧重于方案阶段的图纸表达。制作景观设计方案的目的在于传达设计师的设计思想和项目建成后的大致形式，有利于设计师与委托方沟通和交流，因此景观设计方案要具有完整性和多元化。完整性要求图纸能全面地展示各部分的设计构思，图册排版要简单易懂，图纸排序逻辑性强；多元化是为了更好地展示方案，可以充分利用各种表现手法。一般表达方案有以下几种。

（一）平面图纸表现

平面图纸表现方法是设计师工作量的重要依据，图纸应包括总平面图、各类分析图（区位分析、现状分析、功能分析、交通分析、实现分析等）、方案的分区设计图，以及各个关键节点的剖面图、立面图、透视图、鸟瞰图、效果图等。

按照绘图工具的区别，可以将二维图纸分为手绘图纸、电脑绘图以及手绘结合电脑制图的方法绘制的图纸，手绘图纸的工具有铅笔、针管笔、钢笔、水彩颜料、水粉颜料、炭笔、马克笔等，手绘图纸一般由设计人员徒手绘制线稿，然后利用不同的绘图颜料进行人工上色，所呈现的风格比较单一，但容易让观赏者感觉亲切。电脑制图是运用电脑各类软件制作上述图纸，通过各类软件的关联能够快速绘制想要的图纸，且图纸风格多样、尺寸精确。电脑制图的好处在于出图快、风格多、图纸逼真，给人真实的感觉。手绘结合电脑制图的方法可以使方案更加灵活，表达方式也更多样，适合团队合作出图。

（二）模型展示

模型展示就是运用各种材料，将景观设计对象按照一定的比例缩放后通过模型的方式展现。模型展示直观、生动，可以及时发现问题并改正。委托方可以在任意角度进行观赏，材质的真实性增加了质感，但制作周期及成本相对较大。

（三）多维动画展示

运用多维动画或虚拟现实等技术展示设计成果是随着科学技术的发展而产生的一种新型表达方案。这种方案是将模型文件导入相应的设备中，再对程序进行编写，可以根据特定的镜头或其它动画参数供人们欣赏设计成果，载体可以是 VR 眼镜或投影，人们通过手势或操作设备观看整体方案，给人身临其境的感受。

七、设计探索和实施

景观设计实则是创造空间，它要经过一系列复杂的过程。设计师需要在上位规划的基础上，通过探索和研究，设计出适合人类栖居的景观空间。优秀的景观设计师能够充分理解和掌握所有的设计方法，并有探索新技术、发现新设计方法的能力，能够站在多个角度考虑问题，协调各个方面的利益及目标。

八、管理与监督

设计管理包括对设计实施的全程监控及评价。各方面的情况可能一直在变化，人们的需求和新的信息技术也会不断涌现出来。为了保证设计目标的工期和质量，设计师需要制定各项制度，督促设计过程平稳向前发展。监督是对成效的有效把控，在发现问题时可以及时修正或调整，以保证目标的实现。

本章小结

本章主要讲了景观设计的原则、方法和步骤。我们通过景观设计的原则及点、线、面等平面形式要素的分析和认识，了解了景观空间在构图形式上的表现。景观空间营造及造景手法是本章的重点与难点，对此采用实例与图片进行了详细分析。同时要求同学们掌握景观设计的基本步骤，能在实际设计项目中形成严谨的态度，为今后的具体设计任务提供理论和技术上的支持。

思考与练习

1. 结合国内外优秀景观设计项目，思考点、线、面等景观设计的形式要素在实际环境中的具体应用。

2. 设定一个主题景观，并通过不同的空间组合方式和空间序列进行草图设计，从中找出最适合此主题的景观空间方式。

第五章 各类城市空间景观设计

| 本章概述 |

景观设计的理论，最终要落实到具体的、专项的实践中去，景观设计按照不同的公共空间类型分为公园绿地设计、广场景观设计、居住区景观设计、道路绿地设计、滨水区景观设计等，对这些对象进行设计时，需了解每一种类型景观的设计内容与设计要点，本章对常见的城市空间景观设计类型进行了说明。

| 教学目标和要求 |

初步了解各类城市空间景观设计的概念、功能、设计原则，掌握各种空间类型景观设计要点和基本设计方法，对不同空间的景观设计有所认识，并能合理运用所学知识进行景观设计。

第一节　城市公园绿地设计

在摩天大楼林立、不规则方形建筑普遍兴建的今天，公园绿地作为难得的绿意景观显得更加不可或缺，它承载着净化环境、美化景观、防灾减灾等重要功能。公园绿地是城市建设用地、城市绿地系统和城市市政公用设施的重要组成部分，在城市各类绿地中常居首要地位，是衡量城市整体环境水平和居民生活质量的一项重要指标。随着中国城市的发展、城市人口的集中和人口密度的增大，城市居民对公园的需要越来越迫切，对公园规划设计的要求也越来越高。

一、公园的概念与分类

（一）公园的概念

公园（park）一词在《现代汉语词典（第7版）》中的释义是："供公众游览休息的园林。"《中国大百科全书（第二版）》中认为城市公园是城市公共绿地的一种类型，由政府或公共社团建设经营，供公众游憩、观赏娱乐等，并有改善城市生态、防火、避难等作用。《园林基本术语标准》将公园定义为"供公众游览、观赏、休憩、开展户外科普、文体及健身等活动，向全社会开放，有较完善的设施及良好生态环境的城市绿地"。

由此可见，公园是为城市居民提供室外休息、观赏、游戏、运动、娱乐，由政府或公共团体经营的市政设施。换句话说，公园是政府为保持城市居民的身心健康、提高国民教育而设置的精神文化场所。同时，公园还兼有防火、避难及防灾等作用。随着城市旅游的兴起，城市公园将不再单一地服务于本地市民，也同时服务于外来旅游者。

（二）公园的分类

1. 中国公园分类

在我国，公园可分为城市公园和自然公园两种。

（1）城市公园。

《城市绿地分类标准》根据绿地的功能和内容，将城市建设用地中的公园绿地分为4个中类（综合公园、社区公园、专类公园和游园）及9个小类（表5-1-1）。

（2）自然公园。

自然公园主要指城市公园以外的几种公园类型，包括水源保护区、湿地公园、郊野公园、森林公园、自然保护区等其他自然公园的类型。在这里，我们重点讨论其中最常见到的两种类型：湿地公园与郊野公园。

表 5-1-1《城市绿地分类标准》中公园绿地的分类

类别代码			类别名称	内容	备注
大类	中类	小类			
G1			公园绿地	向公众开放，以游憩为主要功能，兼具生态、景观、文教和应急避险等功能，有一定游憩和服务设施的绿地	—
	G11		综合公园	内容丰富，适合开展各类户外活动，具有完善的游憩和配套管理服务设施的绿地	规模宜大于 10 hm²
	G12		社区公园	用地独立，具有基本的游憩和服务设施，主要为一定社区范围内居民就近开展日常休闲活动服务的绿地	规模宜大于 1 hm²
	G13		专类公园	具有特定内容或形式，有相应的游憩和服务设施的绿地	—
		G131	动物园	在人工饲养条件下，移地保护野生动物，进行动物饲养、繁殖等科学研究，并供科普、观赏、游憩等活动，具有良好设施和解说标识系统的绿地	—
		G132	植物园	进行植物科学研究、引种驯化、植物保护，并供观赏、游憩及科普等活动，具有良好设施和解说标识系统的绿地	—
		G133	历史名园	体现一定历史时期代表性的造园艺术，需要特别保护的园林	—
		G134	遗址公园	以重要遗址及其背景环境为主形成的，在遗址保护和展示等方面具有示范意义，并具有文化、游憩等功能的绿地	—
		G135	游乐公园	单独设置，具有大型游乐设施，生态环境较好的绿地	绿化占地比例应大于或等于 65 %
		G139	其他专类公园	除以上各种专类公园外，具有特定主题内容的绿地。只要包括儿童公园、体育健身公园、滨水公园、纪念性公园、雕塑公园以及位于城市建设用地内的风景名胜公园、城市湿地公园和森林公园等	绿化占地比例宜大于或等于 65 %
	G14		游园	除以上各种公园绿地外，用地独立，规模较小或形状多样，方便居民就近进入，具有一定游憩功能的绿地	带状游园的宽度宜大于 12 m；绿化占地比例应大于或等于 65 %

湿地是指天然或人工、长期或暂时的沼泽地、泥炭地，是带有静止或流动的淡水、半咸水或咸水的水域地带。湿地公园是一种独特的公园类型，是指纳入城市绿地系统规划的，具有湿地的生态功能和典型特征的，以生态保护、科普教育、自然野趣和休闲旅游为主要内容的公园（图 5-1-1）。湿地公园根据其功能大致分为四个区域进行管理，分别为重点保护区、资源展示区、游览活动区和研究管理区。

▲ 图 5-1-1　湿地公园

▲ 图 5-1-2　上海青西郊野公园

郊野公园（图 5-1-2）处在城市郊区，拥有较大面积的原始自然景观区域，开发强度介于城市公园和自然风景区之间，以游憩活动为目的，与城市的绿点、绿线、绿带遥相呼应，构成完整的城市生态绿地系统。从功能上一般可分为保育区和利用区。保育区是郊野公园内保存完好的生态系统及珍稀、濒危动植物的集中分布地，一般位于偏僻位置，小路未经人工修整，保持自然状态，是最有科研价值的区块。利用区可分为密集游憩区、分散游憩区和宽广区三类。密集游憩区为公园入口，容易到达，人流量大，且设施充足；分散游憩区位置相对较偏，地形起伏复杂，设置有步行径、休憩点和野餐点；宽广区位于区域内较深入的位置，步行可达，景观优美，有远足径、自然教育径、路标、避雨亭、露营场地等。

2. 国外公园分类

（1）美国公园分类。

美国的公园分为儿童游戏场、近邻娱乐公园、特殊运动场（如田径场、高尔夫球场、海滨游泳场、露营地等）、教育公园（如动物园、植物园、标本园、博物馆等）、广场、市区小公园、风致眺望公园、水滨公园、综合公园、保留地等。

（2）德国公园分类。

德国的公园分为郊外森林及森林公园、国民公园、运动场及游戏场、各种广场、蔬菜园等。

（3）日本公园分类。

日本的公园分为儿童公园、邻里公园、地区公园、城市公园、风景公园、动物公园、历史公园、区域公园等。

3. 其他公园类型

（1）节约型园林。

节约型园林是在 2005 年随着《国务院关于做好建设节约型社会近期重点工作的通知》

的发布而被提出的。节约型园林就是以最少的资源和资金投入，实现园林绿化最大的综合效益，是要按照自然资源和社会资源循环与合理利用的原则，在城市园林绿化规划设计、建设施工、养护管理、健康持续发展等各个环节中最大限度地节约各种资源，提高资源使用效率，减少资源消耗和浪费，获取最大的生态、社会和经济效益。通俗地说，节约型园林就是用最少的土地、最少的水、最少的资源、最少的资金，完成经济和社会效益最大的园林绿化项目。

节约型园林的“节约”表现在以下几个方面：有效使用城市的各类废弃地和灰空间（高架铁路下方、高速公路侧立面等）进行绿化；借助植物的自然力量防止水土流失和土壤沙化，利用园林绿化废弃物堆肥治理土壤的贫瘠化；提高雨水利用率，利用中水进行植物灌溉，合理补充地下水；探索和开发风能、太阳能等在风景园林中的应用，减少热能和电力的使用量；利用资源的循环使用和废弃物再利用替代自然资源的使用。

目前，国外很多城市景观的生态建设实践为节约型园林景观的建设和可持续发展提供了宝贵的经验。例如：新加坡长久以来致力于节约型园林绿化建设，从源头上通过整体结构的协调实现人工生态系统的高效能，做到科学规划、合理使用土地资源，最终打造出高水平的园林城市。国内节约型园林建设在节水型、节能型、节材型上均有体现与尝试，如获得ASLA2020年度城市设计类荣誉奖的上海嘉定中央公园（图5-1-3）就是以可持续为导向的设计。园中引入的植被均为当地的原生植物，约2500棵既有树木被保留下来；借助雨水收集，每年可节约10万吨自来水；对现有构筑物及沥青与青砖等建材的重新利用减少了因制造新材料而产生的排放，并降低了建设成本。

▲ 图 5-1-3　上海嘉定中央公园

（2）低碳园林。

低碳（low carbon），意指较低（更低）的温室气体（主要为二氧化碳）排放。低碳园林即低碳景观，是指在景观规划设计、景观材料与设备生产、施工建造和景观维护使用的整个生命周期内，减少石化能源的消耗，提高能效，降低二氧化碳的排放量。低碳园林理念源于当代可持续发展的思想，它伴随着生态失衡、环境恶化、能源短缺、资源匮乏以及温室气体过量生成导致的气候变化和极端天气发生率增加等问题而备受关注。在园林景观项目实施的过程中植入低碳园林的理念，使园林工程和后期养护能最大限度地降低能源消耗，降低温室气体的排放量，同时通过设计手段最大限度地增加碳汇，极致地发挥园林绿化的生态效益，使园林成为满足人们精神需求的真正意义的“绿色”园林，对加速园林行业的可持续发展、加快低碳城市的建设步伐，改善城市的人居环境意义重大。

低碳园林的主要营造方法有雨水储存利用、绿色园林构筑物、污水净化循环、选择低碳材料（如用木材、竹藤）、植物增汇措施等。如国内最大的零碳建筑——香港零碳天地（图 5-1-4），整座建筑物栽种了 135 棵原生树木及 30 个品种的灌木，树林脱离幼龄后，每年可以吸收 3100 公斤的二氧化碳，在一定程度上可以抵消建筑运营所产生的碳排放。另外，“零碳建筑”还可透过光伏板及生物柴油生产可再生能源，达到零碳排放。

▲ 图 5-1-4　香港零碳天地

（3）口袋公园。

2021 年，国务院发布《国务院办公厅关于科学绿化的指导意见》，提出“加大城乡公园绿地建设力度，形成布局合理的公园体系”“探索特大城市、超大城市的公园绿地依法办理用地手续但不纳入城乡建设用地规模管理的新机制”。近年来，许多城市陆续建起众多“口袋公园”，即城区道路交叉口或住宅区附近较小地块上的袖珍公园，这些公园装饰了城市的角落，绿化了城市，也拓展了市民的公共活动空间。

口袋公园也称袖珍公园，指规模很小的城市开放空间，常呈斑块状散落或隐藏在城市结构中，为当地居民服务。口袋公园的概念最早由风景园林师罗伯特·齐恩（Robert Zion）于 1963 年在纽约公园协会组织的展览会上提出，它的原型是建立散布在高密度城市中心区的呈斑块状分布的小公园。如罗伯特·齐恩设计的世界上第一个口袋公园——佩雷公园（图 5-1-5），标志着口袋公园的正式诞生，虽然公园只有 390 m^2，但不妨碍它成为为人称颂的经典。该园在有限的空间种植 12 棵皂荚树，两侧的墙体种满爬山虎，使空间形成三维绿

▲ 图 5-1-5 世界上第一个口袋公园——佩雷公园

色界面，又可使地面形成光影效果。另外，6 m 高的水幕墙瀑布成为公园的视觉焦点，跌水后面的灯光布景为口袋公园增添了一抹神秘的色彩，且跌水声掩盖了街道的嘈杂，用控制听觉的方法界定了整个空间的第六个面，结合可移动铁艺桌椅，创造了休息和思考的空间。口袋公园可以按以下几类方式划分。

① 按功能分类。

口袋公园按功能分为居住型口袋公园、工作型口袋公园、交通型口袋公园和游憩型口袋公园（表 5-1-2）。

表 5-1-2 口袋公园功能分类及内容

类别	主要内容
居住型口袋公园	组团绿地、宅旁绿地、新型居住区中的口袋公园
工作型口袋公园	商务区、办公区中的口袋公园
交通型口袋公园	站前广场、道路节点、交通环岛旁的小型绿地
游憩型口袋公园	步行街、商业区、小型游憩公园

② 按所有权分类。

我们可以从所有权的角度对城市口袋公园进行分类：一类是私人或社会团体建设拥有的口袋公园，供当地的邻里使用；另一类是属于政府建设拥有的口袋公园，如政府为了创造园林城市而投资建设的口袋公园。

③ 按位置分类。

按位置可以将不同类型的口袋公园具体分为：街区内部口袋公园，多位于居住区内部，选在楼与楼之间的绿地或角落里的空地中设置；角落里口袋公园，多位于街道两侧或交叉路口的三角绿地；跨街区口袋公园，多位于街道与街道之间的空地，方便了两条街道之间的通行（图 5-1-6）。

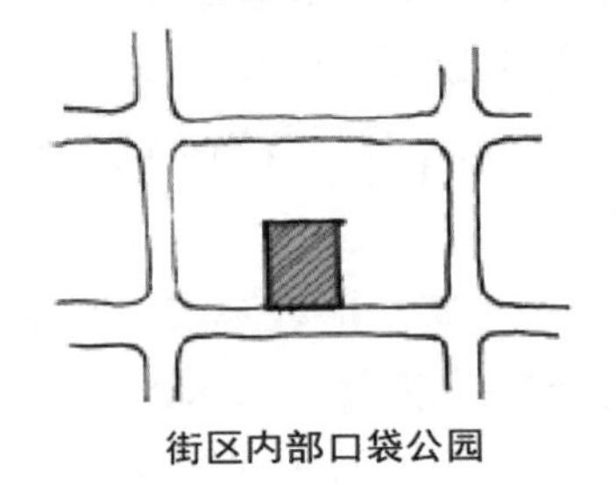

▲ 图 5-1-6 口袋公园位置分类

二、城市公园规划设计的原则与相关指标

（一）城市公园规划设计的原则

城市公园规划设计要始终从城市的发展和城市居民的使用需求出发，其基本原则主要体现在以下几个方面。

（1）贯彻以人为本的原则。满足不同年龄层次、不同职业的人的共同需要。

（2）遵守相关规范标准。贯彻国家在园林绿地建设方面的方针政策，以城市的总体规划和绿地系统规划为依据。

（3）充分尊重历史文脉，展现地方特色与时代风格。充分调查了解当地人民的生活习惯、爱好及地方特点，并在传承历史文脉的基础上把公园建成具有现代精神、构思新颖独特及地方特色鲜明的公共绿地。同时，在城市总体规划或城市绿地系统规划的指导下，使公园在全市分布均衡，并与各区域建筑、市政设施融为一体，各显特色，富有变化。

（4）规划设计要切合实际。正确处理近期规划与远期规划及规划与社会效益、环境效益、经济效益的关系。规划设计要切合实际，满足工程技术和经济要求。制订切实可行的分期建设计划及经营管理措施。

（5）生态效益原则。生态效益原则是城市公园规划设计时必须遵守的基本原则之一，充分利用现状及自然地形，因地制宜地布局，创造有生态效益的景观类型。生态公园是城市公园发展的必然趋势，代表了公园设计的未来走向。

（二）城市公园绿地指标和游人容量

1. 人均公园绿地指标

$$F=\frac{P\cdot f}{e}$$

式中：F 为人均指标（米 ^{2}/ 人）；P 为旅游季节双休日居民的出游率（%）；f 为每个游人占有公园面积（米 ^{2}/ 人）；e 为公园游人周转系数（1.5～3）。

2. 游人容量

公园游人容量，即公园的游览旺季（节日）每小时的在园人数。公园设计必须确定公园的游人容量，作为计算各种设施的容量、个数、用地面积以及进行公园管理的依据，受季节、节假日等因素影响。其计算方法为

$$C=\frac{A}{A_m}$$

式中：C 为公园游人容量（人）；A 为公园总面积（m^2）；A_m 为公园游人人均占有面积（米 ^{2}/ 人）。

市、区级公园游人人均占有公园面积以 60 m^2 为宜，居住区公园、带状公园和居住小区

游园以 30 m^2 为宜，风景名胜公园游人人均占有公园面积宜大于 100 m^2，近期公共绿地人均指标低的城市，游人人均占有公园面积可酌情降低，但游人人均占有公园陆地面积最低不得低于 15 m^2。

此外，公园中的游憩、服务、公用、管理设施应根据其规模设置，应与游人容量相适应。例如：大于 100 000 m^2 的公园按游人容量的 2% 设置厕所蹲位，小于 100 000 m^2 的按 1.5% 设置，男女蹲位比例为 1 ∶ 1 到 1 ∶ 1.5。厕所服务半径不宜超过 250 m，各厕所蹲位数应与公园内游人分布密度成正比，儿童游戏场附近应设置方便儿童使用的厕所。公园中的座椅、座凳的座位数应按游人容量的 20% ~ 30% 设置，一般每公顷陆地面积上的座位数应在 20 ~ 150 个，合理分布。

三、城市公园设计要点

城市公园类型众多，下面以综合公园为例，对城市公园相关设计要点进行说明。

（一）功能分区规划

依照各区功能的特殊要求、公园面积大小、与周围环境的关系、自然条件（地形、土壤、水体、植被）、公园的性质、活动内容、设施的安排进行功能分区规划，其表示方法多种多样。综合性公园的功能分区一般包括文化娱乐区、观赏游览区、安静休息区、儿童活动区、老年人活动区、体育活动区、公园管理区等。

1. 文化娱乐区

文化娱乐区是园区人流最集中、最热闹的活动区域，区内主要开展比较热闹、有喧哗声响、形式多样、参与人数较多的文化娱乐活动，主要活动内容和设施有：俱乐部、游戏广场、技艺表演场、露天剧场、影剧院、音乐厅、舞池、溜冰场、戏水池、展览室（廊）、演讲场地、科技活动场等。各建筑及设施可根据公园规模、形式、内容、环境等因地制宜地进行布置。文化娱乐区尺度设置要恰当，以人均 30 m^2 左右为宜。

文化娱乐区的规划应尽可能地利用原有地形及当地环境特点，创造出风景优美、环境舒适、利用率高、投资少的园林景观和活动区域，如可在较大水面开展水上活动，在缓坡地设置露天剧场、演出舞台，利用下沉地形开辟技艺表演、集体活动、游戏的场地。群众性的娱乐项目通常人流量较大，而且集散时间相对集中，所以要妥善地组织交通，尽可能在规划条件允许的情况下接近公园出入口，或在一些大型活动建筑旁设立专门的出入口，以快速集散游人。布置时也要注意避免区内各项活动之间相互干扰，应使各建筑物或各活动项目之间保持一定的距离，可通过建筑、地形、水体、植物等加以分隔。同时，在进行规划布局时，要注意供水、供电、供暖、通信、排水等设施的合理布置，以满足需求。

2. 观赏游览区

观赏游览区以观赏、游览、参观为主，在区内主要进行相对安静的活动，游人在区内分布的密度应较小，以人均游览面积 100 m^2 左右为宜，所以本区在公园中占地面积较大，是公园的主要组成部分。

为达到良好的观赏游览效果，观赏游览区往往选择地形及原有植被等比较优越的地段进行景观设计，并结合当地历史文物、地域文化等，强调自然景观和造景手法，很好地适应当地游人的审美心理，达到事半功倍的效果。另外，规划观赏游览区的行进参观路线也十分重要，道路的平、纵曲线，铺装材料，铺装纹样及宽度变化都应适应景观展示、动态观赏的要求。观赏游览区的植物配置多采用自然式树木配置，在林间空地中可设置草坪、亭廊、花架、坐凳等。

3. 安静休息区

安静休息区是公园中专供游人休闲、学习、交往或进行其他一些较为安静的活动的场所，如太极拳、太极剑、下棋、漫步、气功、露营、野餐等活动。该区景观要求也比较高，一般选择具有一定起伏地形的区域，如山地、谷地、溪边、湖边、河边等环境最为理想，并且要求树木茂盛、绿草如茵，有较好的植被景观环境。安静休闲区一般远离出入口，游人密度以 100 m^2/ 人为宜。

安静休息区的面积可视公园的面积规模大小进行规划布置，在布局上应灵活考虑，不必刻意将所有活动区域集中于一处，若条件允许，可选择多处，从而创造出不同类型的空间环境及景观，满足不同类型活动的需求。安静休息区与文化娱乐区、儿童活动区、体育活动区等闹区有一定隔离，但可靠近老年人活动区，必要时老年人活动区可以布置在安静休息区内。区内建筑布置宜分散不宜聚集，宜优雅不宜华丽，可结合自然风景，设立亭、榭、花架、曲廊、茶室、阅览室等园林建筑。树种以乡土树种为主，也可适当地引用外来树种，以丰富植物种群。

4. 儿童活动区

儿童活动区主要供学龄前儿童和学龄儿童开展各种儿童活动。据调查，公园中儿童占公园游人量的 15%～30%，这个比例与公园在城市中所处位置、周围环境、居住区的状况有直接关系。居住区附近的公园，儿童所占比例较大；离居住区较远的公园，儿童所占比例相对较小。同时，儿童占公园游人量的比例也与公园内儿童活动内容、设施、服务条件有关。

儿童活动区内可根据儿童年龄进行分区，一般可分为学龄前儿童区和学龄儿童区，主要活动内容和设施有：游戏场、戏水池、运动场、障碍游戏、少年宫、少年阅览室、科技馆等。也可将儿童活动区分成体育活动区、游戏活动区、文化娱乐区、科学普及教育区等，如体育活动区应有涉水、汀步、攀梯、吊绳、障碍跑、爬山设施等，游戏活动区设有秋千、滑梯、滚筒、跷跷板和电动设施等；科学普及教育区应有农田、蔬菜园、果园、花卉等。该区用地最好能达到人均 50 m^2，并按照用地面积的大小确定设置内容的多少。用地面积大的在内容设置上与儿童公园类似，规模小的只在局部设游戏场。儿童活动区规划设计应注意以下几个方面。

（1）该区位置一般靠近公园主入口，便于儿童进园后能尽快地到达区内开展自己喜爱的活动，避免儿童入园后穿越其他功能区，影响其他各区游人的活动。

（2）儿童活动区的规划、环境建设、活动设施、服务管理都必须遵循“安全第一”的重要原则，如：植物种植应选择无毒、无刺，无异味、无飞絮、不易引起儿童皮肤过敏的树木、花草，儿童区不宜用铁丝网或其他具有伤害性的物品做护栏，游戏设备的材料不可使用含有毒物质的材料。

（3）儿童活动区的地形、水体设计十分重要。在条件允许的情况下，可以考虑在园内增设涉水池、戏水池、小喷泉、人工瀑布等，但应注意水深不能超过儿童正常嬉戏的最大限度。活动区周围应考虑遮阴树木、草坪、密林，并能提供缓坡林地、宽阔的草坪，以便开展集体活动及遮阴。

（4）儿童区的建筑、设施要考虑到儿童的特点，并且造型新颖、色彩鲜艳；建筑小品的形式要符合儿童的兴趣，富有教育意义，最好有童话、寓言的内容或色彩。区内道路的布置要简洁明确、容易辨认，最好在道路交叉处设图牌标注，不要设台阶或坡度过大的道路，以方便童车通行。

（5）儿童活动区还应适当考虑设置成人休息、等候的场所，因儿童一般都需要家长陪同照顾，所以在儿童活动、游戏的场地附近要留有可供家长停留休息的设施，如坐凳、花架、小卖部等。

如今，孩子的自然缺失问题已成为世界性的社会问题，很多地区建立以环境教育为主题的儿童活动区，重建儿童与自然的联系，为儿童提供一个环境教育场所与设施，唤醒他们的生态意识。如设置林中课堂、手绘墙、大自然剧场等，尽可能保留场地原有树种，通过增植乡土树种，增加群落景观稳定性（图 5-1-7）。

▲ 图 5–1–7　环境教育主题公园设计

5. 老年人活动区

随着城市人口老龄化的速度加快，老年人在城市人口中所占比例日益增大，在一些大中型城市，公园中的老年人活动区在公园绿地中的使用率是最高的，因此在公园中设置老年人活动区很有必要。老年人活动并不需要太过集中的活动区域，可将其分为动、静两部分穿插在其他分区之中。动态活动以健身活动为主，如球类、武术、舞蹈、慢跑、扭秧歌、戏曲、弹奏、遛鸟等活动；静态活动主要供老人们晒太阳、下棋、聊天、学习、打牌、谈心等。老人活动区在公园规划中应考虑设在观赏游览区或安静休息区附近，地形选择以平坦为宜，不宜选择地形变化较大的区域，要求环境优雅、风景宜人。

老年人活动区应设置必要的服务建筑和活动设施，建设坡道、无性别厕所、坐便器等设施。设计老年人活动区时应充分考虑安全防护问题，如道路广场注意平整、防滑、设置扶手等。由于老年人的认知能力减退，视觉敏感度下降，因此道路景观空间的营造应指向明确，兼具易识别及艺术化的特征，防止老人迷失方向，如在一些道路的转弯处应配置色彩鲜明的树种，如红枫、黄金宝树、紫叶李等，起到指示、引导的作用。在植物的选择上采用可以促进身体健康的保健植物、芳香植物，如翠竹、松柏、紫荆等。

6. 体育活动区

体育活动区是公园内集中开展体育活动的区域，其规模、内容、设施应根据公园及其周围环境的状况而定。如果公园周围已有大型的体育场、体育馆，则公园内就不必开辟体育活动区。体育活动区常位于公园的次入口处，既可以防止人流过于拥挤，又能方便专门去公园运动的居民。

在对体育活动区进行设计时，要因地制宜设立各种活动场地，如各种球类、溜冰、游泳、划船等场地；在凹地水面设立游泳池，在高处设立看台、更衣室等辅助设施；开阔水面上可开展划船活动，但码头要设在集散方便之处，停船游泳的水面要和划船的水面严格分开，以免互相干扰；天然的人工溜冰场按年龄或溜冰技术分类设置。另外，可结合林间空地，开设简易活动场地，以便进行武术、太极拳、羽毛球等活动。如果资金允许，可设室内体育场馆，但一定要注意建筑造型的艺术性；各场地不必同专业体育场一样设专门的看台，可将缓坡草地、台阶等作为观众看台，增加人们与大自然的亲和性。该区的植物配置一般采用规则式的配置方式。

7. 公园管理区

该区是为公园经营管理的需要设置的专用区域，一般设在园内较隐蔽的角落，不对游人开放，规划布局要考虑适当隐蔽，不宜过于突出，以免影响景观视线。该区设有专用出入口，到管理区内要有车道相通，以便运输和消防。区内设置有办公室、值班室、广播室、维修处、工具间、仓库、堆场杂院、车库、温室、棚架、苗圃、花圃、食堂、浴室、宿舍及水、电、煤、通信等管线工程建筑物和构筑物，按功能可分为管理办公部分、仓库部分、花圃苗木部分、生活服务部分等。

除以上公园内部管理、生产管理外，公园还要妥善安排游人饮食、休息、生活、购物、租借、寄存、摄影等服务，因此在公园的总体规划中，要根据游人的活动规律，选择好适当地点安排服务性建筑与设施。在较大的公园中，可设有 1~2 个服务中心点为全园游人服务。服务中心宜设在游人集中、停留时间较长、地点适中的地方。

（二）出入口设计

1. 出入口类型

市、区级公园各个方向出入口的游人流量与附近公交车站点位置、附近人口密度及城市道路的客流量密切相关。出入口是连接城市和公园的重要屏障和枢纽，其位置的安排能够直接影响园内具体的各个功能分区的使用，关系到公园的整体使用率。出入口通常从性质和功能上可划分为主要出入口、次要出入口和专用出入口。

（1）主要出入口。

主要出入口应设在人流量大，与城市主干道交叉且靠近交通站点的地方，但不要受外界环境交通的干扰，保证出入口内外设置足够大的人流集散专用地，避免大量游人出入时影响城市道路交通，确保游人安全。主要出入口还需设置相应的配套设施，如园外停车场、售票室及售票人员（视公园性质而定）、警卫室、园内外集散广场等。

（2）次要出入口。

次要出入口是辅助主要出入口而存在的，为附近局部地区居民服务，应在公园四周不同位置选定不同的出入口，数量以一至五个为宜，在规模设置上远远弱于主要出入口。

（3）专用出入口。

为了满足公园内的大量游人会短时间内集散在如剧院、展览馆、体育运动场等文娱设施场所，可在其附近设置专用出入口以完善服务，方便管理和生产。另外，公园管理区附近常设置专用出入口。

2. 出入口宽度相关规定

（1）公园出入口总宽度计算公式为

$$D=\frac{a\cdot t\cdot d}{Q}$$

式中：D 为出入口总宽度（m）；a 为单股游人高峰小时通过量（900 人）；t 为最高进园人数 / 最高在园人数（转换系数 0.5 ~ 1.5）；d 为单股游人进入宽度（m）；Q 为公园容量（人）。

（2）公园游人出入口总宽度下限如表 5-1-3 所示。

表 5-1-3　公园游人出入口总宽度下限

游人人均在园停留时间（h）	售票公园（m/ 万人）	不售票公园（m/ 万人）
>4	8.3	5.0
1 ~ 4	17.0	10.2
<1	25.0	15.0

注：单位“万人”是指公园游人容量。

单个出入口最小宽度 1.5 m；举行大规模活动的公园，应另设安全门。本表引用自《公园设计规范》。

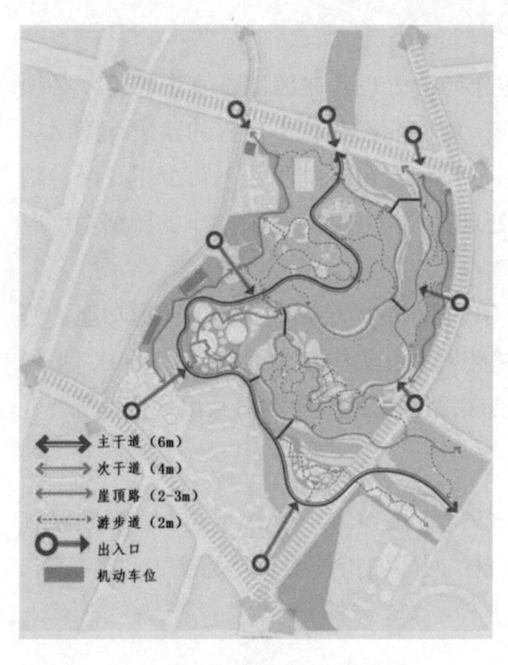

▲ 图 5-1-8 某公园道路系统设计

（三）园路设计

公园道路是公园的重要组成部分，起着组织空间、引导游览、联系交通并提供散步休息场所的作用。它像脉络一样，把公园的各个景区连成整体。其蜿蜒起伏的曲线、丰富的寓意、精美的图案，都给人以美的享受。园路布局要从园林的使用功能出发，根据地形、地貌、风景点的分布和园务管理活动的需要综合考虑，统一规划。园路需主次分明、因地制宜，有明确的方向性，与地形及周边环境密切配合（图 5-1-8）。

1. 园路的类型

根据《城市公园设计规范》中的相关规定，公园的道路系统一般分为 3 级，即主干道、次干道、游步道。

（1）主干道。

主干道是全园主要道路，通往公园各大区、主要活动建筑设施、风景点，要求方便游人集散并组织大区景观，通畅、蜿蜒、起伏、曲折；路宽 4 ~ 6 m，纵坡 8% 以下，横坡 1% ~ 4%，纵、横坡不得同时无坡度，一般不宜设梯道。必要时主干道可通行少量管理用车。

（2）次干道。

次干道是公园各区内的主要道路，联系着各个景点，引导游人进入各景点、专类园。对主干道起辅助作用，路宽 2 ~ 4 m。

（3）游步道。

游步道为游人散步使用，是引导游人深入景点、寻胜探幽的道路，一般设在山坳、峡谷、小岛、丛林、水边、花间和草地上。双人行走时路宽为 1.2 ~ 2 m，单人行走时路宽为 0.6 ~ 1 m。

2. 园路宽度指标及要求

（1）公园园路宽度指标（表 5-1-4）。

表 5-1-4 公园园路宽度指标

园路级别	陆地面积（hm^2）			
	<2	2 ~ 10	10 ~ 15	>50
主干道（m）	2.0 ~ 3.5	2.5 ~ 4.5	3.5 ~ 5.0	5.0 ~ 7.0
次干道（m）	1.2 ~ 2.0	2.0 ~ 3.5	2.0 ~ 3.5	3.5 ~ 5.0
小道（m）	0.9 ~ 1.2	0.9 ~ 2.0	1.2 ~ 2.0	1.2 ~ 3.0

注：本表引用自《公园设计规范》。

（2）园路设置其他要求。

山地公园的园路纵坡应小于12%，超过12%应作防滑处理。主园路不宜设梯道，必须设梯道时，纵坡宜小于36%。支路和小路纵坡宜小于18%，纵坡超过15%的路段，路面应作防滑处理。纵坡超过18%的路段，宜按台阶、梯道设计，台阶踏步数不得少于2级，踏步高不超过15 cm，坡度大于58%的梯道应做防滑处理并设置护栏。通机动车的园路宽度应大于4 m，转弯半径不得小于12 m。

园路路网密度是单位公园陆地面积上园路的路长。其值的大小影响园路的交通功能、游览效果、景点分布和道路及铺装场地的用地率。园路路网密度集中在200 ~ 300 m/hm^2，平均285 m/hm^2。由于各个公园的内容、地形条件不同，园路路网密度的限制只给出一个范围。

3. 园路布局

园路的布局设计，除了依据园林建设的规划形式外，还必须结合地形地貌。一般园路宜曲不宜直，贵在合乎自然，追求自然野趣，依山随势，回环曲折；要自然流畅，犹若流水，随地势就形，因景筑路。

（1）回环性。

园林中的路多为四通八达的环形路，游人从任何一点出发都能遍游全园，不走回头路。

（2）疏密适度。

园路的疏密度同园林的规模、性质有关，在公园内道路大体占总面积10% ~ 12%，在动物园、植物园或小游园内，道路网的密度可以稍大，但不宜超过25%。

（3）曲折性。

园路随地形和景物而曲折起伏，若隐若现，“路因景曲，境因曲深”，造成“山重水复疑无路，柳暗花明又一村”的情趣，以丰富景观，延长游览路线，增加层次景深，活跃空间气氛。

（4）多样性。

公园中园路的形式多种多样。在人流集聚的位置，路可以转化为场地；在林间或草坪中，路可以转化为步石或休息岛；遇到建筑，路可以转化为“廊”；遇山地，路可以转化为盘山道、磴道、石阶、岩洞；遇水，路可以转化为桥、堤、汀步等。

（5）转折与衔接。

园路的转折、衔接要通顺，符合游人的行为规律。园路遇到建筑、山、水、树、陡坡等障碍，必然会产生弯道，弯道有组织景观的作用，弯曲弧度要大，外侧高，内侧低，外侧应设栏杆，以防发生事故。两条主干道相交时，交叉口应作扩大处理，以正交方式，形成广场或缓冲地带，以方便行车、行人。小路应斜交，不宜交叉过多，两个交叉口不宜太近，要主次分明，相交角度不宜太小。丁字交叉口，视线的交点可点缀引导性小品设施。山路与主干道交叉要自然，既要藏而不显，又要吸引游人入山。

（6）桥。

桥也是园中的一道亮丽的风景线，是园路跨过水面的建筑形式，在设计时要注意承载重量和游人流量最高限额。景观桥可根据景观设置及游人便捷需要进行设置，桥身应与岸垂直，创造游人视线交叉，以利观景（图5-1-9）。主干道的桥以平桥为宜，桥头宜设广场，便于游人集散。小路上的桥多用曲桥或拱桥，汀步可设置在小水面中，步距以60~70 cm为宜。

▲ 图 5-1-9　二分桥的设计

（四）广场、建筑、小品设计

1. 广场

公园中广场主要为游人集散、活动、演出、休息等使用，其形式有自然式和规则式。根据功能不同可分为集散广场、休息广场、生产广场。

集散广场以集中、分散人流为主，可分布在出入口前后、大型建筑前、主干道交叉口处（图 5-1-10）。休息广场以供游人休息为主，多布局在公园的僻静之处，与道路结合，方便游人到达；与地形结合，如在林间、临水处，借以形成幽静的环境；与休息设施结合，如廊架、花台、坐凳、铺装地面、树丛、草坪等，以利游人休憩赏景（图 5-1-11）。生产广场主要为园务的晒场、堆场等（图 5-1-12）。

▲ 图 5-1-10　西安城市运动公园之桂花广场（集散广场）

▲ 图 5-1-11 成都沙河源公园之年轮广场（休息广场）

▲ 图 5-1-12 北京北坞公园稻场（生产广场）

2. 公园建筑

公园建筑是供游人开展文化娱乐活动、防风避雨、创造景观的场所，有的建筑设置甚至成为全园的中心。全园的建筑风格应保持统一，建筑形式要与其性质、功能相协调。建筑的位置、朝向、高度、体量、空间组合、造型、材料、色彩及其使用功能应符合公园总体设计的要求。建筑布局要相对集中，有聚有散，利于管理。建筑设计要结合地方风格、时代特色，在统一风格的基础上又要有一定变化对比。

（1）游览、休憩类建筑。

该类建筑应与地形地貌、水体、植物等其他造园要素协调统一。层数以一层为宜，室内净高不应小于 2.0 m。座椅、座凳、“美人靠”等，其数量应按游人容量的 25%~35% 设置，但平均每 1 hm^2 陆地面积上的座位数量控制在 20~50，分布应合理，各种游人集中场所中容易发生跌落、淹溺等人身事故地段应设置安全防护栏，示意性护栏高度不宜超 0.4 m。

（2）管理建筑及附属服务设施。

如变电室、泵房、厕所等，体量上应尽量小，既要隐蔽又要有明显的标志，以方便游人使用。游人使用的厕所，面积大于 10 hm^2 的公园，应按游人容量的 2% 设置厕所蹲位，小于 10 hm^2 者按游人容量的 1.5% 设置；男女蹲位比例为 1 ∶ 1.5，厕所的服务半径不宜超过 250 m，各厕所内的蹲位数应与公园内的游人分布密度相适应。残疾人使用的建筑设施，应符合《无障碍设计规范》的规定。公园内景观最佳地段，不得设置餐厅及集中的服务设施。“三废”处理必须与建筑同时设计，不得影响环境卫生，建议从节约、低碳园林等角度设置服务设施，如集装箱改造（图 5-1-13）。

▲ 图 5-1-13 集装箱改造设计

（3）台阶、踏步设置要求。

使用率较高的建筑室外台阶宽度不宜小于

1.5 m，踏步宽度不宜小于 0.3 m，踏步高度不宜大于 0.16 m，台阶踏步数不少于 2 级。侧方高差大于 0.7 m 的台阶，设护栏设施，其高度应大于 1.05 m，高差较大处可适当提高，但不应低于 1.1 m。

3. 景观小品

景观小品是公园中的点睛之笔，一般体量较小、色彩单纯，对空间起点缀作用。小品既具有实用功能，又具有精神功能，它更加注重公共的交流、互动，注意社会精神的体现，将艺术拉进大众化之中，通过雕塑、装置以及公共设施等艺术形式来表现大众的需求（图 5-1-14）。公园内的景观小品按其功能分为服务类小品、装饰类小品、照明类小品及展示类小品。

▲ 图 5-1-14　芝加哥千禧公园之“云门”雕塑

服务类小品包括供游人休息、遮阳用的座椅、廊架、电话亭、洗手池、垃圾桶等，常结合环境进行设计。可用自然块石或用混凝土制作成仿石、仿树墩的凳、桌，或利用花坛、花台边缘的矮墙和地下通气孔道作为椅、凳等。围绕大树基部设椅凳，既可休息，又能纳凉。装饰类小品包括各类绿地中的雕塑、铺装、景墙、景窗、门洞、栏杆等，装饰手法丰富，在园林中起到重要的点缀作用，同时也兼具其他功能。展示类小品包括各种布告板、导游图板、指路标牌、阅报栏、图片画廊等，对游人具有一定的宣传、教育功能。照明类小品主要包括草坪灯、广场灯、景观灯、庭院灯、射灯等，种类繁多，园灯的基座、灯柱、灯头、灯具都有很强的装饰作用。

公园景观小品在设计时有以下要求：第一，应根据当地的自然景观和人文风情进行景点中小品的设计构思；第二，选择合理的位置和布局，做到巧而得体，精而合宜；第三，充分反映建筑小品的特色，将其巧妙地融在园区造型之中（图 5-1-15）；第四，不破坏原有风貌，做到得景随形；第五，通过对自然景物形象的取舍，使造型简练的小品获得丰满充实的景象；第六，充分利用建筑小品的灵活性、多样性，以丰富园林空间；第七，把需要突出表现的景物强化起来，把影响景物的角落巧妙地转化成游赏的对象；第八，把两种明显差异的素材巧妙地结合起来，相互烘托，显出双方的特点。

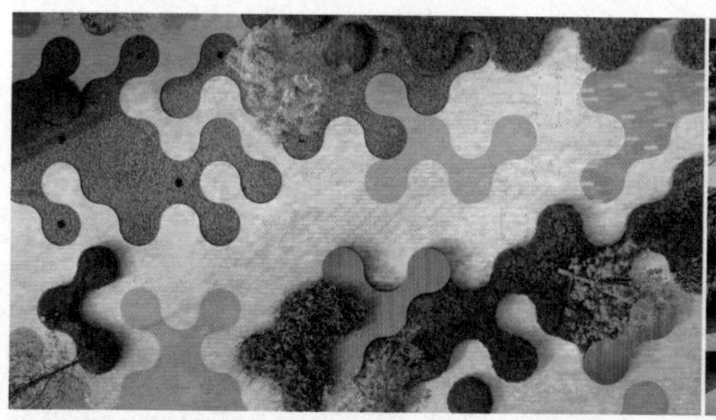

▲ 图 5-1-15　成都 hyperlane 超线公园座椅设计形式与环境相融合

（五）地形设计

地形设计主要是解决公园为造景的需要所要进行的地形处理。公园地形要结合公园外围城市道路规划标高及部分公园分区内容和景点建设要求进行设计，充分利用原有地形地貌，创造出自然和谐的景观骨架。

1. 平地

平地也就是平坡地，应保证 3%～5% 的排水坡度。自然式公园中的平地面积较大时，可以设计起伏的缓坡，坡度为 1%～7%。平地是组织开敞空间的有利条件，也是游人集散的地方，平地面积须占全园面积的 30% 以上，且须有一两处较大面积的平地。平地处理应注意高处上面接山坡，低处下面接水体，联系自然，同时考虑园林景观和地表水的排放。各类地表的排水坡度见表 5-1-5。

表 5-1-5　公园各类地表的排水坡度

<table>
<tr><th colspan="2">地表类型</th><th colspan="2">最大坡度（%）</th><th>最小坡度（%）</th><th>最适宜坡度（%）</th></tr>
<tr><td colspan="2">草地</td><td colspan="2">33</td><td>1</td><td>1.5～10</td></tr>
<tr><td colspan="2">运动草地</td><td colspan="2">2</td><td>0.5</td><td>1</td></tr>
<tr><td colspan="2" rowspan="2">栽植地表</td><td>挖坡</td><td>66</td><td rowspan="2">0.5</td><td rowspan="2">3～5（排水）</td></tr>
<tr><td>土壤回填坡</td><td>50</td></tr>
<tr><td rowspan="2">铺装场地</td><td>平原地区</td><td colspan="2">2</td><td>0.3</td><td>1</td></tr>
<tr><td>丘陵地区</td><td colspan="2">3</td><td>0.3</td><td>—</td></tr>
</table>

2. 坡地

坡地分缓坡地（3%～10%）、中坡地（10%～25%）和陡坡地（25%～50%）。游人可以在缓坡地和中坡地上组织一些活动。而游人不能在陡坡地上集中活动，但可以结合露天剧场、球场的看台设置，也可配置疏林或花台。

3. 山地

公园中的山地大多是利用原有地形、土方，经过适当的人工改造形成。城市中的平地公园多以挖湖的土方堆山，即按照《园冶》中“高方欲就亭台，低凹可开池沼”的挖湖堆山法，山地的面积应小于公园总面积的 30%。

（六）水景设计

水体是公园重要的组成要素，能使公园产生生动活泼的景观，形成开朗的空间和透景线。古典的园林水景通过与花木、园林建筑、假山的搭配，共同构成园林景观，而随着新技术的引进，公园水景演变出了多种多样的形式，如喷泉、水幕、人造瀑布等，配合上多媒体、效果灯光和不同种类的喷头，能够组合出丰富多彩的水体景观。

（七）植物种植设计

公园植物是公园造景的主体，园中植物的合理配置，既能充分展示其本身的观赏特性，也能创造优美的环境艺术效果。全园的植物组群类型及分布，应根据当地的气候状况、园外的环境特征、园内的立地条件、防护功能要求和当地居民游赏习惯确定，满足多种游憩及审美的要求。

1. 文化娱乐区的绿化设计

文化娱乐区地形要求平坦开阔，绿化以简洁为主，以花坛、花境、草坪为主，便于游人集散。可适当点缀几株常绿大乔木，方便游人遮阴，不宜多种灌木，以免妨碍游人视线的通透和影响交通。

2. 观赏游览区的绿化设计

植物既是烘托主景的景观，也是主景。当植物烘托、服务主景时，主景区的植物配置要相对弱化植物的存在感，尽量采用统一、大气的栽植手法来烘托气氛，并与主体景观相协调。若植物作为观赏主景，则可设置成花卉观赏区或专类园，让游人充分领略植物的美；或利用植物组成不同的群落景观，以体现植物的群体美。

3. 安静休息区的绿化设计

安静休息区用地面积较大，根据该区的功能要求，采用自然式配置形式，以密林种植为主。密林中可分布散步小路、林间空地等，并设置亭、廊、花架、坐凳等休息设施，还可设疏林草地、空旷草坪，以及多种专类园，若结合水体效果更佳。

4. 儿童活动区的绿化设计

儿童活动区可选用生长健壮、冠大浓荫的乔木来绿化，忌用有刺、有毒或者易会引起过敏症的开花植物或树种，四周应栽植浓密的乔木、灌木，与其他区域隔离，如有不同年龄的少年儿童分区，也应用绿篱栏杆相隔，以免相互干扰。儿童集体活动场地中要适当疏植大型乔木，供夏季遮阴，且能接受阳光。出入口可设置雕塑、花坛、山石或小喷泉等，配以体型优美、色彩鲜艳的灌木和花卉，以引起儿童对自然界的兴趣。

5. 老人活动区的绿化设计

首先，老人活动区应以绿色树木为基调，绿地空气中负氧离子积累较多，适合老年人进行练气功、太极拳等健身活动。其次，要注意植物季节景观的配置，选用花色艳丽、季节变化明显的花灌木和色叶树木作为主要树种，让老年人在视觉上、心理上感受到植物景观的季节变化，激发他们的生活热情。再次，配置芳香植物，如桂花、栀子、松、柏、樟树等，利用芳香植物中一些挥发性物质具有的提神、醒脑功能。最后，应用传统植物配置手法，增加“诗情画意”的情趣，如组成松竹梅“岁寒三友”园、梅兰竹菊“四君子园”（图5-1-16）、“雨打芭蕉”景观等。

▲图 5-1-16　老人活动区之“四君子园”

6. 体育活动区的绿化设计

体育活动区宜选择生长速度快、高大挺拔、冠大整齐的树种，以利夏季遮阴；避免选用有种子飞扬、易生病虫害、分蘖性强、树姿不齐、易落花落果、种毛散落的树种。场地四周的绿化要离场地5~6 m的距离，植物不宜有强烈的反光，树种的色调要求单纯，以便形成绿色的背景（图5-1-17）。

▲ 图5-1-17 体育活动区绿化

7. 出入口区的绿化设计

公园出入口在种植设计时，一方面突出强调入口区，在种植植物时不能阻挡视线，要能向游人展示其特色或主题风格；另一方面要兼顾公园入口区与城市街道的联系，使其与城市街道绿化在种植形式和风格上统一与变化并存，同时使入口绿化成为街道景观的一部分。

8. 园路的绿化设计

主要干道绿化可选用高大浓荫的乔木配以耐荫的花卉植物在两旁布置花境，但在配置上要有利于交通，其绿化要丰富多彩，达到步移景异的效果。在无景可观的道路的两旁，可以密植或丛植乔木、灌木，使山路隐在密林之中，形成林间小道。园路交叉口是游人视线的焦点，可用花灌木点缀。

案例解析（一）

纽约中央公园

中央公园（Central Park）是位于美国纽约州纽约市曼哈顿岛中心的大型都市公园，建于1856年，它不仅是美国的第一个城市中央公园，还是世界城市公园的成功先例。该公园长约4 km，宽约0.8 km，形状为规则式的矩形平面，面积约为3.4 km^2（曼哈顿岛的6%），它南起第59大街，北抵第110大街，东西两侧由第五大道和中央公园西大道围合。中央公园的设计由“景观设计之父”奥姆斯泰德与建筑师卡尔弗特·沃克斯（Calvert Vaux）共同完成。中央公园不仅有效地改善了城市的环境，还给城市的居民提供了娱乐、休憩、交流、健身、活动等的大型活动场所，将自然与公众紧密联系在一起，被誉为纽约的“后花园”。

（一）设计理念

受到哈德逊河画派、英国自然风景园传入等影响，奥姆斯泰德与沃克斯针对当时纽约单调、拥挤、恶劣的环境与高速运转的生活，提出了“绿化计划”，即中央公园应该代表渴望传递民主思想进入林木和泥土之中的设计理念——建设一个属于民众的“平民公园”，营造自然的田园景观式开放空间，成为令人精神愉悦放松的自然天地，为居住在城市中所有阶层的每一位市民提供最佳的健康休闲方式。纽约中央公园的规划与建设很好地吸收了英国公园运动的理念，建筑物和构筑物大多被植物、花草和大片的绿地空间取代，使公园更具公共性和开放性（图 5-1-18）。

▲ 图 5-1-18　营造自然田园式开放空间的设计理念

（二）交通流线的设计

纽约中央公园的地上地下交通枢纽合理而巧妙，值得借鉴学习。场地空间的交通问题是中央公园所面对的最主要的问题，由于基地边界的限制，中央公园的长度是宽度的 5 倍。这样的形状给公园提供了设置多个入口的可能性，同时也可增加公园周边用地的经济效益。然而，公园阻隔了东西向的交通，即 59 街至 110 街的交通。为了解决这一问题，设计师设计了 4 条横贯公园的马路，马路下沉到地下，隐藏式的下沉交通道路有效防止了对自然景观的破坏，保证公园景观的完整性和公园步行游览者的安全性与休闲性。

公园实行马车道和步道相分离的路网系统。奥姆斯泰德设计了环绕整个公园的车行道，最初是为马车兜风而设置。现在，除少许路段对机动车开放外，大多数都用于慢跑或溜旱冰。主园路网贯穿整个园区，另有比较密集的二级和三级路网。道路基本上都是曲线的，连接平滑、形状优美、景色多变、穿插自由，使在环道上的运动成为一种享受。

（三）营造自然风光

中央公园的设计风格十分简洁，为了最大化地营造自然风景，公园里的建筑数量被控制到了最少。园区内设计了若干与周围环境协调的乡村风味的石桥，便于游客欣赏最纯粹的乡村风光（图 5-1-19）。基地原坐落于岩石上，沼泽遍布，并且中间被一座大型水库隔断，这些为设计增添了不小的难度。设计师将现场很多岩石很好地保留了下来，同时将一些沼泽适当扩充为水面，旧的水库经过回填，成为今日公园里最大的草坪。

▲ 图 5-1-19　不同风格的石桥

设计师通过围合、分割、对景、顺序、视觉走廊等手法，创造大片的阳光草坪、缓慢起伏的山坡、重叠茂密的树木，这些田园的景象成为中央公园的主要景观。林荫大道两旁种植着高大的榆树，贯穿雕像、喷泉、广场，成为中央公园里唯一的建筑化的轴线，也是硬质铺地最集中的地方。除了这条景观轴线，公园最典型的景象就是大片的草坪与柔和的微地形，使公园呈现出一派恬静柔美的田园风光。在游客的眼里，公园可能只是单单对基地“自然”的保持和维护，但实际上这“自然”却是由真正的自然升华而来，这也正是公园设计的目的。公园并不只是源于自然，更要高于自然（图 5-1-20）。

▲ 图 5-1-20　源于自然、高于自然的景观风貌

（四）各类主题区设计

公园内部有若干个主题区域，设计者将开放的空间合理地运用了整体的概念聚合成一个网状的休闲系统（图 5-1-21）。毕士达喷泉是中央公园的核心，是体现公园形象的地标性集会场所；草莓园是纪念约翰·温斯顿·伦农（John Winston Lennon）的和平公园，是一个纪念性的公众聚会空间；绵羊草原是提供人们野餐与享受日光浴的好地方；坐落在远景岩的眺望台城堡，是中央公园学习中心的所在地。此外，动物园、溜冰场、游泳池、网球场等都具有特定的功能和服务对象，满足了公众的不同需求。

▲ 图 5-1-21　各类主题区设计

（五）人性化的细节设计

中央公园在设计细节上充分体现人文关怀。如公园里设计了街灯导引柱，每个街灯导引柱都标有数字，可以根据数字判断最近街道的具体的方位，让游客不容易迷路；公园里设置了上百个饮水处，许多个咖啡屋，还提供志愿者免费导游服务，为游客提供方便。

中央公园促进了人与自然的互动，把自然与公众紧密联系在一起，成为美国景观设计界典型。正如艺术家罗伯特·史密森（Robert Smithson）所说：“中央公园不再被人认为是‘独立的东西’，而是在与周围环境的不断互动中，成为‘为我们的东西’”。

案例解析（二）

波士顿公园体系

“景观设计之父”奥姆斯泰德在19世纪末期创建了波士顿“翡翠项链”公园体系。他设计了一个由沿河绿色廊道连接绿地斑块构成的系统，其整体设计强调在都市之中保留自然景观，并致力于实现工业社会中城市、人与自然三者之间的和谐共生。在为“翡翠项链”工作的17年时间里，奥姆斯泰德以一系列绿地空间和开放空间的形式设计了很多主动或被动游憩休闲场所。

波士顿是享有“智慧之城”美称的城市，从波士顿的高空俯瞰，可以看到一条绵延16千米的绿化带，犹如镶嵌在繁华都市中心区的一条碧绿的翡翠项链，这便是被誉为“翡翠项链”的波士顿公园体系。这个一百多年前规划并建造的公园体系，将波士顿公园、公共花园、马省林荫道、后湾沼泽公园、河道景区、奥姆斯泰德公园、牙买加池塘、富兰克林公园和阿诺德植物园这九大城市公园和其他绿地系统有序地联系起来，被公认为世界上第一条真正意义的绿道，“翡翠项链”的美名也由此得来（图5-1-22）。

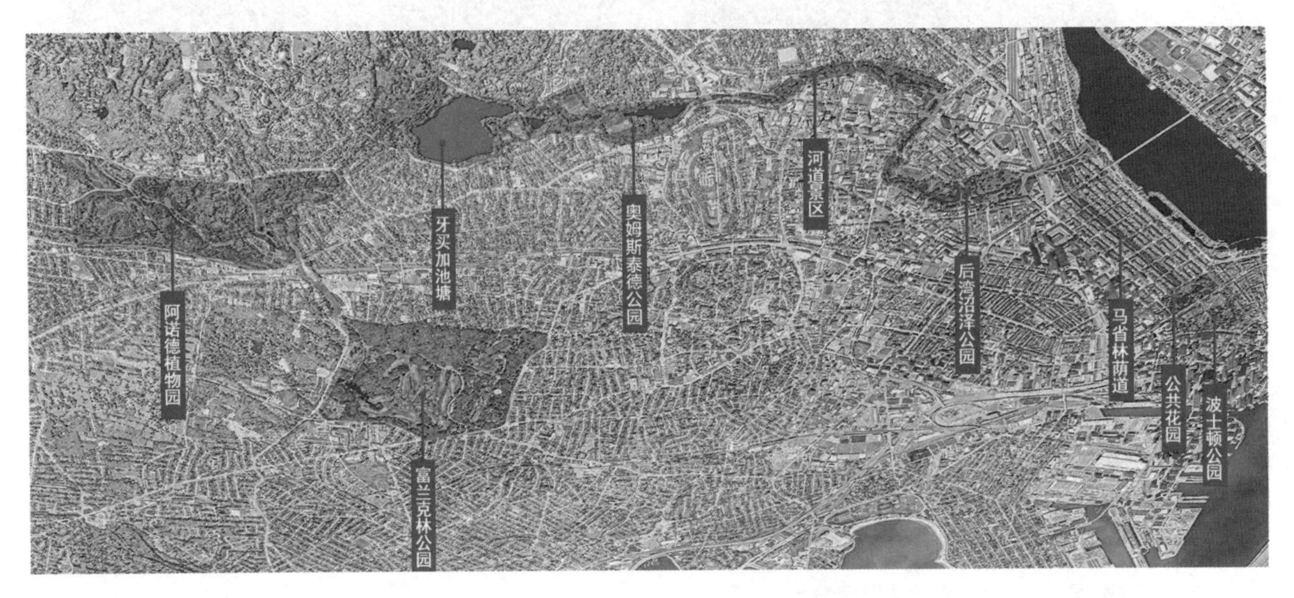

▲ 图5-1-22 波士顿“翡翠项链”公园体系示意图

波士顿公园体系九大核心组成部分中，除了波士顿公园、公共花园和马省林荫道是利用波士顿原有的公共绿地改造而成的各具特色的景观地带（图5-1-23），其余的部分都是设计师奥姆斯泰德独具匠心的创作。值得一提的是，奥姆斯泰德公园、后湾沼泽公园和牙买加池塘三处在进行景观建设的同时还强调城市水系的综合治理，着力解决城市洪涝和水质污染等问题，如后湾沼泽公园在奥姆斯泰德时期是一个潮汐沼泽和一条受到废水污染并面临着洪

▲ 图 5-1-23　波士顿公园、公共花园、马省林荫道（从上到下，从左到右）

水威胁的溪流，不仅极度缺乏吸引力，更存在一些健康问题。在设计师的精心改造下，后湾沼泽公园从原本浑浊不堪、遍地垃圾的沼泽地摇身一变成为一座草木葱茏、小桥流水、芦苇摇曳的自然公园，这一带难得的乡野风光吸引许多人群前来，或静观清流，或幽径漫步，或桥边小坐，好不惬意（图 5-1-24）。

▲ 图 5-1-24　后湾沼泽公园

剩余几处公园中，规模最大的当属富兰克林公园，该公园最突出的特色是最大限度地还原乡野景色，运用的景观设计元素具有野性、粗犷、质朴的特点，为公众提供了一个尽情享受自然美景的户外场所（图 5-1-25）。

波士顿“翡翠项链”公园体系的实践结果表明，通过绿道建设，能够有效地解决在快速城市化进程中出现的用地无序扩张、环境恶化等问题，对于遏制城市蔓延、保护和改善城市环境、实现可持续发展具有重要借鉴意义。目前中国在城市化进程中，也出现了城市空间无序蔓延、城市用地日趋紧张、生态环境日益脆弱等问题，我国可借鉴其绿道网络建设经验，并从我国国情出发，探索出一条适应我国城市持续发展的道路。

▲ 图 5-1-25　富兰克林公园

第二节　城市广场景观设计

城市广场是人们生活当中必不可少的城市组成部分，它为人们提供了各类集散、活动的公共开放空间，有着“城市客厅”的美誉。城市广场周边常常分布着行政、文化、娱乐、商业等功能性建筑，广场的形态及配套设计往往能表现出城市的历史与空间环境面貌。广场景观是广场品质最直接的表现，也是交通的枢纽和居民特定行为的实施点，还可以反映一个城市的文化特征和居民的生活品质。

一、城市广场的概念与分类

（一）城市广场的概念

城市广场，一般指为了满足多种城市社会生活的需要而建设，以建筑、道路、地形等围合，由多种软、硬质景观构成的，采用步行交通手段，具有一定的主题思想和规模的结点型城市户外公共活动空间。

▲ 图 5-2-1　中世纪集市广场——意大利锡耶纳坎波广场

广场的概念源自西方，早期是民众集会或举行大型活动的场所（图 5-2-1）。但随着历史的发展和城市的演变，广场无论在形式上还是内涵上都有了巨大的变化。广场的作用已经不仅局限于为集会或大型活动提供场所，更多地表现在提高城市空间整体的艺术气质，为市民提供绿色休闲空间等方面上。城市广场通常是人们在社会活动中的核心空间，广场周围通常有不同功能的公共建筑作为支撑。城市广场可以举行各类群众集会、展示、庆祝等活动。广场的形式应与主体建筑和周边环境相结合，广场周边的建筑高度与广场的面积要协调。在广场上布置花坛、各种图案的铺装、中央喷泉、各类雕塑、照明设施、休息设施及绿化等可以丰富广场空间，提高其艺术性。

（二）城市广场的分类

1. 按功能分

城市广场按照功能及在城市交通系统中所处的位置可分为市政广场、纪念广场、商业广场、交通广场和休闲娱乐广场。这种分类是相对的，现实中每一类广场都或多或少地具备其他类型广场的某些功能。

（1）市政广场。

市政广场也叫公共活动广场，通常设置在城市中心区。一般市民广场的主体建筑以政府及其他行政管理办公建筑为主，也可以是图书馆、文化宫、博物馆、展览馆等公共建筑。该类型的广场是政府与市民定期对话的场所，平时可供人们休闲、运动，遇到特殊节假日时还可以举行集会活动。市政广场应着重将活动空间扩大，视线要开阔，以硬质铺装为主，通道布置需与主要建筑物有良好的关系，可以采用规则的几何形来控制边界，以强调其轴线，内部的绿化多采用规则式的布置形式，广场朝向以朝南为最理想的状态。市政广场的边界处还应布置相应的配套设施及环境绿化，可以加强广场的空间活力和艺术气氛，丰富广场景观。

（2）纪念广场。

纪念性广场是指为纪念有历史意义的事件或人物而建设的广场，例如侵华日军南京大屠杀遇难同胞纪念馆公祭广场、西安大雁塔南北广场等。广场以纪念雕塑、纪念碑、纪念物或纪念性建筑作为标志物，主体标志物位于构图中心。广场布局及形式应满足气氛及象征的要求，选址应考虑尽量避开喧闹繁华的商业区域或其他干扰源。纪念广场一般宜采用规整的形状，应有足够的面积和合理的交通，与城市主干道相连，保证广场上的车辆与行人互不干扰，畅行无阻，还应有足够的停车面积和行人活动空间。主题性纪念标志物应根据广场的面积确定其尺寸，广场在设计手法、表现形式、材质、质感等方面，应与主题相协调、统一，形成庄严、雄伟、肃穆的环境（图 5-2-2）。

▲ 图 5-2-2　罗马圣彼得广场

（3）商业广场。

城市中的商业综合体和商业街区往往是人群较为集中的地方，为了更好地集散人流以及满足商业展示等功能需求，设置商业广场是最好的选择。我国目前有很多历史上沿袭下来的商业广场，例如位于南京的夫子庙街广场以及上海的城隍庙广场（图 5-2-3）。全球很多城市的商业广场已经纳入步行商业街及步行商业区系统，在商业综合区以室内外结合的方式把室内商场和露天、半露天广场连接在一起。绝大多数商业广场采用步行的交通方式，所以广场位置应该选在交通方便的地方，可以与城市主要交通枢纽连接。商业广场内部应同时具备景

▲ 图 5-2-3　上海城隍庙广场

▲ 图 5-2-4　西安创意谷商业广场

观功能和生态功能，在不遮挡人们视线的前提下，尽量采用灵活多变的景观设施。在交通分流方面，车辆可环绕广场周边，并设置相应的景观设施进行区域隔离。广场上还可以布置一些雕塑或小型娱乐设施，使广场具备趣味性（图 5-2-4）。

（4）交通广场。

交通广场是城市交通系统的重要组成部分，其主要功能是起到合理组织和疏导交通的作用，保证车辆和行人互不干扰，顺利、安全地通行。交通广场大致可以分为两类：一类是城市主干道相交处的交通广场，即环岛式的交通广场；另一类是城市重要的交通枢纽处，如汽车站、火车站的站前广场（图 5-2-5）等。这两类广场均起着人群集散、快速通过的作用。交通广场要有足够的车辆通行面积、行人活动面积，广场大小可以根据车辆和人群的流量进行核定。通常在交通广场附近会设置车站、临时停车点等。这类广场以组织城市交通的作用为主，景观功能和生态功能为辅，具体的位置要求与建筑物的主出入口关联，避免人、车混杂，或是车流交叉过多，使交通阻塞。景观元素的设置要在不影响视线的前提下“见缝插景”，对于机场等噪声较大的交通枢纽区域，可以种植树冠较大的乔木，用来隔绝噪声。对于码头和地面公共交通车站等区域则要保证视线开阔，以保证舵手和司机能够快速分辨码头建筑物和站牌。对于环岛式交通广场，可以利用低矮的景观元素营造景观，例如绿篱、花境、花坛等拼接图样，以达到景观效果。

▲ 图 5-2-5　唐山火车站站前广场规划图

（5）休闲娱乐广场。

休闲娱乐广场是集休闲、娱乐、交流、体育活动、餐饮及文艺观赏为一体的综合性广场。休闲娱乐广场与人们日常生活关系最为密切，该广场一般设置在居住区内、中央绿化带内等区域。休闲娱乐广场一般面积不大，在城市中分布较多，形式灵活，主要为人们休闲、锻炼及少年儿童游戏等活动使用。休闲娱乐广场可以布置较多的绿化，注意夏季遮阳，同时应设置各种服务设施，如厕所、小型餐饮厅、电话亭、饮水器、售货亭、交通指示触摸屏、健身器材等，还应设置园灯、椅子、遮阳伞、果皮箱、残疾人通道，配置灌木、绿篱、花坛等，体现以人为本的服务宗旨。如满洲里套娃广场（图 5-2-6），是全国唯一以俄罗斯传统工艺品套娃为主题的旅游休闲娱乐广场，集中体现了满洲里中国、俄罗斯、蒙古三国交界的地域特色和三国风情交融的特点。

▲ 图 5-2-6　满洲里套娃广场

2. 按形态分

广场按照其形态大致可分为规则形广场、自由形广场和复合型广场。选择何种形式，主要受地理环境的限制及设计思想和广场功能的影响。

（1）规则形广场。

规则形广场一般用地形状比较整齐，有明确的轴线，布局对称，具体的形态包括矩形广场、梯形广场、圆形广场和椭圆形广场。规则形广场的中心轴线会使人产生强烈的方向感。广场的主要建筑和视觉焦点一般位于中心轴线上，设计的主题和目的性比较强。城市中具有历史纪念意义和革命教育意义的广场大多是规则形广场。

（2）自由形广场。

自由形广场是在高密度的城市空间局部拓展的空间区域，往往具有较好的围合特性——适宜的规模尺度、良好的视觉比例，周边连续的建筑物构成了广场的边界。其形状完全自然地依照建筑边界确定。如意大利威尼斯圣马可广场、佛罗伦萨的希诺利亚广场及锡耶纳的坎波广场都是很有特色的自由形广场。

（3）复合型广场。

复合型广场是由数个单一形态广场组合而成的。设计者通过运用美学法则，采用对比、重复、过渡、衔接、引导等一系列处理手法，把数个单一形态广场组织成为一个有序、变化、统一的整体。这种组织形式可以提供功能合理性、空间多样性、景观连续性和心理期待性。在复合型广场的一系列空间组合中，应有起伏、抑扬、重点与一般的对比性，使重点在其他次要空间的衬托下得以突出，使其成为控制全局的高潮。复合型广场规模较大，是城市中较重要的广场。

3. 按广场剖面形式分

按广场的组成形式可分为平面型广场和立体型广场。平面型广场在城市空间垂直方向上没有高度变化或仅有较小变化，而立体型广场与城市平面网络之间形成较大的高度变化。

（1）平面型广场。

传统的城市广场一般与城市道路在同一水平面上，这种广场在历史上曾起到重要作用。此类广场能以较小的经济成本为城市增添亮点，如拉萨布达拉宫广场。

（2）立体型广场。

如今城市的功能日趋多样化，城市空间用地也越来越紧张。在此情况下，设计师们开始考虑城市空间的开发潜力，进行地上、地下多层次的开发，以改善城市的交通、市政设施、生态景观环境，立体型广场应运而生。立体型广场与城市平面网络之间高度变化较大，可以使广场空间层次变化更加丰富，更具有点、线、面相结合的效果，功能更加强大。立体型广场又分为上升式广场和下沉式广场两种类型（图 5-2-7）。

▲ 图 5-2-7　上升式广场与下沉式广场

二、城市广场景观设计的原则

（一）系统性原则

城市广场景观设计应该根据周围环境特征、城市现状和总体规划的要求，确定主要性质和规模，统一规划、统一布局，使多个城市广场相互配合，共同形成城市开放空间体系。

（二）以人为本原则

城市广场景观设计要充分考虑人的情感、心理及生理的需要。比如景观及公共设施的布局与尺度要符合人的视觉观赏位置、角度及人体工程学的要求，座椅的摆放位置要考虑人对私密空间的需要等。设计应始终强调广场对于当地人的含义和使用功能，把唤起广场的人性放在第一位。广场设计从总体到局部都要考虑人的使用需要，使广场真正成为人与人交流聚会的场所。

（三）多样性原则

不同类型的广场有不同的主导功能，但是现代城市广场的功能却在向综合性和多样性发展，以满足不同类型的人群不同方面的行为、心理需要，艺术性、娱乐性、休闲性和纪念性兼收并蓄，给人们提供能满足不同需要的多样化的空间环境。

（四）独特性原则

城市广场应突出人文特性和历史特性，通过特定的使用功能、场地条件、人文主题以及景观艺术塑造广场的鲜明特色，同时也要继承城市当地本身的历史文脉，适应地方风情、民俗文化，突出地方建筑艺术特色，增强广场的凝聚力和城市旅游吸引力。城市广场还应突出其地方自然特色，即适应当地的地形地貌和气温气候等，强化地理特征，尽量采用富有地方特色的建筑艺术手法和建筑材料，体现地方园林特色，以适应当地气候条件。

（五）突出主题原则

围绕着主要功能，明确广场的主题，形成广场的特色和内聚力与外引力。广场中的小品应设定统一的主题，主题要符合广场的氛围。纪念性广场可以在轴线上设置具有纪念意义的碑、柱等景物，形成视觉焦点；商业广场、街头广场切忌布置严肃主题的景物，应以活泼、具有生活性的大众化题材为主；交通广场可以考虑布置具有地区标志性的景物，如通过雕塑、标志等表现当地某一著名的事件、人物或者著名的风景，有利于加强人们对该地区的印象。

（六）生态性原则

现代城市广场设计应该以城市生态环境可持续发展为出发点。一方面，广场设计要充分考虑本身的生态合理性，趋利避害；另一方面，城市广场规划的绿地、植物应与该城市特定的生态条件和景观生态特点相吻合。如一直扮演着城市绿洲角色的美国摩尔广场（图 5-2-8），该广场深受市民喜爱，但曾由于年久失修，需要改造以适应蓬勃发展的罗利市的居民的城市生活。改造的主要原则是生态可持续原则，如尽可能减小对植物根部的破坏，仅把花槽移除，现有的铺路材料被回收用作新广场内铺路图案的材料。广场通过地形收集并再利用雨水，同时栽种本地乡土植物。通过一系列绿色基础设施建设和可持续设计，这个已有 220 岁高龄的广场蜕变成世界级的公共空间。

▲ 图 5-2-8　美国摩尔广场

三、城市广场景观设计要点

（一）广场的面积与尺度比例

1. 广场的面积

广场面积的大小和形态与用地范围、功能需求及审美需求有着直接的关系。功能方面，交通广场受到该区域的交通流量、车流运行规律和交通组织方式等限制，市政广场的面积取决于举办各类活动和集会时所需要容纳的人数及游行列队的宽度，以保证在流量的高峰期能够满足各方面的人群和车流顺利通过。影剧院、体育场、会展中心等区域前的集散广场，依据场所能够容纳的人数来核算面积，要充分考虑到人群短时间的停留和快速通过等因素的影响。商业广场以及休闲娱乐广场的面积要根据区域内的各类人群进行分析，充分调研各时间段的广场使用人群，从而在广场内的各区域大小上做到有的放矢。除了以上所说，广场总面积里还应对各种功能设施及景观元素所占的面积进行核算，如停车场、植物配置面积、公用设施所占面积等。

审美需求方面，广场设计应首先考虑保证人们的视野开阔，使身处广场中的人能够快速获取需要的信息，避免过于繁杂的景观元素设置。体型巨大的建筑物或构筑物前，广场的面积应相对较大，以增加人们的视距，突出主体建筑，如建筑物周围存在较好的景观，则可以在景观处设置相应的场地，使广场具有一定的延伸性。建筑物的占地面积与其广场的面积比例，有时会受到总用地面积的限制，通过不同的手法来处理，可以保证其观赏性。比如如果建筑的占地面积较大但层数不高，那么广场的面积可以适当缩小，人们身处其中并不会觉得建筑低矮；反之，占地面积小但层数高的建筑可以将广场面积适当放大，有效保证人们的视距，使建筑物凸显高大的体态。

广场面积的大小，还取决于很多客观因素，比如土地条件、历史因素、生活习惯情况。如城市处于丘陵、山地地区，或广场用地范围内存在受保护的建筑或植物等，广场面积就会受到限制，应首先考虑如何处理好这些因素。再比如气候温和的地区，人们从事室外活动较多，那么广场应有较大的面积。

2. 广场的尺度比例

广场的规模与尺度，应结合围合广场的建筑物的尺度、形体、功能以及人的尺度来考虑。广场的尺度比例主要体现在水平与垂直两个维度的比例关系，包括边界高度与面积的比例，可以决定广场的封闭程度；广场面积与广场建筑物的体量比例，能够反映出空间的效果和人们的心理反应等。以天安门广场为例，其面积约为 440 000 m^2，宽度约为 500 m，内部建筑人民大会堂、中国革命历史博物馆的高度 30 m~40 m，其尺寸比约为 1 ∶ 12，这么悬殊的比例关系会使人在身处其中的时候感到空旷，但与广场中的毛主席纪念堂、人民英雄纪念碑、喷泉、华表、花坛等元素进行组合，既丰富了广场内容，又使广场层次更加多元，人们便不再感受到空旷。

对广场的尺度设计，一般应遵循以下三条原则。

（1）奥地利著名建筑师和城市规划师卡米诺·西特（Camillo Sitte）著有《城市建设艺术》一书，曾总结古老城市的广场尺度规律，认为它们的平均尺度为 142 m × 58 m。此外，广场的大小取决于人在广场上的主要活动方式。人与人之间的私密距离在 12 m 以内，而相互之间能感受到的最大距离则为 24 m，超过 100 m 时，人对广场边缘的把握已不再强烈。

（2）广场的长宽比例不得大于 3 ∶ 1，适宜的广场长宽比例介于 3 ∶ 2 与 2 ∶ 1 之间。空间的效果随广场宽度与深度关系的变化而改变，事实上这涉及广场的长宽比例。以矩形为基础，广场宽度 : 广场深度等于 1 ∶ 3 时，观察者的视角为 20°，视野内的对象非常集中，观察范围非常狭窄，空间具有强烈的压迫感，小于这个视角的空间将缺少广场特征，难以作为广场被感知。广场的长宽比例介于 3 ∶ 2 与 2 ∶ 1 之间，即观察者的视角在 40° ~ 90° 之间，广场有较好的视觉感受。

（3）视距与楼高构成的视角最大尺度为 14°。当广场尺度一定时，广场界面的高度影响广场的围合感。当围合界面高度等于人与建筑物的距离时，即垂直视角为 45°，可以产生良好的封闭感，给人一种安定感，并使广场空间具有较强的内聚性和防卫性。当围合界面高度等于人与建筑物的距离的 1/2（1 ∶ 2）时，即垂直视角为 30°，这个比例是创造封闭性空间的界限，但是，作为观赏建筑全貌，此角度较理想。当围合界面高度等于人与建筑物的距离的 1/3（1 ∶ 3）时，即垂直视角为 18°，这时高于围合界面的后侧建筑成为组织空间的一部分。如果低于 18°，广场周边的建筑立面如同平面的边缘，起不到围合作用，广场的空间失去了封闭感，会使人产生一种离散、空旷的感觉（图 5-2-9）。

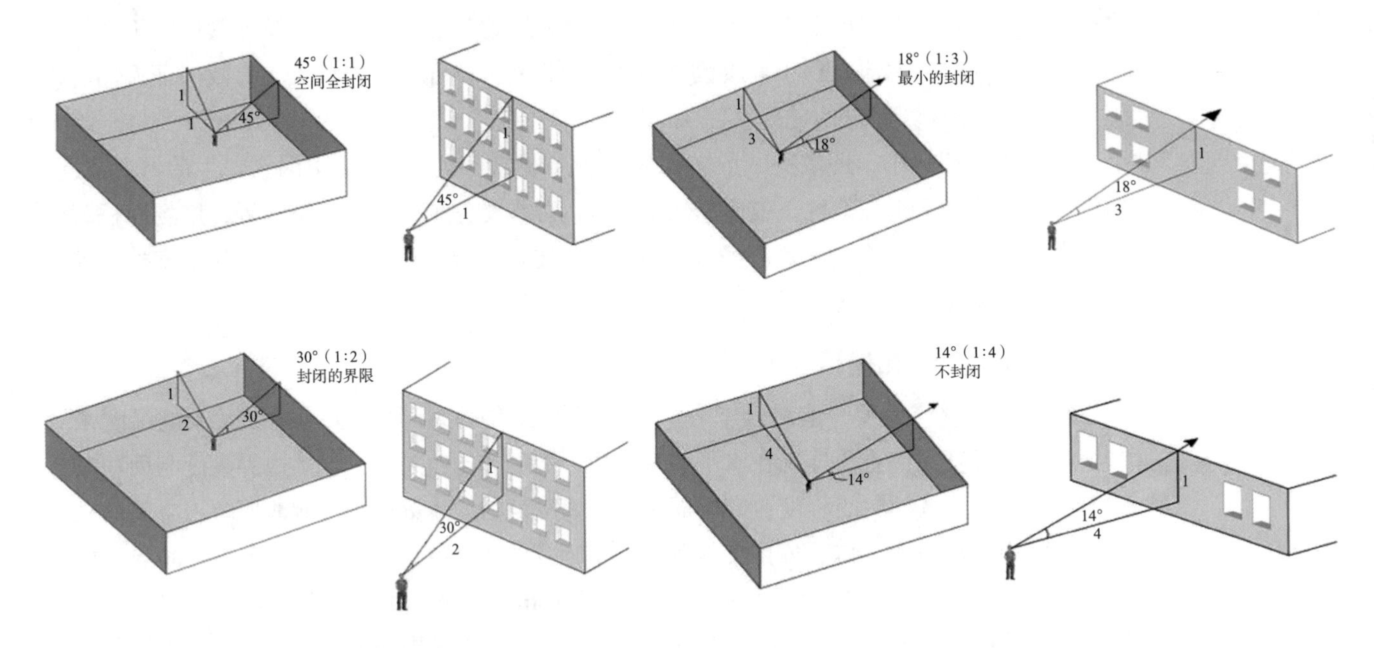

▲ 图 5-2-9　视距与楼高的比例关系

（二）广场植物绿化设计

植物景观是城市广场设计中的最具生命力的元素，不同季节的植物带给人们的景观各不

相同，它会随着时间的变化呈现出不同的风貌。自然界中的植物种类很多，每种植物都具有独特的形态，因此，植物是城市广场景观设计中的灵魂。

首先，广场植物绿化应根据地域条件，文化背景，广场的性质、功能、规模，植物养护的成本和周边环境综合考虑进行配植，使植物景观与总体环境协调一致，并做到主次分明。其次，要做到因地制宜，不能脱离实际情况或仅仅为了追求视觉冲击力进行选择，选择正确的植物进行景观设计往往还可以体现地域文化。再次，植物要与地形地貌等因素结合，利用植物材料进行空间组织与划分，形成疏密相间、曲折有致、色彩相宜的植物景观空间。最后，植物要与水体、建筑、道路、铺装场地及景观小品等其他景观要素相得益彰。如西咸新区国际文创小镇中央下沉广场（图 5-2-10），阶梯式的观众席与弧形植被种植池相连营造出一个临时聚集的场合，人们的各种交流活动也随之融入了景观之中。

▲ 图 5-2-10　西咸新区国际文创小镇中央下沉广场

（三）广场水景设计

史蒂文·霍尔（Steven Holl）认为，水是现象的还原，是一种现象镜，具有可以反射和折射时空的功能。水体在广场空间中是人们观赏的重点，它的静止、流动、喷落都成为引人注目的景观，因此水体常常在娴静的广场上创造出跳动、欢乐的景象，成为具有生命力的欢乐之源。对广场水景的设计，可以把握以下几点。

（1）水有动和静之分。静止的水面能使空间产生静谧的氛围，同时静止的水面能产生倒影，在水中产生一个自然和建筑的镜像空间，这个空间中的镜像会随着时间的变化尤其是光线的变化产生不同的效果，使整个空间场景在水的衬托下显得更为深远和富有层次。动态的水主要可以分为流水和喷水。流水不仅可以使空间充满活力，还可以暗示空间界限，给人深远的意味。喷水能使广场空间更具立体感，喷水的不同造型也是广场个性的体现。（图 5-2-11）

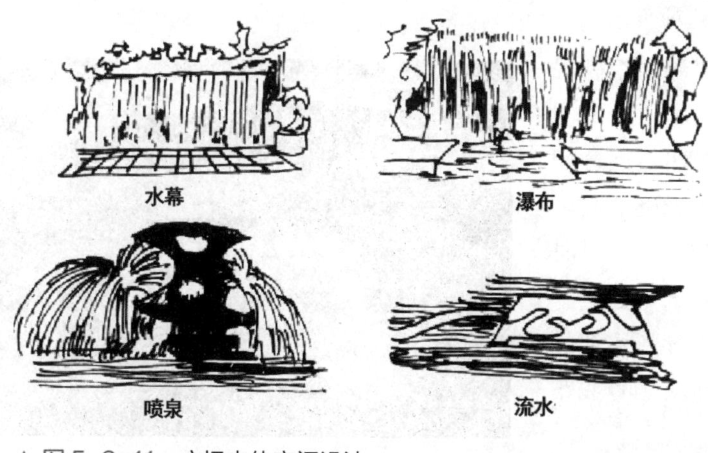

▲ 图 5-2-11　广场水体空间设计

（2）水可蜿蜒曲折，形成供人嬉戏的水带、水渠；也可开阔平静，增加空间的深远意味，如水池、湖面。水本无形，人工能够轻易地赋予它理想的形态，表现出理想的艺术效果。当水以多样化的形态融入广场空间后，可以使广场各空间相互渗透、交融，增强整个广场空间的主题性和场所感。同时，水景的曲直相济，形成了多样化的水边场所，人们可以在水边休憩，使得人在广场中的活动和体验更富于情感，增强广场的认同感和归属感。如立陶宛考纳斯梦幻曲线广场（图 5-2-12），设计师在一片拥有明亮外墙和超现代化工作空间的建筑中，创建了一个极具现代流动感的梦幻广场。其水景设计展现出优雅简约的风格，流畅的形式极具吸引力，并与新旧建筑文化完美融合。人在水池中可自由嬉戏，加强了人的亲水性。场地中还采用旱喷、水池等多种形式将景观与水体结合。

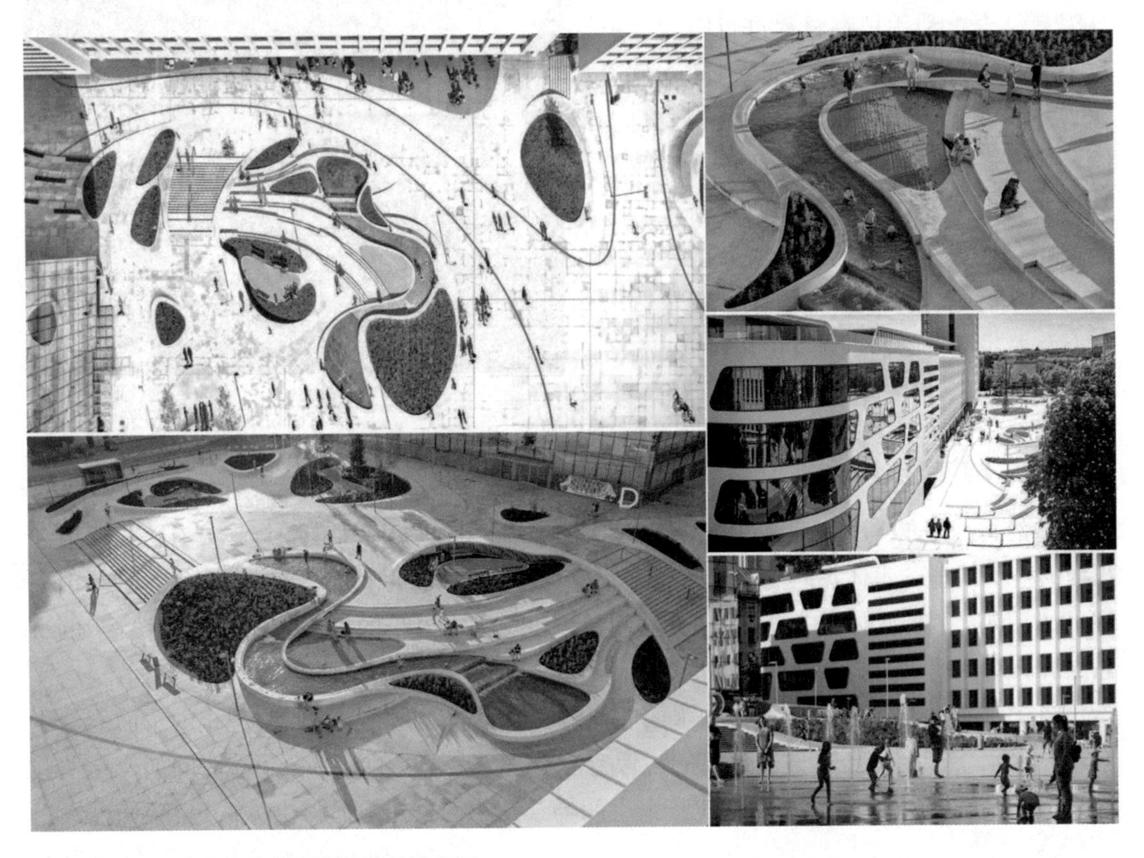

▲ 图 5-2-12　立陶宛考纳斯梦幻曲线广场

（3）水可以作为一种材料，引导、控制视线，同时也可以用来围合空间。用水区分不同的空间，避免了视觉上的阻隔，与实体围合相比更显亲切自然。如上海世纪广场（图 5-2-13），作为上海最大的露天广场，也是唯一一个以时间为主题的雕塑景观广场，其核心部分是一个正方形和圆构成的下沉式广场，在环形水池的簇拥下，两座 180° 玻璃天幕的地铁二号线车站显得玲珑剔透。

▲ 图 5-2-13　上海世纪广场

（四）广场建筑小品设施设计

建筑小品泛指景门、景窗、景桥、景水、景牌、景标、廊架、护栏、花坛、花池、圆凳、灯具、雕塑、建筑、亭榭等。一方面它为人们提供识别、依靠、照明等物质功能，另一方面它具有点缀、烘托、活跃环境气氛的精神功能，如处理得当，可起到画龙点睛和点题入境的作用。

建筑小品设计要结合该城市的历史文化、背景，并寻找具有人情风貌的内容进行艺术加工，其造型、尺度要符合人体工学原理。小品的色彩应与广场的整体空间环境相协调，并与广场的周边环境和广场的主体色相搭配。如青岛五四广场的主题雕塑“五月的风”，该雕塑以螺旋上升的风造型和火红的色彩，充分体现了“五四运动”的爱国主义基调和张扬腾升的民族力量（图 5-2-14）。小品也应体现生活性、趣味性、观赏性，不必过分追求庄重、严谨、对称的格调，可以寓乐于形，使人感到轻松、自然、愉快。另外，小品设计宜求精，不宜求多，要讲求合宜、适度。

▲ 图 5-2-14 青岛五四广场主题雕塑“五月的风”

▲ 图 5-2-15 广场铺装设计

（五）广场铺装设计

铺装是人类视觉底界面的重要因素，它在各类空间中通常占据很大的面积（图 5-2-15）。没有铺装，人们很难在空间中进行各种活动。铺装在广场设计中有很多作用，例如可以通过铺装限定空间、分割空间，还能起到保护和引导作用，以及增加空间的可识别性，也能最直观地体现广场的地方文化特色。在广场的铺装设计中应尽量避免大面积的单一铺装形式，这种做法很容易让人感觉到迷茫，但过于繁杂的铺装又会使整体景观效果产生混乱感，必须找到合适的铺装尺度，在满足其基本的功能性以外，通过各种纹样反映出地方特色。

（六）广场夜景照明设计

照明设计是广场景观中的重要组成部分，利用人工照明技术塑造城市夜景是当代设计师必须考虑到的因素，好的照明设计对城市的美化及更好地展示城市面貌起着重要作用。除此之外，它还对人们的生活质量起着积极的作用。广场的照明设计相比于其他景观的照明设计有诸多区别，主要以突出广场中的雕塑、建筑及植物景观等为主，要充分利用明暗对比关系对广场的主体物进行诠释，并且要考虑到广场的照度与亮度，以满足相应的标准和引导道路的功能。由于广场中的景观元素较多且比较突出，广场所在区域的夜景受到很大的影响，设计者必须将各元素处理得当，做到相互和谐，才能创造出绚丽和富有魅力的夜景（图 5-2-16）。要想做到相互和谐，设计者需要在把握整体的基础上，充分分析广场中各个景观要素的特征，并抓住主要特征，利用光线的不同属性予以塑造，使主体物与附属物之间产生区别。广场照明设计以营造舒适宜人的光环境为设计目的，不恰当的照明设计不但不会为广场增加魅力，反而可能造成光污染。因此，广场的照明设计从本质上讲还是在处理人与环境之间的关系，只有多加思考与分析，才能处理好这种关系。

▲ 图 5-2-16　西安大雁塔广场水天一色的夜景效果

在未来的广场照明设计中，既应满足相应的指准，还应考虑到影响照明质量的非定量因素，把握住以人为本的原则，并利用现代的科学技术手段做出符合人们各方面需求的照明景观。

（七）广场交互性设计

伴随着城市建设的不断完善，城市的空间结构、形态、功能等方面都发生了巨大的变化，“智慧城市”“5G”等概念逐渐走进人们的生活，并不断深入，人类的生产和生活也在发生剧烈变化。交互式设计是在时代背景下应运而生的，它是一门综合学科，融合了计算机技术、心理学、视觉设计、虚拟现实技术等多个学科。交互式设计关注用户的情感体验，设计重点是用户的需求、期望和行为习惯。通过交互式设计，使广场成为符合时代特征、用户需求和期望的城市广场，满足人们物质和精神的双重需求，提升城市生活品质。

1. 体量感与形式的表达

城市广场的体量感大多是中心构筑物带来的。例如世贸天阶最著名的“全北京向上看”LED 天幕（图 5-2-17），它为整条商业街带来富有梦幻色彩和时尚品位的声光组合，在天幕之下人们可以欣赏缤纷悦目的日夜景观，感受现代科技带来的声光艺术。游客也可以把想说的话以短信形式发送到平台，天幕上将会显示出来，整个场地空间充满趣味性、互动

▲ 图 5-2-17　世贸天阶“全北京向上看”天幕

性与主题性。城市广场的设计形式跟随概念的演化，形式上也表现着一定的逻辑关系，广场的组织顺序也顺应着形式不断演化，利用多变规律的图案能极大地丰富广场空间的趣味性，在交互设计上起到影响人的兴趣与情感变化的作用。

2. 光的运用

光的使用能极大丰富场地，尤其是在夜晚，城市广场的气氛渲染，光必不可少。自然光的光源主要是太阳，偶尔也会有满月的光晕。对自然光的设计最常见的是光与影，植物、构筑物等由阳光照射下的阴影，一是可以为人们遮阴，二是展现光影的空间氛围。对光的利用还有物理上的反射、折射，它们都可以扩大景观空间的视域，增加景色，达到多倍景致的效果。这类物理方式通过镜面或者水面可以实现，在交互性上比光影更具主动性。如成都云朵乐园的“冰川峡谷”景观装置（图 5-2-18），受冰川峡谷启发，三角面组成的镜面墙反射天光，暗藏声音感应装置，当人穿过时会听到水滴在峡谷中的回响。相比自然光，人造光的运用更为丰富，灯光的色彩系统要从城市整体的色彩来调控把握，包括颜色分区、色相、饱和度、相容性等方面。灯光应用景观空间中应保证色彩平衡，对应的景观元素与灯光相融合。在照明功能的基础上，巧妙地使用灯光能提高场地的趣味性，结合前文讲到的形态塑造，灯光也可以产生具象形态和抽象形态的效果。如纽约曼哈顿中城百老汇大道上的万花筒互动灯光装置（图 5-2-19），在街上摆放 25 个色彩缤纷的旋转三棱镜，每一面镜高 1.8 米，游客可以转动伫立着的棱镜，让光影翩翩起舞。每一个棱镜都由覆盖着二向色膜的面板构成，随着光源和视角的变化而变化，并产生无数的彩色反射。每个棱镜都安装了一个底座，底座上有一个投影仪，当夜幕降临后，这个投影仪为装置提供了一个新光源，装置本身附带着音乐，加上万花筒般的色彩，为行人创造一个五彩缤纷的穿行环境。

▲ 图 5-2-18　云朵乐园的“冰川峡谷”景观装置

▲ 图 5-2-19　曼哈顿万花筒互动灯光装置

▲ 图 5-2-20　潘兴广场的空气流体雕塑装置

3. 动态化要素

人对动态场景的注意要比静态场景的注意更为集中，在场地中加入动态的要素，融合声音、光、色彩、律动等要素，场地本身的距离感容易被拉近。动态要素的利用主要有自然外力和人工外力。自然外力是通过光、风、水等作用产生运动变化。如洛杉矶市中心的潘兴广场上空，漂浮着银色的海洋，这是由众多银色碎片组合的装置艺术，随风摇曳，此空气流体雕塑装置是科技美与自然美的结合，也为在此地停留的人们带来一片阴凉（图 5-2-20）。人工外力的种类较多，有电子显示屏、音响、喷泉、电机机器等。如韩国庆南美术馆广场上的交互式装置，色彩管连接一个飘动的顶篷，同时不断变换射光，人们的动作可以在不同的时间改变构筑物的外观（图 5-2-21）。

▲ 图 5-2-21　韩国庆南美术馆广场上的交互式装置

4. 智能感官增强

感官增强是指景观设计中触发并增强空间场所的情绪因素，通过感官的体验变化增强景观场所的体验。智能感官增强是将人的感官变化由被动变为主动，从一个感官感知引申到其他的感官感知。如意大利中世纪村 Degli Angeli 露天广场，由木质面板制成的通道引导游客穿越由一百多棵合成树组成的交互式森林，树的顶部安装有 3 个超声波近距离传感器，检测到人体的位置后，通过开源微处理器传达到 LED 照明系统，当有人走过树林时就会闪闪发光，反之则处于静默状态（图 5-2-22）。

▲ 图 5-2-22　意大利 Degli Angeli 露天广场

案例解析

达拉斯联合银行大厦喷泉广场

达拉斯城是美国得克萨斯州的第三大城市，常年气温偏高，有“大火炉”之称。达拉斯联合银行大厦喷泉广场位于达拉斯市中央，占地约 60 000 m^2，环绕着艾利德银行塔楼，西侧是停车场，属于道路围合型从属建筑广场。该广场由美国著名园林设计师丹·凯利（Dan Kiley）设计。作为建筑的附属广场，相当于是建筑的延伸，清泉、流水、瀑布和树荫，再加上绚丽的灯光、音乐和喷泉，正是这个城市所需要的自然之气。

（一）景观平面形态

达拉斯联合银行大厦喷泉广场的平面形态采用规则几何式布局，强调网格状的阵列式分布，是典型的结构主义代表作之一。丹·凯利十分娴熟地运用喷泉、水体、树池等设计要素，巧妙地用古典景观元素将场地的几何形式转化进去，使设计无论在二维，还是三维上都具有秩序感而不失自然。

达拉斯喷泉广场的设计分为 3 个层次。在整个场地平面上铺放了边长 5 m 的网格作为首层空间，在网格的交叉点种植了 200 棵落羽杉，树木栽种在圆形的种植盆里。在第 1 层的基础上分别向左和上移动 2.5 m，铺放了第 2 层同样大小的网格，但在交叉点上布置了喷泉，形成喷泉交织的第 2 层面。在第 3 层结构上，设计了宽达 10 m 的十字交叉型混凝土铺装，铺装四周是水体，在十字交叉点上，设计了 1 m^2 的网格，这些网格的交叉点上密密麻麻地排列了 361 个小喷泉，由电脑控制，可以喷出不同形状的水流。这种均等的网状结构一方面通过模数化的方式强调场地的秩序感和规整性，另一方面也通过连续性的重复面使空间显得大气而沉稳（图 5-2-23）。

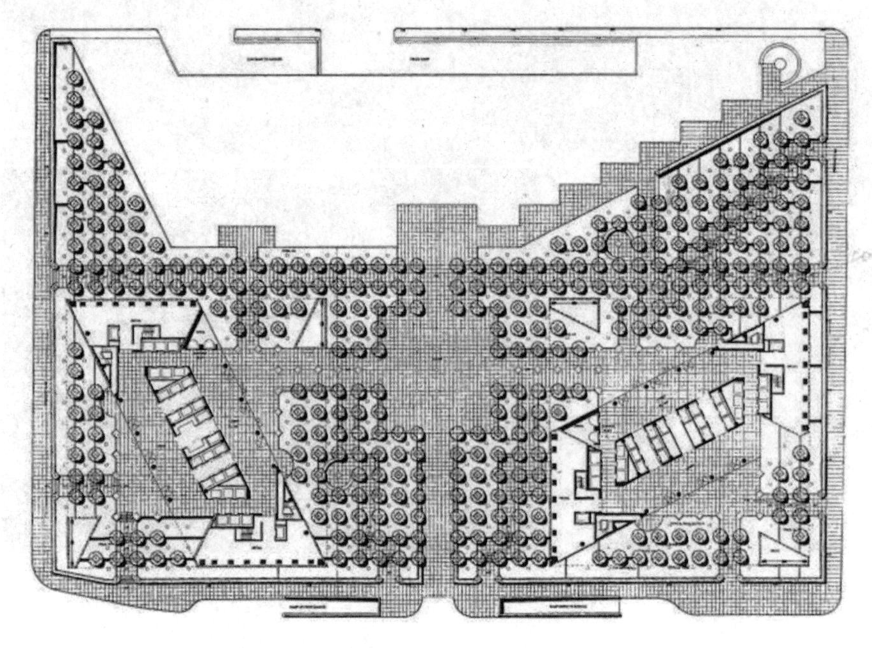

▲ 图 5-2-23　达拉斯联合银行大厦喷泉广场总平面图

（二）构成设计形式

构成广场平面基本形态的图形除了方格，还有大量重复的圆形。方形主要体现在主体元素的布局方式上，而圆形主要出现在细部节点的设计上。树池是显性的圆形，可以直接被人们感知。穿插在各树池之间的喷泉则构成了隐性的圆形，这种圆形不同于树池的圆，它始终处于运动和变化之中，甚至会因为水流的运动而产生相互间的影响。同样是圆形元素的重复运用，设计师在统一的形式感已经形成的基础上，通过动、静的对比，使得景观细节上呈现出趣味感和多变性（图 5-2-24）。

▲ 图 5-2-24　达拉斯联合银行大厦喷泉广场设计构成形式

（三）主要景观设计要素

1. 水

整个喷泉广场中，水的面积占 70%，水也随地形呈阶梯式分布，水池间形成了层层叠叠的瀑布。水沿网格的边缘层层落下，形成了密密麻麻的网状式流动面。流水也依照所设定的等高落差规律地逐级跌落。这种高差的设计使水增强了运势，也使水在立面上以密布的横向条状水帘的形态展现出来，让水的形态富有变化性，也让广场充满活力。在平地部分，水面线的高度几乎和树池相当，树池立面的绝大部分都被池水覆盖，远远看去，在树池边缘仅仅露出薄薄的一圈圆环，整体界面平整，原本厚重的圆柱形树池显现出不真实的轻盈感（图 5-2-25）。

▲ 图 5-2-25　水景设计

2. 植物

为了更好地处理植物与大面积水体的关系，设计师在水中设计出一系列水泥坛。水泥坛露出水面，底部水下直径为 3 m，水上端口直径 2 m，220 棵落羽杉按整齐的棋盘格种在了水里。选择落羽杉主要考虑以下几点：其一，落羽杉是落叶树种，有季节变化特征，且由于树池在水池内，落羽杉的针形叶在落叶时不会覆盖水面，易于维护；其二，落羽杉是本地乡土树种，能适应当地炎热的气候，易于成活生长；其三，落羽杉高度与建筑高度比例协调，不会遮挡建筑采光。从塔楼向下看时，落羽杉排布均匀，加上冠幅合适，枝叶之间相互交融，形成小森林的感觉，可以缓解视觉疲劳（图 5-2-26）。

▲ 图 5-2-26　落羽杉的种植

3. 灯光喷泉

广场安置了 263 个水下射灯，计算机控制着 160 处喷头，它们能随音乐有节律地喷涌，在灯光下形成美丽的几何形状，造就了夜晚的辉煌。成排的喷头、射灯和棋盘状排列的落羽杉松，与不规则的几何水面一起形成了一幅非常简洁的构图。灯光、水柱和落羽杉的倒影增加了水面的深邃感，而那些规则排列的落羽杉透着灯光又给人一种无限的延伸感（图 5-2-27）。

建筑评论家戴维·狄龙（David Dillon）形容喷泉广场是“独一无二的，是精确的几何形与丰富的自然的结合，理性与感觉的交融”。达拉斯联合银行大厦喷泉广场设计彻底改变了人们对城市空间的感觉，设计的要素蕴含了空间上的联系与暗示，有着有序的组合方式，被认为是继文艺复兴以来，最为成功的水景广场之一。丹·凯利在规则式的几何布置中，完美地解决了形式、功能与使用之间的矛盾，使形式的存在不只是形式，而做到真正为人所用，给人们提供舒适感受的场地。

▲ 图 5-2-27　夜景效果

第三节　居住区景观设计

随着人民物质、文化生活水平的提高，居民不仅对居住建筑本身有要求，而且对居住环境的要求也越来越高。居住用地占城市用地的50% ~ 60%，而居住绿地占居住用地的25% ~ 55%，如此大面积范围内的绿化，是城市点、线、面相结合中的“面”的重要组成部分。居住绿地分布最广、最为贴近居民的日常使用，能够使人们生活、休息在花繁叶茂、富有生机、优雅舒适的环境中。

一、居住区分类与布局形式

（一）居住区分类

根据《城市居住区规划设计标准》（GB 50180—2018），“居住区”是城市中住宅建筑相对集中布局的地区，与原《城市居住区规划设计规范》术语“泛指不同居住人口规模的居住生活聚居地”的概念基本一致。居住区依据其居住人口规模主要可分为十五分钟生活圈居住区、十分钟生活圈居住区、五分钟生活圈居住区和居民街坊四级。

“生活圈”是根据城市居民的出行能力、设施需求频率及服务半径、服务水平的不同，划分出的不同居民生活空间，并据此进行公共服务、公共资源（包括公共绿地等）的配置。“生活圈”通常不是一个具有明确空间边界的概念，圈内的用地功能是混合的，里面包括与居住功能并不直接相关的其他城市功能。但“生活圈居住区”是指一定空间范围内，由城市道路或用地边界线所围合，住宅建筑相对集中的居住功能区域，通常根据居住人口规模、行政管理分区等情况可以划定明确的居住空间边界，界内与居住功能不直接相关或是服务范围远大于本居住区的各类设施用地不计入居住区用地（图 5-3-1、图 5-3-2）。

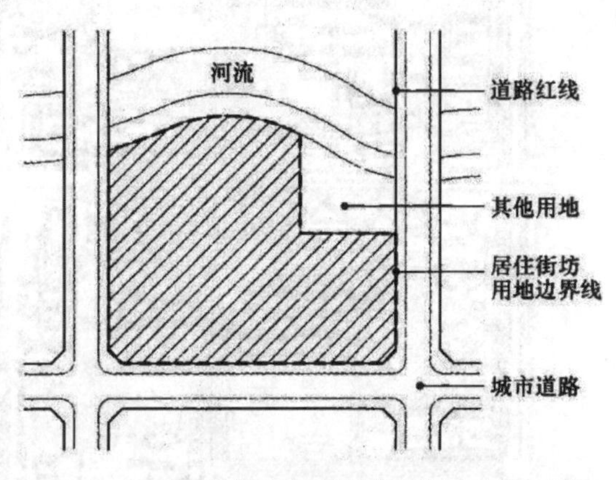

▲ 5-3-1　生活圈居住区用地范围划定规则示意

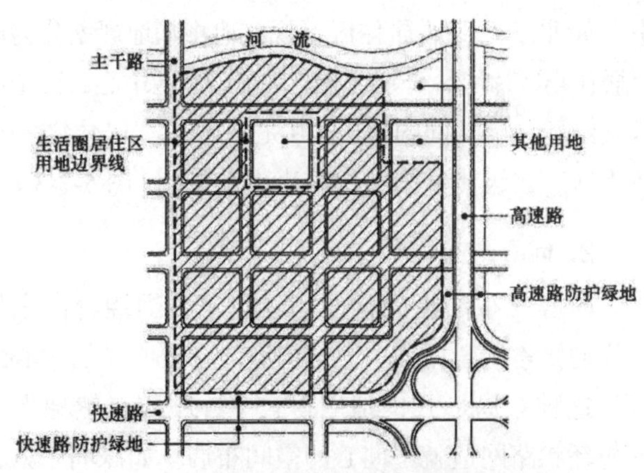

▲ 图 5-3-2　居住街坊范围划定规则示意

1. 十五分钟生活圈居住区

以居民步行十五分钟可满足其物质与文化生活需求为原则划分的居住区范围，一般由城市干路或用地边界线所围合，居住人口规模为 50 000 ~ 100 000 人（约 17 000 ~ 32 000 套住宅），配套设施完善的地区。

2. 十分钟生活圈居住区

以居民步行十分钟可满足其基本物质与文化生活需求为原则划分的居住区范围，一般由城市干道、支路或用地边界线所围合，居住人口规模为 15 000 ~ 25 000 人（约 5000 ~ 8000 套住宅），配套设施齐全的地区。

3. 五分钟生活圈居住区

以居民步行五分钟可满足其基本生活需求为原则划分的居住区范围，一般由支路及以上级城市道路或用地边界线所围合，居住人口规模为 5000 ~ 12 000 人（约 1500 ~ 4000 套住宅），配建社区服务设施的地区。

4. 居住街坊

由支路等城市道路或用地边界线围合的住宅用地，是住宅建筑组合形成的居住基本单元，居住人口规模在 1000 ~ 3000 人（约 300 ~ 1000 套住宅，用地面积 2 ~ 4 hm^2），并配建有便民服务设施。

（二）居住区的布局形式

1. 片块式布局

片块式布局的住宅建筑是在尺度、形体、朝向等方面具有较多相同因素，并以日照间距为主要依据建立起来的紧密联系所构成的群体，不强调主次等级，建筑物之间的间距也相对统一，成片成块，较为集中。如北京五路居居住区，规整地将基地规划分为四个居住小区片块，分别在各地块配以小区中心，四个小区又配置一个共同的居住区中心，形成“居住区—居住小区”二级体制图结构的片块式布局（图 5-3-3）。

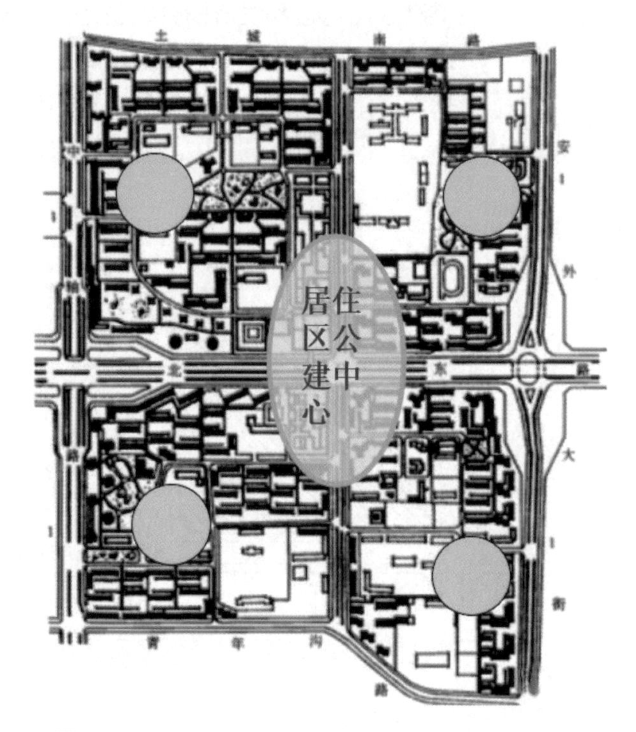

▲ 图 5-3-3　北京五路居居住区片块式布局

2. 向心式布局

向心式布局指的是住宅区建筑物围绕着占主导地位的要素组合排列，区域内有一个很明显的中心地带。这种布局形式山地用得较多，顺应自然地形布置的环状路网造就了向心的空间布局。如深圳东方花园，地处深圳湾山地，建筑依山就势筑台布置，形成向心空间，具有良好的日照通风条件和开阔的视野（图 5-3-4）。

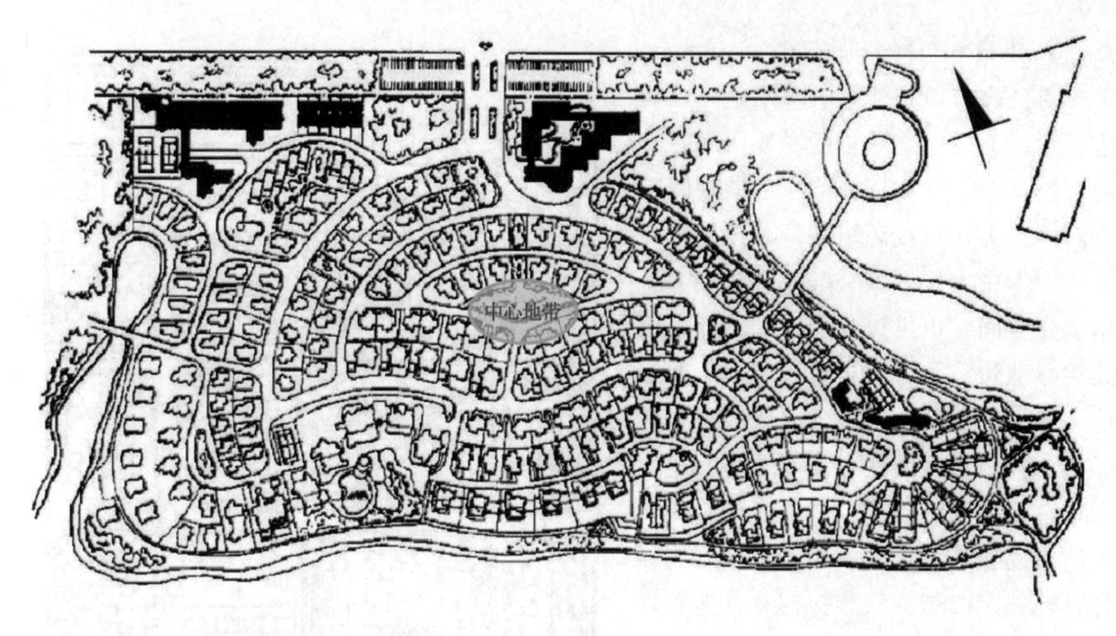

▲ 图 5-3-4　深圳东方花园向心式布局

3. 集约式布局

集约式布局是将住宅和公共配套设施集中紧凑布置，并开发地下空间，利用科技使地上地下空间垂直贯通，室内室外空间渗透延伸，形成居住生活功能完善，水平—垂直空间流通的集约式整体模式（图 5-3-5）。

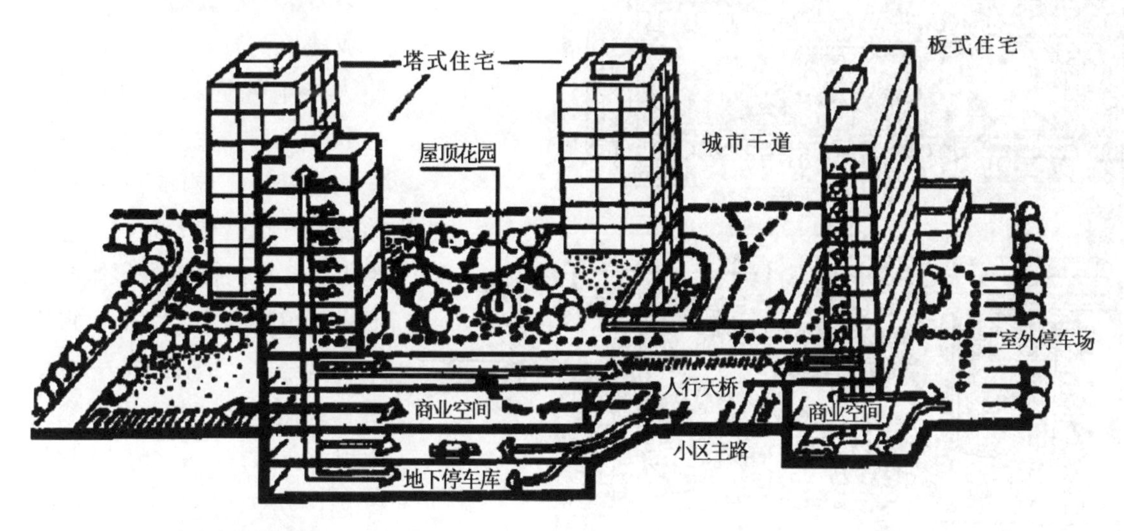

▲ 图 5-3-5　北京小营居住区集约式布局

4. 轴线式布局

空间轴线或可见或不可见，可见者常为线性的道路、绿带、水体等构成，具有强烈的聚集性和导向性。一定的空间要素沿轴布置，或对称或均衡，形成具有节奏的空间序列，起着支配全局的作用。如北京某小区，以小区西北角的康有为故居广场为起点的斜向轴线，形成统贯小区的建筑对称轴，对建筑群起到全局的支配作用（图 5-3-6）。

5. 围合式布局

围合式布局是住宅沿着基地外围周边布置，形成一定数量的次要空间并共同围绕一个主导空间，构成后的空间无方向性，主入口按环境条件可设于任一方位，中央主导空间一般尺度较大，统率次要空间，也可以其形态的特异突出其主导地位。围合式布局可有宽敞的绿地和舒适的空间，日照、通风和视觉环境相对较好，但要注意控制适当的建筑层数。如深圳滨河小区，由四种点式住宅群沿周边按一定间距布置，并用连廊将各幢住宅二层人口连接起来，连廊内设花池并围合出中心庭院，中心庭院与二层连廊构成了立体绿化系统（图 5-3-7）。

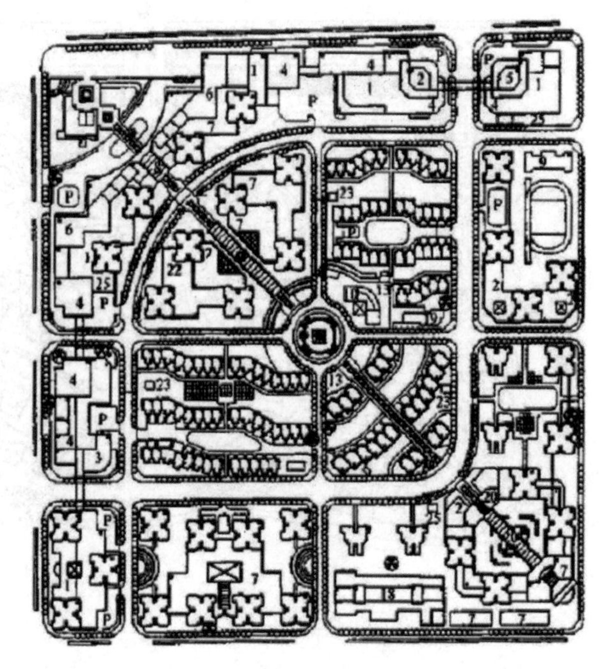

▲ 图 5-3-6　北京某小区轴线式布局

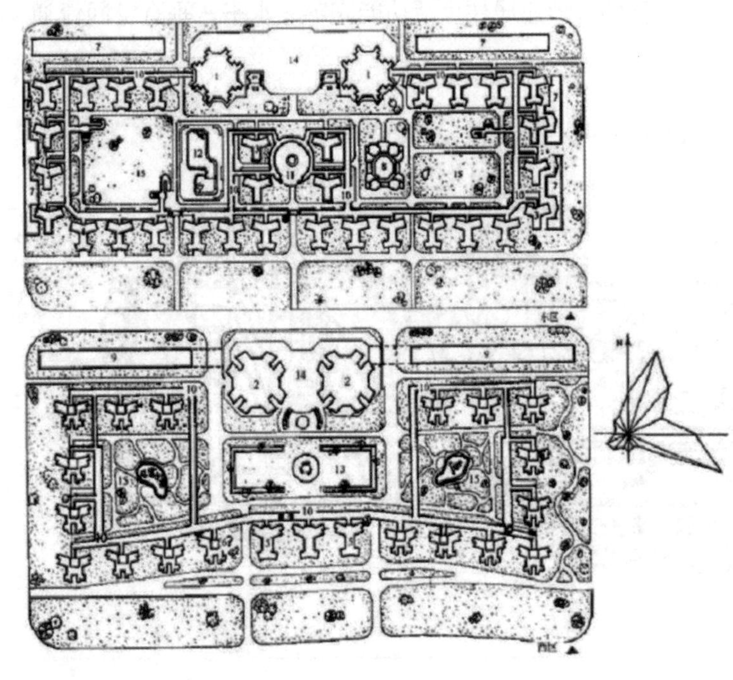

▲ 图 5-3-7　深圳滨河小区围合式布局

6. 隐喻式布局

隐喻式布局将某种事物作为原型，经过概括、提炼、抽象成建筑与环境的形态语言，使人产生视觉和心理上的某种联想与领悟，从而增强环境的感染力，构成意在象外的境界升华。如上海“绿色细胞组织”社区规划，整体布局形式以植物细胞为原形，将细胞组织——“细胞核—细胞质—细胞膜”，抽象为相像的规划形态语言——“房包围树，树包围房，房树相拥，连绵生长”，如同细胞核裂变繁殖的自然生态。让缺乏自然生态和山水景色的喧嚣的上海感受“房在树丛，人在画中”的悦目怡情（图 5-3-8）。

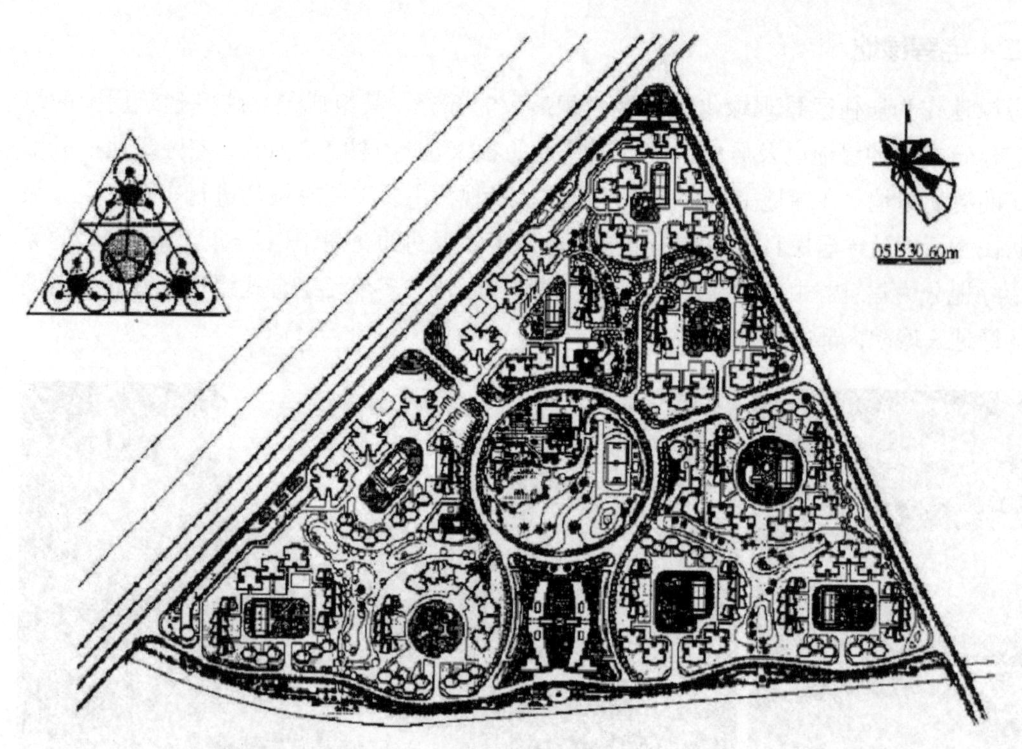

▲ 图 5-3-8　上海“绿色细胞组织”社区隐喻式布局

二、居住绿地的分类

根据《居住绿地设计标准》(CJJT 294—2019）规定，居住绿地是指居住用地范围内除社区公园以外的绿地，包括组团绿地、宅旁绿地、配套公建绿地和小区道路绿地等，还包括满足当地植物覆土要求、方便居民出入的地下或半地下建筑的屋顶绿地、车库顶板上的绿地。

（一）组团绿地

组团绿地是居住组团中集中设置的绿地（图 5-3-9）。组团绿地往往结合住宅组团布置，以住宅组团内居民为服务对象，特别要设置老年人和儿童休息、活动场所，使居民在心理上产生亲切感，从而提高使用率。组团绿地的主要类型有庭院式组团绿地、景观带式组团绿地、山墙间组团绿地、组团间绿地、结合公共建筑社区中心的组团绿地、独立式组团绿地、滨河绿带式组团绿地、临街组团绿地。

▲ 图 5-3-9　组团绿地

（二）宅旁绿地

宅旁绿地作为居住区景观绿化中占地面积最大的部分，其组成包括住宅建筑周围的绿地、住宅建筑之间的绿地以及居住区中低层单元的私家花园（图 5-3-10）。宅旁绿地一般不作为居民的游憩绿地，在绿地中较少布置硬质园林景观，主要以园林植物进行布置，宅旁绿地贴近居民生活，处于居民日常生活视野之内，便于邻里间的交往，也是幼儿活动最多的场所。宅旁绿地分为建筑群中间的绿地、低层行列间的绿地、多单元组合式绿地、普通生活场所周围的绿地、庭院内部的绿地。

▲ 图 5-3-10　宅旁绿地

（三）配套公建绿地

配套公建绿地是居住区内各类公共建筑和公用设施周围环境的绿地，是居住区绿地系统中不可缺少的组成部分，在设计中除了按所属建筑、设施的功能要求和环境特点进行绿化布置外，还应与居住区整体环境的绿化相联系，通过绿化来协调居住区中不同功能的建筑、区域之间的景观及空间关系（图 5-3-11）。配套公建绿地应根据居住区分级控制规模所对应的居住人口规模进行配置，并满足不同层级居民日常生活的基本物质与文化需求。如居住街坊应配套建设附属绿地及相应的便民服务设施，五分钟生活圈居住区应配套建设社区服务设施（含幼儿园）和公共绿地，十分钟生活圈居住区应配套建设小学、商业服务等配套设施及公共绿地，十五分钟生活圈居住区应配套建设中学、商业服务、医疗卫生、文化、体育、养老助残等配套设施及公共绿地。

▲ 图 5-3-11　某社区接待中心附属绿地

（四）小区道路绿地

小区道路绿地是居住区内道路红线以内的绿地，具有遮阴、防护、美化道路景观、增加居住区绿化覆盖面积等功能，根据道路的分级、地形、交通情况等的不同进行布置。居住区道路按功能及需求可分为主路、次路、宅间小路等（图 5-3-12）。

▲ 图 5-3-12　居住区主路及绿化

三、居住区景观设计的原则与定额指标

（一）居住区景观设计的原则

1. 以人为本原则

居住区是为了人的生活、工作、休闲而服务的载体，所有的设计活动都以服务人为最终目的，要确切落实到人的具体活动和具体需求上，在规划设计时要充分考虑人的情感、心理

及生理需要，从尺度控制、安全设置和空间娱乐等方面去进行景观功能的细化，真正将人性化落到实处，力求使每户居民都能享受平等的景观待遇，同时结合现代科学与技术，创造能满足于现代居民审美、与时俱进的现代居住区景观环境。

2. 整体性原则

从整体上确立居住区景观的特色是设计的基础，这种特色是指住宅区总体景观的内在和外在特征，它不是设计者主观臆造的，而是根据当地的气候、环境等自然条件，尊重与发掘历史、文化、艺术等人文条件，科学把握，进而提炼、升华、创造出来的与居住活动紧密交融的景观特征。景观设计的主题与总体景观定位是一体化的，设计人员要真正地关心居民景观于细微之处，有效保证景观的自然属性和真实性，从而满足居民的心理寄托和感情归宿。

3. 经济性原则

居住区景观设计应顺应社会和市场发展需求，结合地方经济状况，在设计时以注重节能、节水、节材及合理使用土地资源为前提，并考虑到建成后的运行、养护和管理成本。因此，在居住区景观设计中，设计人员要对设计前、设计中和设计后的资源进行综合分析，选出最佳方案，对具体项目采用有针对性的新技术、新材料、新设备，以达到优良的性价比。

4. 文脉传承原则

民族文化的继承是民族文脉得以保存和延续的根本。在现代居住区景观设计过程中，离不开住宅所在地区的文化脉络，设计人员要挖掘和提炼具有地方特色的风情、风俗并恰当地加以运用，扩展人们体验景观空间环境的深度和广度，增强地域的可识别性。值得注意的是，文脉的传承并不意味着盲目地进行简单文化符号的复制，而是经过深入的挖掘和研究，寻找出符合现代人审美要求、同时能延续文脉精髓所在的一种传承方式。设计人员要注重历史文脉的延续，更要注重整体的协调和统一，做到保留在先，改造在后。

5. 多方协同原则

居住区绿地规划应与居住区总体规划统一考虑，合理组织各种类型的绿地，改变景观设计后于规划设计和建筑设计的情况。这就要求景观设计师秉承多方协同工作的方式，与业主、规划师、建筑师、结构工程师、设备工程师、园林绿化单位、各供货商及施工责任单位等保持顺畅的沟通与协调，这样既可节约设计时间、提高项目的工作效率和质量，也能使居住区整体设计完整而协调。

6. 生态原则

回归自然、亲近自然是人的本性。近年来，“生态城市”思想被广泛运用到城市规划、建筑设计和景观设计等领域，在居住区景观设计中也逐渐受到重视。设计人员在设计时应分析场地的自然资源，尽量保持现存的良好生态环境，改善原有的不良生态环境，利用生态环保材料、先进的生态技术和可再生能源，把居住区景观生态系统看作城市生态系统的一个部分，使其与城市生态系统协调发展。

（二）居住区绿地的定额指标

居住区绿地的定额指标，指国家有关条文规范中规定的在居住区规划布局和建设中必须达到的绿地面积的最低标准，通常有居住区绿地率、绿化覆盖率、人均公共绿地等，详见表 5-3-1。

表 5-3-1 居住区绿地的定额指标

指标类型	计算公式	备注
居住区人均公共绿地面积（m^2/ 人）	$居住区人均公共绿地面积=\frac{居住区公共绿地面积}{居住区总人口}$	公共绿地包括居住区公园、小区游园、组团绿地等
居住区绿地率（%）	$居住区绿地率=\frac{居住区绿地面积的总和}{居住用地总面积}\times 100\%$	绿地包括公共绿地、宅旁绿地、公共设施所属绿地、道路绿地 4 类
居住区绿化覆盖率（%）	$绿化覆盖率=\frac{绿化植物垂直投影面积}{居住区总用地面积}\times 100\%$	覆盖面积只计算一层，不得重复计算

《城市居住区规划设计标准》对各类居住区公共绿地设置规定了其内容与规模，公共绿地控制指标应符合表 5-3-2 的规定。

表 5-3-2 公共绿地控制指标

类别	人均公共绿地面积（m^2/ 人）	居住区公园		备注
		最小规模（hm^2）	最小宽度（m）	
十五分钟生活圈居住区	2.0	5.0	80	不含十分钟生活圈及以下级居住区的公共绿地指标
十分钟生活圈居住区	1.0	1.0	50	不含五分钟生活圈及以下及居住区的公共绿地指标
五分钟生活圈居住区	1.0	0.4	30	不含居住街坊的绿地指标

注：居住区公园中应设置 10 %~15 % 的体育活动场地。

《城市居住区规划设计标准》规定，当旧区改建确实无法满足表 5-3-2 的规定时，可采取多点分布以及立体绿化等方式改善居住环境，但人均公共绿地面积不应低于相应控制指标的 70 %。居住街坊内的绿地应结合住宅建筑布局设置集中绿地和宅旁绿地，新区建设不应低于 0.50 m^2/ 人，旧区改建不应低于 0.35 m^2/ 人，宽度不应小于 8 m。在标准的建筑日照阴影线范围之外的绿地面积不应少于 1/3，其中应设置老年人、儿童活动场地。此外，居住街坊集中绿地的设置应满足不少于 1/3 的绿地面积在标准的建筑日照阴影线（即日照标准的等时线）范围之外的要求，为老年人及儿童提供更加理想的游憩及游戏活动场所。

四、居住区景观设计要点

（一）公共空间布局

公共空间布局作为居住区内塑造景观环境的重要内容，在美化居住环境、引导设施布局、组织公共交往等方面有着重要作用，因而居住区应通过空间布局合理组织建筑、道路、绿地等要素，塑造宜人的公共空间，并形成公共空间系统。对于居住区内部的公共空间系统，应在空间要素组织和整合的基础上，从微观到宏观尺度与城市级的公共空间进行衔接，形成由点、线、面等不同尺度和层次构成的城市公共空间系统。对于居住区而言，其公共空间系统应与各级公共设施进行衔接，将公共空间和公共设施统筹安排，既方便居民使用公共设施，又增添居住区公共空间的活力。

（1）建筑的适度围合可形成庭院空间（如L型和U型建筑两翼之间的围合区），应注意控制其空间尺度（如建筑的*D*/*H*宽高比等），形成具有一定围合感、尺度宜人的居住庭院空间，避免产生天井式等负面空间效果（图5-3-13）。

▲ 图5-3-13　建筑围合的“庭园空间”

（2）各级居住区公园绿地应构成便于居民使用的小游园和小广场，作为居民集中开展各种户外活动的公共空间，并宜动静分区设置。动区供居民开展丰富多彩的健身和文化活动，宜设置在居住区边缘地带或住宅楼栋的山墙侧边。静区供居民进行低强度、较安静的社交和休息活动，宜设置在居住区内靠近住宅楼栋的位置，并和动区保持一定距离。通过动静分区，各场地之间互不干扰，塑造和谐的交往空间，使居民既有足够的活动空间，又有安静的休闲环境。在空间塑造上，小游园和小广场宜通过建筑布局、绿化种植等进行空间限定，形成具有围合感、界面丰富、边界清晰连续的空间环境。

（二）绿化景观营造

（1）居住区的绿化景观营造应充分利用现有场地自然条件，宜保留和合理利用已有树木、绿地和水体。考虑到经济性和地域性原则，植物配置应选用适宜当地条件和适于本地生长的植物种类，以易成活、耐旱力强、寿命较长的地带性乡土树种为主。同时，考虑到保障居民的安全健康，应选择病虫害少、无针刺、无落果、无飞絮、无毒、无花粉感染、不宜导致过敏的植物种类，不应选择对居民室外活动安全和健康产生不良影响的植物，如夹竹桃、杨柳树、凤尾兰、构骨球等。

（2）绿化应采用乔木、灌木和草坪地被植物相结合多种植物配置形式，并以乔木为主，群落多样性与特色树种相结合，提高绿地的空间利用率，增加绿量，达到有效降低热岛强度的作用。绿化应注重落叶树与常绿树的结合和交互使用，满足夏季遮阳和冬季采光的需求，北方居住区常绿与落叶乔木的比例以 3 ： 7 为宜，南方居住区常绿与落叶乔木的比例以 4 ： 6 为宜。住宅周围常因建筑物遮挡造成大面积的阴影，树种的选择要注意耐荫性，保证阴影区域的绿化效果。树木的栽植不要影响住宅的通风采光，特别是南向窗前尽量避免栽植乔木，使室内得不到充分的阳光，若要栽植一般应在离窗 5 m 之外。（表 5-3-3）

表 5-3-3　植物与建（构）筑物的最小间距（《居住绿地设计标准》CJJ/T294—2019）

建（构）筑物名称	最小间距（m）	
	至乔木中心	至灌木中心
建筑物外墙：南窗 其余窗 无	5.5 3.0 2.0	1.5 1.5 1.5
挡土墙顶内和墙角外	2.0	0.5
围墙（2m 高以下）	1.0	0.75
道路路面边缘	0.75	0.5
人行道路面边缘	0.75	0.5
排水沟边缘	1.0	0.3
体育用场地	3.0	3.0
测量水准点	2.0	1.0

（3）住宅附近管线比较密集，如自来水管、污水管、雨水管、煤气管、热力管、化粪池等，应根据管线分布情况，选择合适的植物，栽植时应避开管线并留够距离，以免影响植物的正常生长。另外，对有碍卫生安全的构筑物，如垃圾收集站、室外配电站、变压器等，要用常绿灌木围护，在南方采用珊瑚树、竹林、火棘等，北方则采用侧柏、圆柏等。

（4）居住区用地的绿化可有效改善居住环境，可结合配套设施的建设充分利用可绿化的屋顶平台及建筑外墙进行绿化。居住区规划建设可结合气候条件采用垂直绿化、退台绿化、底层架空绿化等多种立体绿化形式，增加绿量，同时应加强地面绿化与立体绿化的有机结合，形成富有层次的绿化体系，进而更好地发挥生态效用，降低热岛强度。如第四代住宅建筑，又称庭院房、立体园林生态建筑或城市森林花园建筑，它集中了中国传统四合院、北京胡同街巷、空中别墅、空中园林、智能停车以及电梯房的全部优势于一身，使住房与绿化园林融合为一体，开创了一种新的符合中国传统居住文化的住房模式，使高层住房在居住效果上都如同一两层高的低层四合院，使居住都拥有“前庭后院”，拥有室外活动空间、街坊四邻，绿色自然，适宜人类居住（图 5-3-14）。

▲ 图 5-3-14　第四代住宅建筑

（三）竖向设计

居住区内绿地的竖向设计以居住区竖向规划所确定的道路控制高程和地面排水规划作为设计的基础依据，同时也要满足景观和空间塑造的要求并且避免影响住户的日照、通风、采光以及居民生活私密性，还要与现状保留的地形相适应，以利于地表水的汇集、调蓄利用与安全排放。居住绿地的主体是各种植物，其竖向设计要确保满足植物生长所需的基本条件，比如土壤的厚度、排水坡度、日照条件、土壤营养成分、pH 值等，以利于植物的健康生长。居住绿地还要满足人们的审美需求，特别是小区游园及组团绿地，其竖向设计根据绿地景观设计主题的要求，起到引导、烘托和陪衬的作用（图 5-3-15）。另外，居住绿地的地形塑造，在考虑园林景观效果的同时，也要注意地表水的排放，可结合地形，对地表水加以收集利用，营造各种水景。在无法利用自然排水的低洼地段，则要设计地下排水管沟，与城市雨水管渠系统连接。

▲ 图 5-3-15　居住区竖向设计

（四）水体与驳岸设计

水景是居住绿地景观的组成要素之一，是园林景观中不可缺少的、最富魅力的一种园林要素（图 5-3-16）。池塘、戏水池、喷泉、瀑布、跌水、溪流等园林水景的展现，都需要有一定量的水资源保障。水源以就近的河流、湖泊等地表水为主，也可以收集雨水作为水源。居住绿地中的水系的水位控制，是水景设计的重要内容，其常水位、最低水位、最高水位的变化，直接影响到水景的效果。特别需要注意的是对最高水位的控制，应设相应的泄水口以确保水系周边设施的安全，最低水位与最高水位之差应控制在 0.80 m 以内。居住绿地的水体为水生植物的生长提供了良好的条件，大部分的挺水植物，如芦、蒲草、荸荠、水芹、茭白、荷花等，常分布于 0~1.5 m 的浅水处，考虑到湿地景观的要求及游人的安全，居住绿地中栽植水生植物区域的水深建议控制在 0.1~1.2 m 之间。居住绿地中水体的池底处理方式有钢筋混凝土池底、土工布池底、自然池底等等。为充分发挥水系的生态功能，在池底不渗水的前提下，应尽量采用自然池底的形式。同时，某些寒冷地区还要注意冬季排水设施及枯水期的湿生植物种植的特殊要求。

▲ 图 5-3-16　居住区水景设计

居住绿地水体的驳岸形式主要有垂直式驳岸及缓坡式驳岸。缓坡式驳岸为体现其生态性，建议采用生态护坡的形式入水，如自然草坡、木桩、石笼网等等，水边种植湿生、水生植物（图 5-3-17a）。垂直式驳岸为体现其亲水性，建议岸顶离水面不要太高，高差若为 0.3 m，则岸顶至水底的高差为 1.0 m；高差若为 0.5 m，则岸顶至水底的高差为 1.2 m（图 5-3-17 b）。

(a)　(b)

▲ 图 5-3-17　居住区驳岸设计

（五）景观小品设计

景观小品是居住环境中的点睛之笔，通常体量较小，兼具功能性和艺术性于一体，对生活环境起点缀作用。居住区内的景观小品一般包括雕塑、大门、壁画、亭台、楼阁等建筑小品，座椅、邮箱、垃圾桶、健身游戏设施等生活设施小品，路灯、防护栏、道路标志等道路设施小品。景观小品设计应选择适宜的材料，并应综合考虑居住区的空间形态和尺度以及住宅建筑的风格和色彩。景观小品布局应综合考虑居住区内的公共空间和建筑布局，并考虑老年人和儿童的户外活动需求，进行精心设计，体现人文关怀。居住区内雕塑、景墙浮雕等，其材质、色彩、体量、尺度、题材等应与周围环境相匹配，应具有时代感，并符合主题（图 5-3-18）。

▲ 图 5-3-18　居住区景观小品设计

（六）生态环境建设

为落实“海绵城市”的建设要求，居住区绿地应结合“海绵城市”建设的“渗、滞、蓄、净、用、排”等低影响开发措施进行设计、改造居住区，充分结合现状条件，对区内雨水的收集与排放进行统筹设计，如进行雨污分流、营造雨水花园，设置下凹式绿地、景观水体及干塘、树池、植草沟等绿色雨水设施等，实现“蓝绿共赢”模式。如成都香颂湖国际社区是海绵社区实践的典型案例，为了满足不同业态建筑的风格，该社区引入了一条自然河道——香颂湖，河道采用防水膨润毯加细石混凝土的组合做池底，为了控制整体水位，水体边缘扩展出了 2 m 的安全驳岸区。河道以自然黏土为底，在雨水的侵袭下有一定的保水能力，可经过渗透补充地下水水位。水流入小区后经过植物、动物、土壤、微生物等四重自然净化系统流入香颂湖，通过水泵形成内循环、自洁净、天然补充的一种自然景观河网水系。整个过程正是模仿大自然的循环体系，在住宅社区中达到了海绵城市的部分效果，使整个社区在河道的浸润下得以完成局部小环境的循环改善（图 5-3-19）。

▲ 图 5-3-19　海绵社区实践典型——成都香颂湖国际社区

（七）园路与铺装场地设计

园路作为居住绿地的重要组成部分，它的设计不仅影响到居民出行的便利和安全，同时也影响居民的居住绿地的环境质量（图 5-3-20）。在缺水地区，除活动强度特别大的区域外，园路及铺装场地建议采用可渗透型铺装形式或材料，尽量保持绿地的自然条件，并利于补充地下水。对居住绿地内的园路应做必要的防滑处理，特别是冬季有降雪的地区，铺装面层不建议选用光滑的材料，确保行人安全。宅前道路平时主要供居民出入，以自行车及行人使用为多，同时满足清运垃圾、救护车和搬运家具等需要，宽度一般为 2.5 ~ 3 m，为兼顾必要时大货车、消防车的通行，路面两边至少还要各留出宽度不小于 1 m 的路肩。居住绿地内人行路的宽度的设计主要是根据其使用功能和居住区内的人流量而定，通常宽度不小于 1.5 m，在人流比较少的地方可设计为 1.2 m。另外，还有一些不常使用的地方，路面宽度可设计为 0.6~1 m 或设汀步。居住绿地园路的坡度设计要从安全和排水两方面综合考虑。

▲ 图 5-3-20　居住区不同线型园路设计

铺装场地是居住区建筑空间的室外延伸，为居民提供一个优美的环境，供居民们在室外活动、交流、休闲，针对不同年龄段居民的不同需求，设置儿童活动场地、老年健身场地及休闲娱乐场地等。铺装场地位置的设置首先要考虑居民的私密性，场地一般不设置在距住宅建筑窗户近的地方，至少要在 8 m 以外；另外由于老年健身和儿童活动会产生噪声，给居民的生活造成影响，尽量设在远离住宅建筑的地方，同时通过植物或建筑小品进行遮挡，减少对住户的干扰。再者，结合老年人和儿童身体状况，最好将老年及儿童活动场地设置在背风向阳、不太偏僻的地方。铺装场地的坡度设在 0.3% ~ 3%，根据当地的地势地质条件可适当抬高最小坡度。（图 5-3-21）

▲ 图 5-3-21　硬质场地设计

（八）夜间照明设计

兼具功能性和艺术性的夜间照明设计，不仅可以丰富居民的夜间生活，同时也提高了居住区的环境品质。然而，户外照明设置不当，则可能会产生光污染并严重影响居民的日常生活和休息，因此户外照明设计应满足不产生光污染的要求。居住区照明灯具应根据实际需要适量合理选型，所选用的庭院灯、草坪灯、泛光灯、地坪灯等应与环境相匹配，使其成为景观中的一部分。居住街坊内夜间照明设计应从居民生活环境和生活需求出发，夜间照明宜采用泛光照明，合理运用暖光与冷光进行协调搭配，对照明设计进行艺术化提升，塑造自然、舒适、宁静的夜间照明环境。在住宅建筑出入口、附属道路、活动场地等居民活动频繁的公共区域应进行重点照明设计。针对居住建筑的装饰性照明以及照明标识的亮度水平应进行限制，避免产生光污染影响（图 5-3-22）。

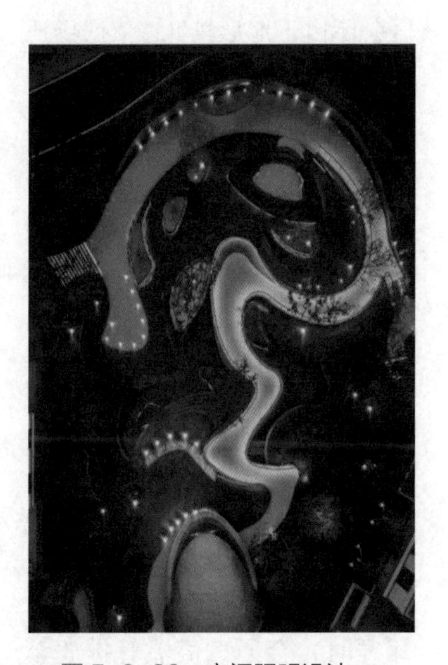

▲ 图 5-3-22　夜间照明设计

案例解析

镇江市某社区公园改造设计

现在的城市发展给人居环境带来了诸多问题，其中洪涝灾害的发生较为频繁。国家在这个时候适时地提出建设海绵城市理念，为城市建设提供了新的思路。海绵城市是指城市能够像海绵一样，在适应环境变化和应对自然灾害等方面，具有良好的“弹性”，下雨时吸水、蓄水、渗水、净水，需要时将蓄存的水“释放”并加以利用。《国务院办公厅关于推进海绵城市建设的指导意见》中指出，采用“渗、滞、蓄、净、用、排”等措施，最大限度地减少城市开发建设对生态环境的影响，将 70% 的降雨就地消纳和利用。

镇江市某社区总占地面积约 58 880 m²，设计面积为绿地和道路面积的总和 42 729 m²。小区建成二十余年，存在的问题主要有雨污水排放设计不足，抗洪能力弱，雨水泥浆淤积；绿化种类单一，基础公共设施数量少；人车混杂，路面老化不透水，入户道狭窄，停车位供不应求等问题。该社区设计结合海绵城市建设理念，针对小区的现状问题，通过生态设计手法建立小区内完整的雨洪管理系统，开放空间系统和交通系统，最终达到了绿色海绵小区的建设目标。

（一）地形与水体的改造

社区公园将地形设计成有坡度的下凹绿地来收集周边雨水径流，再通过植物的层层净化和下渗，储存并回收利用雨水。该社区公园由于地形较低，依据场地地形对雨水径流方向以及积水点进行分析，作为雨水储存布置的参考，同时可以作为小区的内部集中汇水区域，把社区公园绿地中的海绵设施连成系统，能够有效传输和消纳雨水（图 5-3-23）。

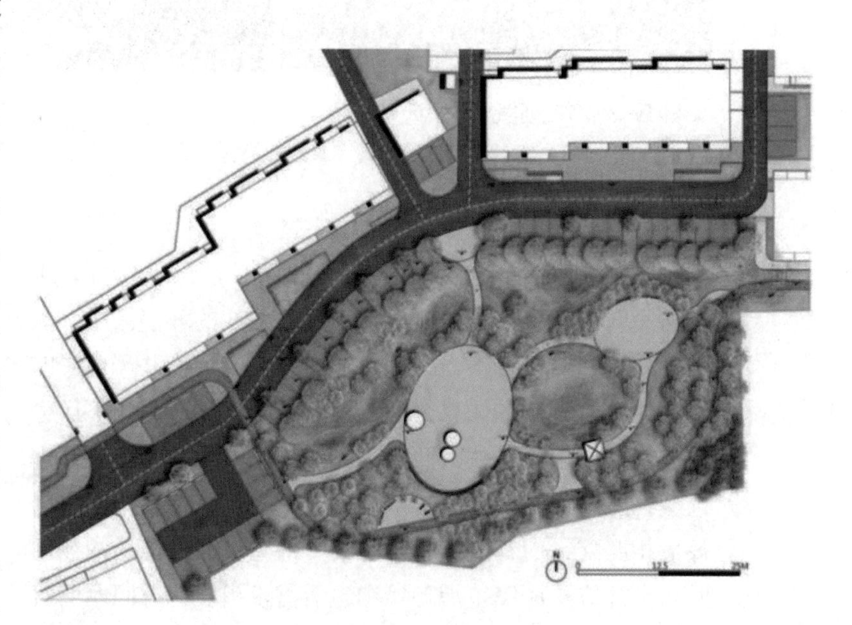

▲ 图 5-3-23　社区公园绿地

园中的雨水平时水位保持在设定的水平。当小雨时，大型下凹绿地收集周边雨水径流，通过植草沟、雨水花园或雨水管渠输送到下凹绿地中。当大雨时，大型下凹绿地水量超过标准时，会通过溢流管排放至市政管道，调节社区雨水径流。雨水可以通过湿生植物进行净化，完整展示雨水净化过程。另外，雨水收集与儿童的嬉水游乐融为一体，寓教于乐。（图 5-3-24）

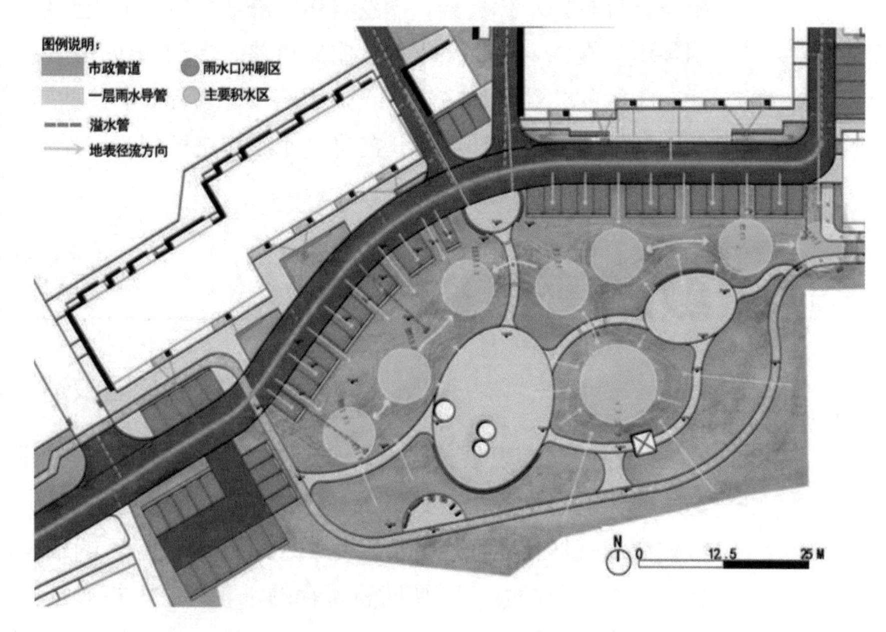

▲ 图 5-3-24　社区公园雨洪汇水分析图

（二）建筑物的改造

公园将园中的亭、台、楼、榭、阁等小品建筑物融入海绵城市的理念，建设绿色屋顶以及竖向绿化。社区公园建筑物屋顶的雨水经过集水口流入下水管道，再通过地下导水管引入公园的雨水花园，经雨水花园消解、下渗部分雨水，多余雨水可经溢水口流入市政雨水管道。

（三）道路铺装的改造

公园道路采用透水路面来缓解道路积水问题，保障道路行驶安全。道路透水铺装有效解决公园道路雨期积水问题，旁边设置雨水沟，有效收集周边雨水径流，不会冲刷到道路面。路旁植草沟结合盲管的设计，引导道路雨水收集，形成社区公园内完整的雨水收集系统。社区公园还在道路旁边增加了软质排水设施如生态树池及下凹绿地，丰富了公园的景观环境，又可减少地表雨水径流量。（图 5-3-25）

▲ 图 5-3-25　小区环路与宅间小道的雨水收集系统

通过生态设计手法，打造海绵化社区公园，不仅可以减轻市政管网排水压力，还为居民日常提供了休憩、散步的娱乐场所，具有最大综合生态效益。公园把海绵城市理论通过透水铺装、下沉式绿地以及生物滞留池等设施运用在公园的规划设计上，有效保护了原有生态，顺应自然，促进人与自然的和谐相处，也是应对城市洪涝灾害的一种有效方式。

第四节　城市道路绿地设计

著名设计理论家凯文·林奇在《城市意象》一书中把构成城市意象的要素分为五类，即道路、边界、区域、节点、标志物，并指出道路作为第一构成要素，往往具有主导性，其他环境要素都要沿着它布置并与其相联系。道路是观察者们或频繁、或偶然、或有潜在可能沿之运动的轨迹，可以是街道、步道、运输线、河道或铁路。从物质构成关系来说，道路被看作城市的“骨架”和“血管”；从精神构成关系来说，道路是决定城市形象的首要因素，也是人们感受城市风貌及其景观环境最重要的窗口。

道路绿化是城市道路环境的重要组成部分，直接影响着城市的整体形象与文明指标，有助于改善城市环境、净化空气，能够消减噪声、调节气候，对遮阳、降温也有显著的效果。优美的道路景观更成为城市道路亮丽的风景线，增添城市的魅力，给人们留下深刻的印象，是城市景观风貌的重要体现。

一、城市道路绿地的分类

我国行业标准《城市道路绿化规划与设计规范》(CJJ75—97）中对道路绿地的定义为道路及广场用地范围内的可进行绿化的用地，分为道路绿带、交通岛绿地、广场绿地和停车场绿地（表5-4-1 和图 5-4-1）。

表 5-4-1　城市道路绿地的分类

道路绿带	分车绿带	中间分车绿带
		两侧分车绿带
	行道树绿带	
	路侧绿带	
交通岛绿地	中心岛绿地	
	导向岛绿地	
	立体交叉绿岛	
广场、停车场绿地	广场、停车场范围内的绿化用地	

（一）道路绿带

道路绿带是道路红线范围内的带状绿地。道路绿带分为分车绿带、行道树绿带和路侧绿带。

1. 分车绿带

分车绿带指在车行道之间可以绿化的分隔带，位于上下行机动车道之间的为中间分车绿带，位于机动车道与非机动车道之间或同方向机动车道之间的为两侧分车绿带。

2. 行道树绿带

行道树绿带指布设在人行道与车行道之间，以种植行道树为主的绿带。

3. 路侧绿带

路侧绿带指在道路侧方，布设在人行道边缘至道路红线之间的绿带。

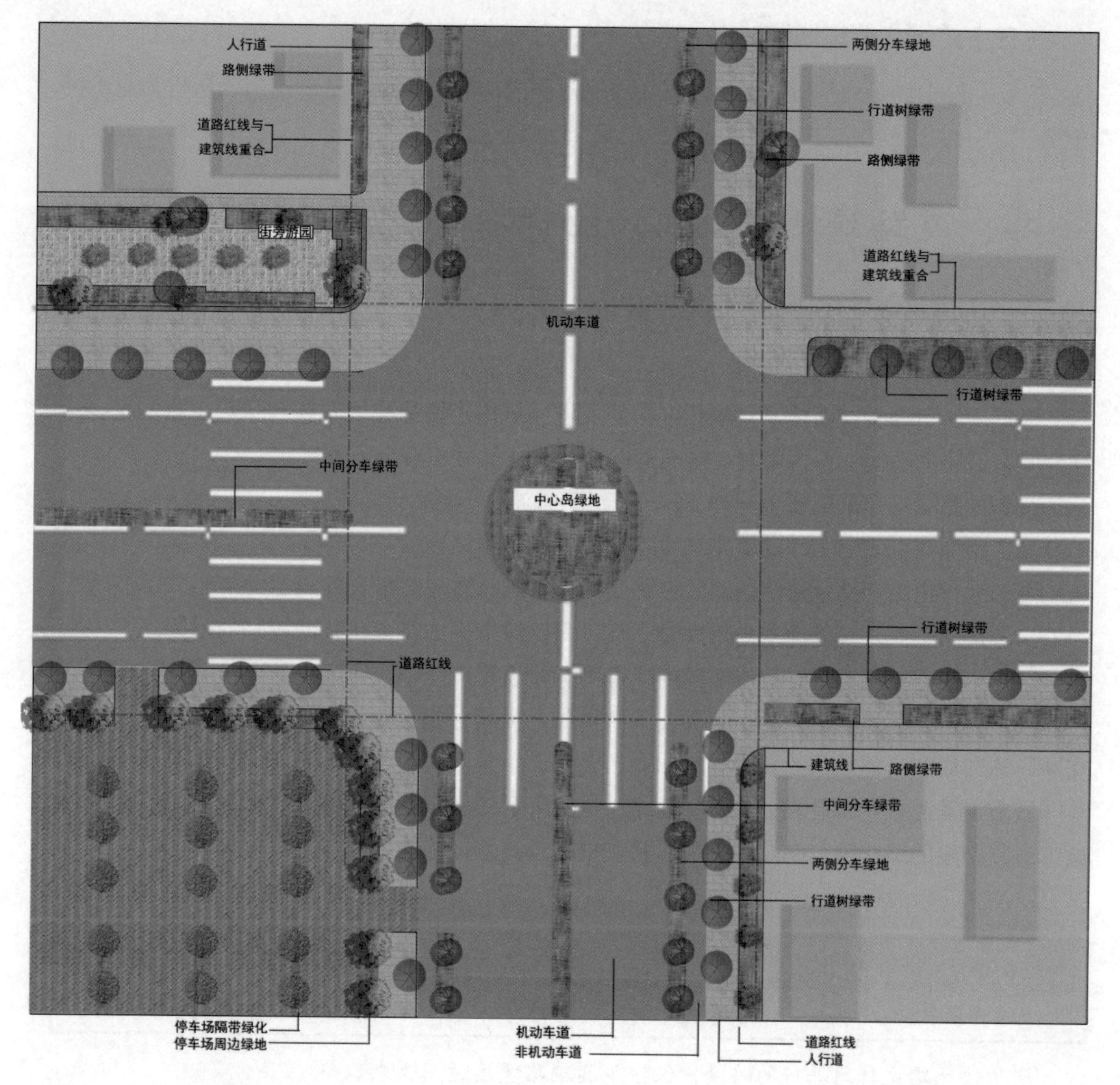

▲图 5-4-1　道路绿地布置

（二）交通岛绿地

交通岛绿地是指可绿化的交通岛用地。交通岛绿地分为中心岛绿地、导向岛绿地和立体交叉绿岛。

1. 中心岛绿地

中心岛绿地指位于交叉路上可绿化的中心岛用地。

2. 导向岛绿地

导向岛绿地指位于交叉路口上可绿化的导向岛用地。

3. 立体交叉绿岛

立体交叉绿岛指互通式立体交叉干道与匝道围合的绿化用地。

（三）广场、停车场绿地

广场、停车场绿地是指广场、停车场用地范围内的绿化用地，是以遮阴、防尘为主的种植带。

二、道路绿地规划设计的标准和原则

（一）道路绿地规划设计相关标准

1. 城市道路绿化的相关要求

根据《城市综合交通体系规划标准》的要求，城市道路绿化的布置和绿化植物的选择应符合城市道路的功能，不得影响道路交通的安全运行，并应符合下列规定。

（1）道路绿化布置应便于养护。

（2）路侧绿带宜与相邻的道路红线外侧其他绿地相结合。

（3）人行道毗邻商业建筑的路段，路侧绿带可与行道树绿带合并。

（4）道路两侧环境条件差异较大时，宜将路侧绿带集中布置在条件较好的一侧。

（5）干线道路交叉口红线展宽段内，道路绿化设置应符合交通组织的要求。

（6）轨道交通站点出入口、公共交通港湾站、人行过街设施设置区段，道路绿化应符合交通设施布局和交通组织的要求。

城市道路路段的绿化覆盖率要求如表 5-4-2 所示，城市景观道路可在此基础上适度增加城市道路路段的绿化覆盖率，城市快速路宜根据道路特征确定道路绿化覆盖率。

表 5-4-2　城市道路路段绿化覆盖率要求

城市道路红线宽度（m）	> 45	30 ~ 45	15 ~ 30	< 15
绿化覆盖率（%）	20	15	10	酌情设置

注：城市快速路主辅路并行的路段，仅按照其辅路宽度适用上表。

2. 行车视线和行车净空的要求

（1）行车视线要求。

行车视线的要求主要体现在停车视距与交叉口视距上。

停车视距指车辆在同一车道上，突然遇到前方障碍物而必须及时刹车时所需的安全停车距离。视距的大小随着道路允许的行驶速度、道路的坡度、路面质量情况而定，一般为 30 ~ 35 m，两条相交道路所选用的停车视距，可在交叉口平面图上绘出一个“视距三角形”（图 5-4-2），在此三角形内不能有建筑物、构筑物、树木等遮挡司机视线的地

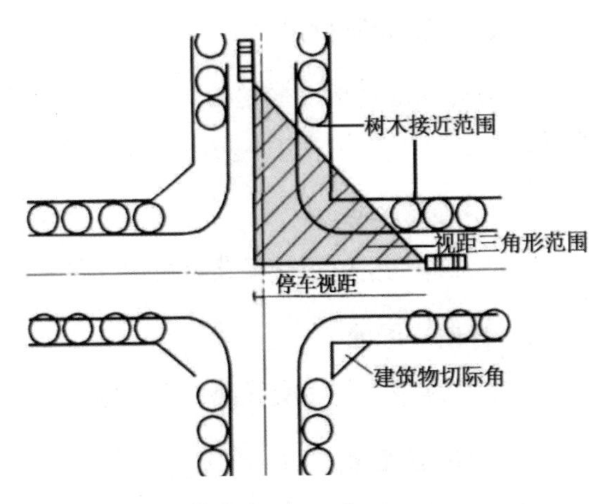

▲ 图 5-4-2　交叉口视距三角形

面物。布置植物时其高度不得超过 0.7 m，宜选用低矮灌木、花草。

交叉口视距是为保证行车安全，车辆在进入交叉口前一段距离内，必须能看清相交道路上车辆的行驶情况，以便顺利驶过交叉口或及时减速停车，避免相撞，这段距离必须大于或等于停车视距。

（2）行车净空要求。

道路设计规定在道路中一定宽度和高度范围内为车辆运行的空间，在此空间内不能有建筑物、构建物、广告牌以及树木等遮挡司机视线的地面物。最小行车净空高度如表 5-4-3 所示。

表 5-4-3　最小行车净空高度

	机动车			非机动车	
车辆种类	各种汽车	无轨电车	有轨电车	自行车、行人	其他非机动车
最小高度（m）	4.5	5.0	5.5	2.5	3.5

3. 道路绿化与工程管线的相关指标

随着城市现代化的发展，空架线路和地下管网不断增多，且大多沿着道路走向设置，与城市道路绿化产生许多矛盾，需要在种植设计时合理安排，为树木生长创造有利条件。

（1）道路绿地与架空线。

树木与架空电力线路导线的最小垂直距离应符合表 5-4-4 的规定。

表 5-4-4　树木与架空电力线路导线的最小垂直距离表

电压（kV）	1～10	35～110	154～220	330
最小垂直距离（m）	1.5	3.0	3.5	4.5

（2）道路绿地与地下管线。

绿化树木与地下管线外缘的最小水平距离宜符合表 5-4-5 的规定。

表 5-4-5　树木根茎中心与地下管线外缘的最小距离表

管线名称	距乔木根茎中心距离（m）	距灌木根茎中心距离（m）
电力管线	1.0	1.0
电信电缆（直埋）	1.0	1.0
电信电缆（管道）	1.5	1.0
给水管道	1.5	—
雨水管道	1.5	—
污水管道	1.5	—
燃气管道	1.2	1.2

续表

管线名称	距乔木根茎中心距离（m）	距灌木根茎中心距离（m）
热力管道	1.5	1.5
排水盲沟	1.0	—

（3）树木与其他设施。

树木与其他设施的最小水平距离应符合表 5-4-6 的规定。

表 5-4-6　树木与其他设施最小水平距离表

设施名称	距乔木根茎中心距离（m）	距灌木根茎中心距离（m）
低于 2.0m 的围墙	1.0	—
挡土墙	1.0	—
路灯杆柱	2.0	—
电力、电信杆柱	1.5	—
消防龙头	1.5	2.0
测量水准点	2.0	2.0

（二）道路绿地规划设计原则

1. 与城市道路规划同步建设，统筹兼顾

道路绿地规划设计应与城市道路规划建设同步进行。这是保障道路绿地规划设计得以实施的基础，可以保证有足够的用地进行道路绿地建设，以达到预期的绿地效果。道路绿地的坡向、坡度应符合排水要求并与城市排水系统结合，防止道路绿地内积水和水土流失。绿化树木与市政公用设施的相互位置应合理兼顾，保证树木有足够的生长条件与生长空间。

2. 符合道路绿地规划设计相关标准，保障行车安全

道路绿地规划设计要符合行车视线要求，根据道路设计速度，在道路交叉口视距三角形范围内种植的树木应采用通透性配置，不遮挡驾驶员安全视线。道路绿化还要符合行车净空要求，保证车辆在道路运行过程中，有一定水平和垂直方向的运行空间，在此空间内不能有建筑物、构筑物、树木等遮挡，保障行车安全。

3. 因地制宜选择树种，保证适地适树

植物选择应根据本地气候、土壤和地上、地下环境条件，因地制宜地选择树种，以保证适地适树。宜保留有价值的原有树木，对古树名木予以保护。树种以本地乡土树种为主，外来树种为辅，尤其是行道树的生长环境恶劣，要选择能适应城市道路各种环境因素、对病虫害有较强抵抗力、成活率高、树龄适中的树种，多以乔木、灌木、地被植物相结合的复式种植模式进行配置，既可保障行人的安全感，又可提高道路绿地的生态效益。

4. 融入城市文化与特色，创造独特的道路绿地景观

有特色的道路绿地可以给人留下深刻的印象，成为一个城市绿地的标志，因此道路绿地建设应与城市人文特色相结合，承担起文化载体的功能，切实发挥城市文明窗口的作用。应充分利用原生态自然风貌特征、地理因素，选用不同树种及配置方式，根据规划指标进行合理规划，做到各具特色与风格。如杭州滨江区闻涛路的“最美跑道”，道路两侧均种植樱花，每年三月樱花盛开，整条路段变成樱花大道，成为该区域的显著标志（图 5-4-3）。

▲ 图 5-4-3　杭州滨江区“最美跑道”

三、道路绿地断面布置形式

我国城市道路绿地断面布置形式按车行道与绿化种植带的布置关系，分为一板两带式、两板三带式、三板四带式、四板五带式等断面形式。

（一）一板两带式

一板二带式属于单幅路断面形式（图 5-4-4）。中间是车行道，机动车道与非机动车道之间可划线或用栏杆进行分隔。两侧人行道上种植一行或多行行道树，形成林荫道的效果。该布置形式简单整齐、方便管理，但当车行道过宽时，绿化遮阴效果差，同时机动车辆与非机动车辆混行，不利于组织交通。

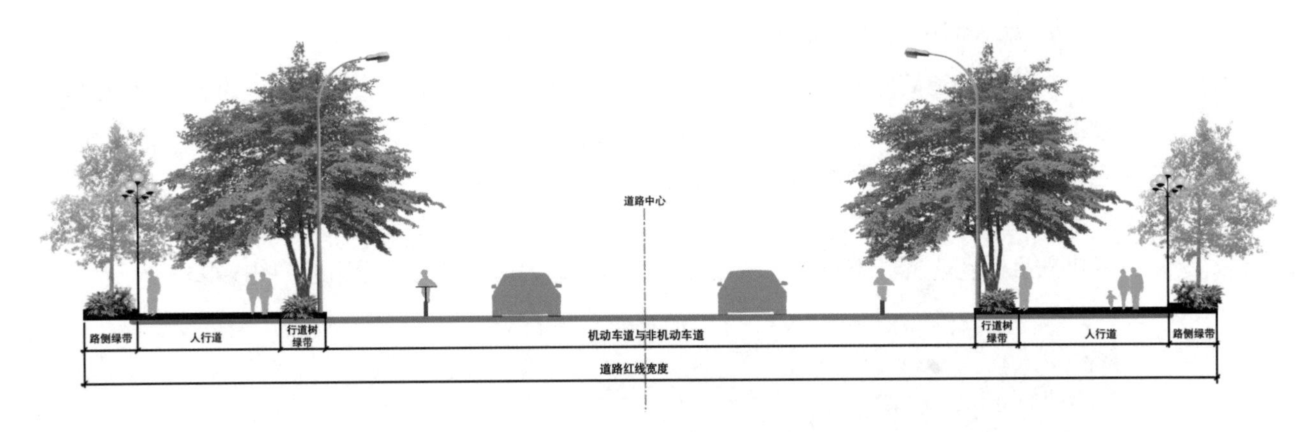

▲ 图 5-4-4　一板两带式道路断面形式

（二）二板三带式

二板三带式属于双幅路断面形式（图 5-4-5）。中间车行道用分车绿带分隔相向行驶的机动车，机动车道与非机动车道之间可画线分隔或用栏杆分隔。该布置形式可以减少车流之间的干扰，利于行车安全，适用于地面空间较多、机动车流较大的地带，许多大中城市的主要道路常采用这种形式。

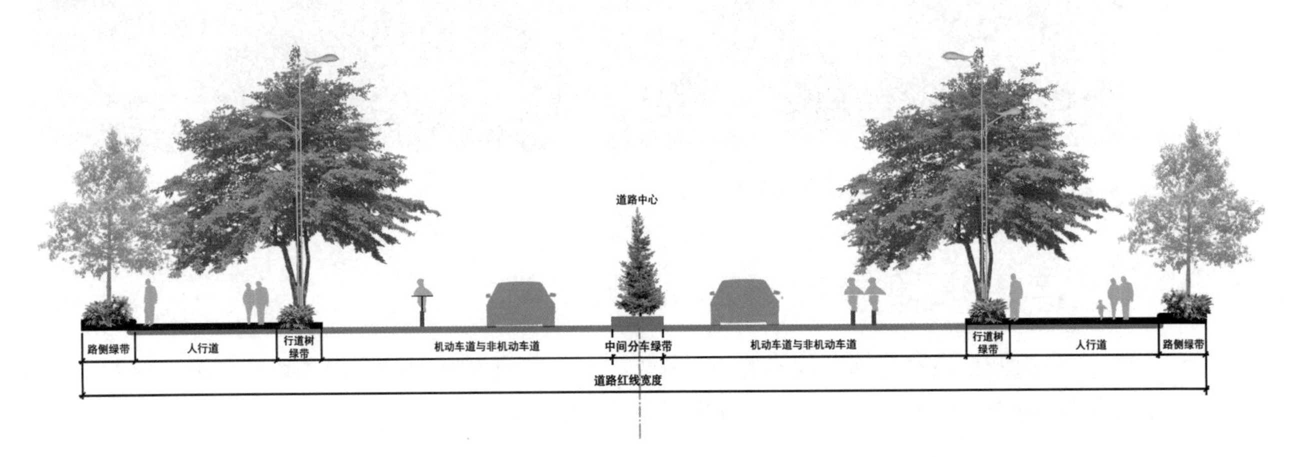

▲ 图 5-4-5　两板三带式道路断面形式

（三）三板四带式

三板四带式属于三幅路断面形式（图 5-4-6）。两条分车绿带将车行道分成三块，中间为机动车道，两侧为非机动车道，连同车道两侧的行道树共为四条绿带。该布置形式可避免机动车与非机动车之间的相互干扰，夏季道路的遮阴效果较好，适用于非机动车流量较大的地带，也是城市中常用的一种布置形式。

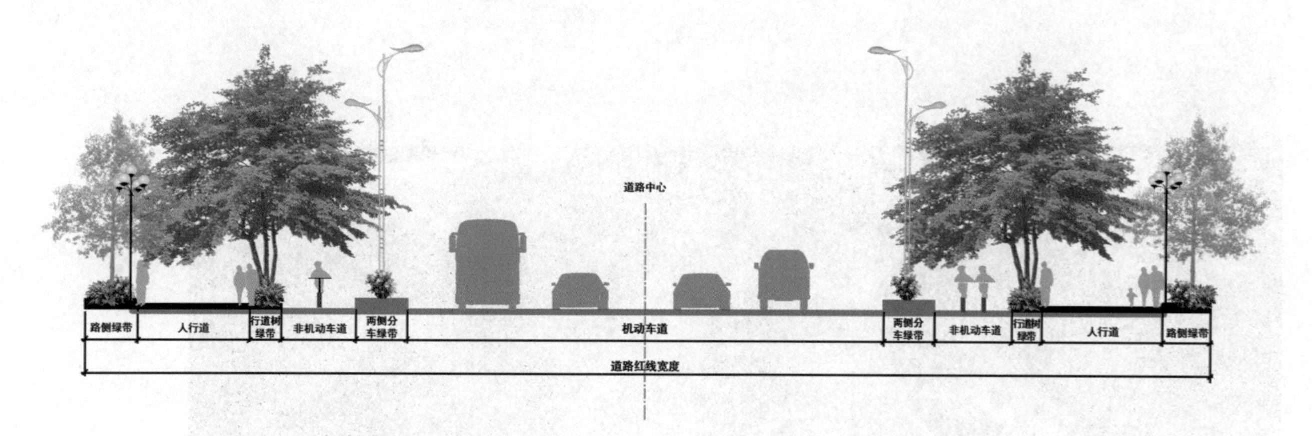

▲ 图 5-4-6 三板四带式道路断面形式

（四）四板五带式

四板五带式属于四幅路断面形式，利用三条分车绿带将车行道分成四条，使机动车和非机动车均分成上下行，互不干扰（图 5-4-7）。该布置形式有利于限定车速和交通安全，丰富道路景观，但由于道路占用面积大，一般城市不宜过多设计。

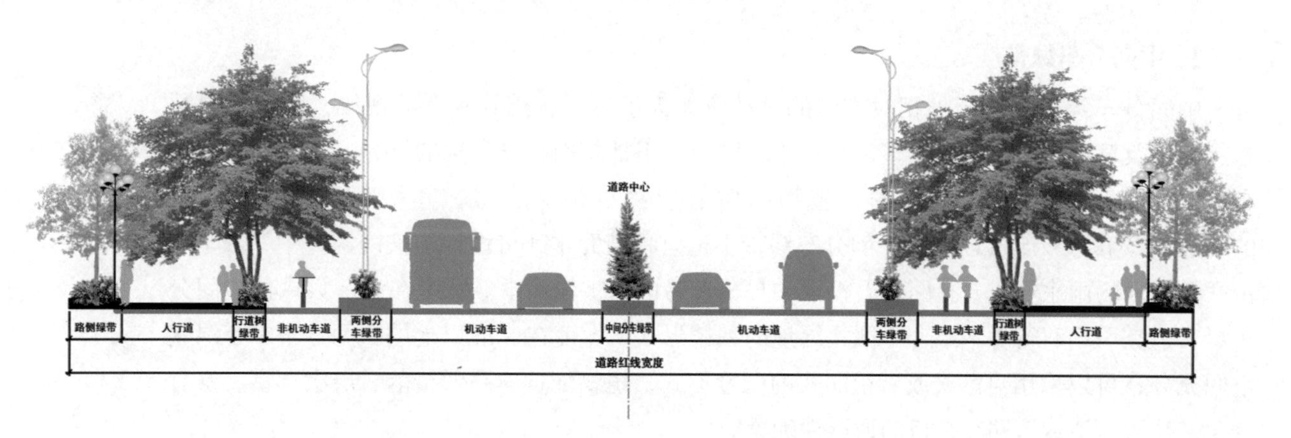

▲ 图 5-4-7 四板五带式道路断面形式

四、城市道路绿地设计要点

（一）分车绿带设计要点

分车绿带的设计，应具备组织交通、保证安全的功能，还能起到防护、美化的作用。分车绿带的宽度依行车道的性质和街道的宽度而定。常见的分车绿带宽度为 2.5 ~ 8 m，大于 8 m 的可作为林荫路设计，最低宽度不低于 1.5 m。高速公路的分车带的宽度可达 5 ~ 20 m，一般为 4 ~ 5 m。为了便于行人穿越街道，分车带应进行适当分段，留出过街横道，断口尽可能与人行横道或道路、建筑的出入口结合，一般每段距离以 75 ~ 100 m 为宜。分车绿带分为中间分车绿带和两侧分车绿带（图 5-4-8）。

▲ 图 5-4-8　中间分车绿带与两侧分车绿带

1. 中间分车绿带

中间分车绿带用于分隔相对方向的机动车。为了避免遮挡驾驶者的视线，绿化应以灌木、花卉及草坪为主，不宜过多栽植乔木，同时应阻挡相向行驶车辆的灯光。在距相邻机动车道路面高度 0.6 ~ 1.5 m 范围内，植物的树冠应常年枝叶茂密，其株距不得大于冠幅的 5 倍。宽度在 2.5 m 以内的中间分车绿带不适宜种植乔木，可设计植被浅沟，中间分车绿带两侧路面的雨水通过开孔路缘石汇入中央分车带的植被浅沟中。宽度在 8 m 以内的中间分车绿带适宜采用双行乔木结合下凹式绿地的种植形式。宽度在 8 m 以上的中间分车绿带绿化空间充分，可以采用自然式或者组团式的配置形式，植物配置应高低错落、层次丰富、富有变化，注意弯道或道路交叉口的通透性配置。

2. 两侧分车绿带

两侧分车绿带用于分隔机动车与非机动车。两侧分车绿带宽度大于 1.5 m 的，应以种植乔木为主，且乔木、灌木、地被植物相结合，其两侧乔木树冠不宜在机动车道上方搭接，还可将雨水花园与植被浅沟搭配应用，雨水先从开孔路缘石豁口汇入植被浅沟中，通过植被浅沟输送至雨水花园中被过滤和净化。两侧分车绿带的宽度等于 1.5 m 的，以种植乔木为主，可采用单行乔木结合下凹式绿地的种植形式。两侧分车绿带宽度小于 1.5 m 的，应以种植灌木为主，且灌木、地被植物结合设计。

（二）行道树绿带设计

行道树绿带的主要功能是为行人及非机动车遮阴，应主要种植浓荫乔木作为行道树。由于其形式简单，占地面积有限，因此选择合适的种植方式和树种显得尤其重要。

1. 行道树的株距

行道树定植株距应以其树种壮年期冠幅为准，最小株距以 4 m 为宜。速生树一般为 5~6 m，慢长树为 6~8 m，树干中心至路缘石外侧距离不小于 0.75 m，保证行道树树冠有一定的分布空间，能正常生长，同时也便于消防、急救、抢险等车辆在必要时穿行。

行道树绿带种植乔木和灌木的行数由绿带宽度决定，而绿带宽度应根据立地条件、道路性质及类别、对绿地的功能要求等综合考虑。在地上、地下管线影响不大时，宽度在 2.5 m 以上的绿化带，种植一行乔木和一行灌木；宽度大于 6 m 时，可考虑种植两行乔木，或将大、小乔木和灌木以复层方式种植；宽度在 10 m 以上的绿化带，其行数和树种可增多。

2. 行道树的定干高度

行道树应选择深根性强、分枝点高、冠大荫浓、生长健壮、适应城市道路环境条件且落果对行人不会造成危害的树种。行道树定干高度应根据其功能要求、交通状况、道路性质、宽度以及行道树与车行道的距离、树木分枝角度而定，苗木胸径在 12~15 cm 为宜。其中快生树种不得小于 5 cm，慢生树种不得小于 8 cm。分枝角度大者定干高度不宜小于 3.5 m，分枝角度较小者定干高度不宜小于 2.5 m，否则会影响交通。

3. 行道树的种植形式

行道树种植形式常用的有树池式、树带式两种。

（1）树池式行道树绿带。

在行人较多或人行道狭窄的地段经常采用树池式行道树种植方式。树池的形状有正方形（边长不小于 1.5 m）、长方形（短边长不小于 1.5 m，长宽比在 2 ∶ 1 左右）或圆形（直径不小于 1.5 m）。矩形及方形树池容易与建筑相协调，圆形树池常被用于街道的圆弧形拐弯处。行道树应栽种于树池的几何中心，这对于圆形树池尤为重要。方形或矩形树池允许一定的偏移，但要符合种植的技术要求，即树干距行车道一侧的边缘不得小于 0.5 m，离街道的开孔路缘石不小于 1 m。如宾夕法尼亚大道，将榆树作为行道树种植于树池中，连接着拉斐特公园和白宫的土地，列植的榆树构建起宾夕法尼亚大道简洁的视觉框架，使林荫路两侧风格不同的建筑物对街道的视觉影响降到最低（图 5-4-9）。

▲ 图 5-4-9　宾夕法尼亚大道树池式行道树种植方式

为防止行人进入树池、因践踏而引起树下泥土的板结、影响树木生长，通常将树池与人行道面做平，树池内的泥土略低，以便使雨水流入，同时也避免了树池内污水流出，污染路面。为减少土壤裸露，通常采取在树池内种植草坪、地被等植物，或者加盖镂空的格栅、放置鹅卵石等方式（图 5-4-10）。另外，建议在同一街道宜采用同一树种，并注意道路两侧行道树株距的对称，既能更好地起到遮阴、滤尘、减噪等防护功能，又能够在道路横断面上形成雄伟统一的整体视觉效果。

（2）种植带式行道树绿带。

随着我国城市的发展，城市道路不断拓宽，道路绿地的比重也不断增加。树池式的道路绿地形式已渐渐被种植带式代替。

种植带式行道树绿带通常用宽度大于 1.5 m 的种植带连续布置，为便于行人通行或汽车停站，在人行横道处及人流较多的建筑入口处中断，或者以一定距离予以断开。种植带式除了种植大型乔木作为行道树以外，还可适当配置灌木、绿篱、草本花卉等。为满足交通安全要求，灌木尽量选择低矮品种，或修剪高度不大于 0.7 m，以不妨碍司机及行人的视线为原则（图 5-4-11）。当种植带达到一定宽度时，可以设计成林荫小径。有些城市的某些路段人行道设置较宽，除在车道两侧种植行道树外，还在人行道的纵向轴线上布置种植带，将人行道分为两部分，其内侧供附近居民和出入商店的顾客使用，外侧则为过往的行人及上下车的乘客服务。

▲ 图 5-4-10　树池处理形式

▲ 图 5-4-11　种植带式行道树种植方式

（三）路侧绿带设计

路侧绿带是道路景观的重要组成部分，应根据相邻用地性质、周边立地条件、景观要求进行设计，用乔木、灌木、花卉、地被植物等与路侧的建筑物或构筑物相结合进行美化，并应注意保持整体道路绿带空间上的连续性和完整性（图 5-4-12）。

（1）路侧绿带的宽度没有具体规定，种植方式应根据绿带的宽度进行考虑。绿带宽度大于 8 m 时，可设计成开放式绿地，方便行人游览休息，提高绿地利用率，且绿化用地面积不得小于该段绿带总面积的 70 %。

▲ 图 5-4-12　路侧绿带设计

（2）当道路红线外侧留有绿地，如街旁游园、宅旁绿地、公共建筑前绿地等，路侧绿带可与相邻的绿地统一进行设计。在设计时应充分结合行道树绿带、分车绿带的种植模式和树种选择，考虑道路统一的景观效果，协调整体道路环境。同时在绿化设计时要实地观察周边建筑物的形式、颜色和墙面的质地等，采用与之相协调的设计风格，以草坪、花卉、较低矮的花灌木为主，避免大型乔木对邻近建筑物低层的遮挡。

（3）临近江、河、湖、海等水体的路侧绿地，应结合水面与岸线地形设计成滨水绿带，滨水绿带的绿化应在道路和水面之间留出透景线。

（4）道路护坡绿化应结合工程措施栽植地被植物或攀缘植物，形成垂直绿化效果。

（四）交通岛绿地设计

交通岛是道路上设置的岛状交通设施，略高于路面或用漆划线表示，以引导行车方向，保障行车和行人的安全。交通岛绿地分为中心岛绿地、导向岛绿地和立体交叉绿岛。交通岛绿地所处位置往往行人及机动车流量较大，大多为圆形，直径不宜小于 20 m，具有引导行车方向、组织交通、保证行车速度及保障安全的作用。

1. 中心岛绿地

中心岛位于交叉路口的中心位置，多呈圆形，主要功能是组织环形交通，凡驶入交叉口的车辆，一律绕岛按逆时针方向单向行驶。中心岛的半径，必须保证车辆能按一定速度以交织方式行驶。原则上中心岛绿地只具备观赏功能，不具备游憩功能。目前我国大中城市所采用的圆形中心岛绿地一般直径为 40～60 m，岛内不宜过密种植乔木，而应布置成装饰绿地，以草坪、花卉为主，或以常绿灌木组成简洁明快、曲线优美、色彩明亮的模纹花坛，图案不应过于繁杂或华丽，以免因分散驾驶员的注意力或行人驻足欣赏而影响交通。位于主干道交叉口的中心岛因位置适中，人流、车流量大，是城市的主要景点，可使用雕塑和喷泉加以装饰，成为构图中心，但体量和高度等不能遮挡视线（图 5-4-13）。

▲ 图 5-4-13　中心岛绿地设计

2. 导向岛绿地

导向岛主要引导车辆的行进方向，约束车道，使车辆转弯慢行，保证安全。导向岛绿地化以草坪、地被为主，面积稍大时可将尖塔形或圆锥形的常绿乔木种植于主要干道的角端予以强调，而在朝向次要街道的角端栽种圆球状树冠的树木用以区别（图 5-1-14）。

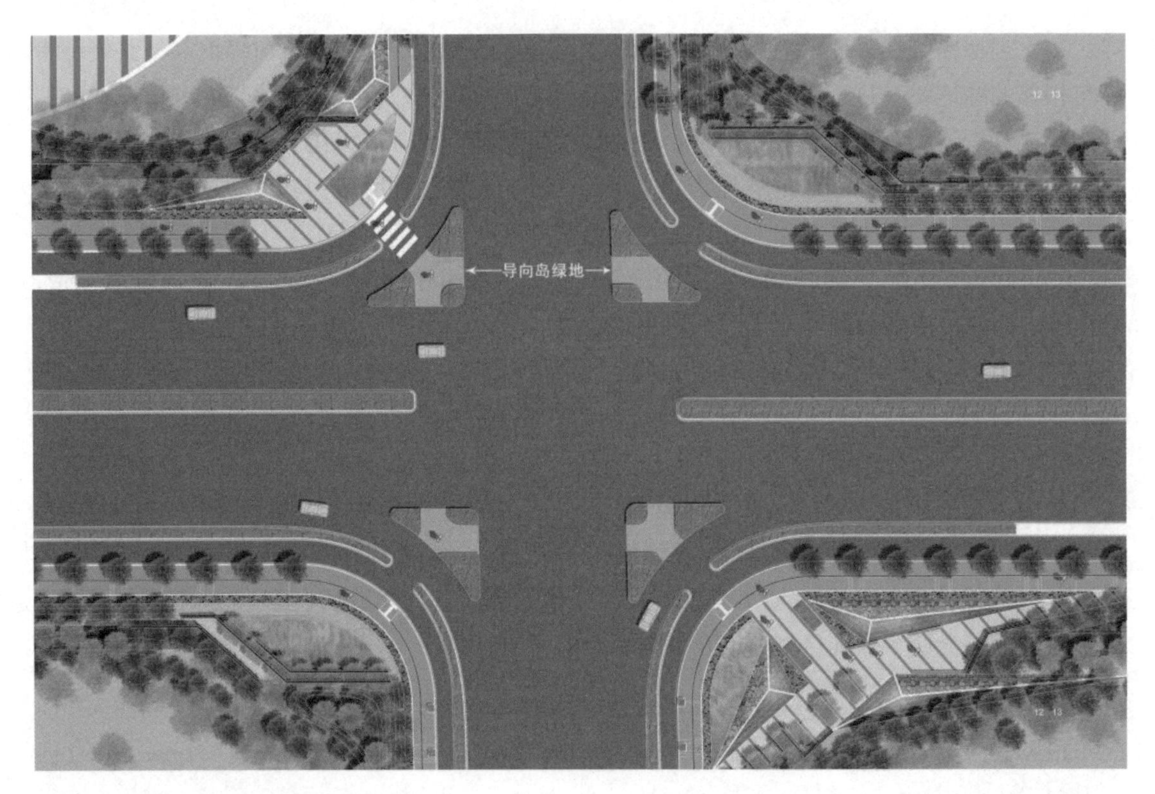

▲ 图 5-4-14　导向岛绿地

3. 立体交叉绿岛

立体交叉是指两条道路在不同平面上的交叉。立体交叉绿岛的绿化要服从立体交叉的交通功能，使行车视线通畅，突出绿地内交通标志，诱导行车，保证安全。绿岛常有一定的坡度，可自然式配置树丛、花灌木等，形成疏朗开阔的效果，也可用宿根花卉、地被植物等组成模纹图样。考虑到驾驶员和乘客瞬间观景的视觉要求，绿地布置力求简洁明快。如果立体交叉绿岛面积较大，在不影响交通安全的前提下，可按街心花园的形式进行布置，设置园路、亭、水池、雕塑、花坛、座椅等设施。另外，也应重视立体交叉形成的阴影部分的处理，种植耐阴的植物，也可根据实际情况处理成硬质铺装或停车场。如上海某立交桥下空间，该空间根据立交桥形式走向分为四个象限，分别采用三种动物形象（火烈鸟、猎豹、斑马）作为主题展现，设置运动场、休闲区、滨河步道等，将桥下空间充分利用，满足附近居民多样化的需求（图 5-4-15）。

▲ 图 5-4-15　上海某立交桥下空间设计

（五）步行街绿地设计

步行街是指在交通集中的城市中心区域设置的行人专用道，并逐渐形成商业街区，如北京的王府井大街、上海的南京路步行街、重庆的解放碑步行街、南京的新街口等。步行街不仅要设置各类商业服务设施，还应布置供居民休憩漫步的绿地、花坛、雕塑及儿童游乐场地、小型影剧院等文娱设施，还有新颖别致的电话亭、路灯、标志牌等公用设施，也是一个充满园林气氛的公共休闲空间。步行街绿地植物的种植要特别注意植物形态，色彩要和街道环境相结合，树形要整齐，特别需要考虑遮阳与日照的要求，在休息空间宜采用高大的落叶乔木，夏季茂盛的树冠可遮阳，冬季树叶脱落，又有充足的光照，为顾客提供适合不同季节的环境区。另外，还可以融合当地人文环境特色，增添步行街的识别性和景观独特性。如成都宽窄巷子是成都最具代表性的历史文化商业步行街，代表了成都独特的市井生活文化，由三条步行街组成，景观分区采用诉说故事的手法，将各条巷子的景观节点串联起来，共同讲述成都的历史文化（图 5-4-16）。

▲ 图 5-4-16　成都宽窄巷子景观分区及典型景观

（六）停车场绿地

停车场绿地主要是指停车场用地范围内的绿化用地。在停车场周边应种植高大遮阴乔木，并设隔离防护绿带；在停车场内宜结合停车间隔带种植高大遮阴乔木。停车场种植的遮阴乔木可选择行道树树种，其树木枝下高度应符合停车位净高度的规定：小型汽车为 2.5 m，中型汽车为 3.5 m，载货汽车为 4.5 m。

案例解析

上海市世纪大道绿地设计

上海市世纪大道是上海浦东地区最为重要的发展轴线，西起陆家嘴、东方明珠电视塔，与延安东路隧道直接相连，东至世纪公园，全长约 5.5 km，宽 100 m，双向八车道，是上海第一条真正意义上的景观道路，被誉为“东方的香榭丽舍大街”，由法国的夏氏－德方斯公司设计。它是一条横贯浦东的景观大道，其地理位置恰似浦东这块“扇面”的半径，连接着陆家嘴金融贸易区、新上海商业城、竹园商贸区和花木行政文化中心，风格独特，个性鲜明，富有法国式的浪漫情调，又不失东方文化的含蓄和优美。

世纪大道道路断面采用的是非对称设计，道路中心线向南偏移了 10 m，同时也是第一条两侧绿化带和人行道比车行道还宽的城市景观大道，为凸现其园林景观效果，绿化带和人行道共宽 69 m，其中北侧宽 44.5 m，南侧宽 24.5 m，成为浦东乃至上海对外展示的形象标识，是浦东中心城区亮丽的风景线（图 5-4-17）。

▲ 图 5-4-17　上海市世纪大道景观

（一）街道整体的景观序列

世纪大道景观空间序列在开始和结尾两个端点以及中间结点部分的处理颇为巧妙，极具时代气息，景观整体有序。大道从陆家嘴商务中心区开始，于地下通道出口处以开门见山的手法，采用庭院式绿化形式；紧接着二十余个由矮墙围合的方形园圃和以中华园林为主题的八个不同风格的种植园整齐有序地排列；到了收尾处，以一个巨型金属日晷雕塑作为道路尽端的“休止符”，终止于浦东世纪广场。另外，世纪大道沿途景观结点的处理与加强，在某种程度上舒缓了其与原有的棋盘式道路因斜交带来的交通结点空间的不安全及不稳定感。大道将局部的道路交叉口设计为小型街头广场，点缀象征性的雕塑统领空间，以获得场所感。

（二）突显主题的景观小品设计

世纪大道即跨世纪的大道，所以道路绿地景观设计突出“时间”的主题，如巨大的五行日晷针、世纪钟、沙漏、东方之光等，这些主题统一但又风格各异的雕塑艺术品丰富了单调的线性空间，同时在视线上形成了一个序列。世纪大道上的雕塑作品采用了多层次的创作手法，如位于杨高路交会处开阔环岛上的雕塑“东方之光”（图 5-4-18），以日晷为原形，融入现代的表现手法，用不锈钢构成错综精致的网架结构，使这座垂直高度达 20 米的金属雕塑显得既雄伟大气，又通透灵秀。它的晷针指向正北的方向，具有计时功能，是传统文化语言、现代文化语言及当今高科技语言完美结合的大型城市景观雕塑，是道路景观的视觉中心。世纪大道和乳山路的路口矗立着一组名为“世纪辰光”的雕塑群（图 5-4-19），沙子在九根高低不一的巨型“沙漏”中周而复始地流转。世纪大道沿途还有各种不同品种、风格、色彩的雕塑作品，它们都是传统文化与现代文化融合的作品，分别设置在全线的九个交叉口附近，形成了特色鲜明而又不失整体风格的十段景观。

▲ 图 5-4-18 “东方之光”雕塑

▲ 图 5-4-19 “世纪辰光”雕塑群

除了上述的雕塑景观小品外，大道上的系列小品如路灯、护栏、长椅、遮蔽棚、景墙、警示牌、花钵等，也都是以“人”为主体、融合了现代语言与传统语言的精心设计、给人留下深刻印象的场所。如道路北侧的中华植物园采用了白墙、黑色边线、传统园林门洞等传统园林的经典手法（图 5-4-20）。在环境小品材质的选择和表现上，运用了大量钢材、石材、混凝土及木材，传达了一种现代的文化语言，形成的景观具有亲和力。在色彩的选择上，采用了统一的灰色调，与整个街道环境和谐地融为一体，在给市民带来方便的同时也点缀着街道景观。

▲ 图 5-4-20　中华植物园传统园林设计手法的运用

（三）不同风格的植物造景设计

1. 融合东西方不同的植物造景手法

上海市世纪大道一方面讲究西方绿地的几何整形、植物的规整对称，如分车绿带主要采用大尺度规则的模纹形式，案纹简洁大方，清晰明快（图 5-4-21）；另一方面，绿化景观又融合东方传统造园风格，讲究诗情画意，追求意境美，布置手法上突出层次、明暗、虚实、高低、开合、隐显、大小等，在景观构图之中间包含着深邃的哲理与复杂的情感寄托。如道路西端的陆家嘴中心绿地（图 5-4-22），该绿地是上海市区内规模最大的开放式草坪，其地形高低起伏，以绿地为主、水景为辅。蜿蜒在绿地中的道路，勾勒出白玉兰花的图案，道路和水体恰似一副上海市市标。园中大量使用了曲水、假山石、木制栈桥等传统园林要素。

▲ 图 5-4-21　分车绿带多采用大尺度模纹形式

▲ 图 5-4-22　陆家嘴中心绿地

2. 营造特色林荫大道

世纪大道在道路南侧人行道上种植了两排香樟行道树，而在北侧人行道上栽种了六排行道树，由外侧四排香樟和内侧两排银杏组成，常绿与落叶树种的搭配相得益彰，使人行道既有林荫又有阳光，从而达到冬暖夏凉的效果，为行人提供了一个舒适的街道生态环境。

3. 发展立体绿化

发展立体绿化、用绿化美化市容、提高绿化水平是城市现代化和文明程度发展的重要标志。墙面绿化是立体绿化的一个重要表现手法，世纪大道中的八座中华植物园雪白整齐的墙面成为构筑绿色图画的天然画板，同时结合不同攀缘方式和观赏效果，组合栽植各种垂直绿化材料，花团锦簇、色彩斑斓，既增加了世纪大道植物的多样性，又为世纪大道增添了新的绿化景观（图 5-4-23）。

▲ 图 5-4-23　中华植物园之栾树园墙面的立体绿化

第五节 城市滨水区景观设计

自古以来，人们择水而居，城市滨水区见证着城市的兴与衰，担负着交通、防洪、涵养水源等多种作用，是自然生态系统和人工建设系统相互交融的城市公共空间。成功的滨水景观设计可以美化城市形象，改善城市滨水区域建设，对提高城市环境质量、展示城市历史文化内涵与特色风貌、促进城市的可持续发展有着十分重要的意义。

一、城市滨水区景观的概念

城市滨水区是城市中一个特定的空间区域，是城市范围内水域与陆地相连接的区域的总称。它既是陆地边沿，也是水的边缘，包括200~300 m的水域空间及与之相邻的城市陆域空间，其对人的服务半径为1~2 km，相当于步行15~30分钟的距离。滨水区由于其特殊的空间地理位置，被赋予了其他城市地带不具有的特点与地位。

城市滨水区景观是指滨水区域经规划设计后在该地区形成的风景。按其毗邻的水体性质不同，可分为滨河景观、滨江景观、滨湖景观和滨海景观。

城市滨水景观设计是人类为了满足可持续发展的需求，再次对原地理学范畴的水域及其临近区域进行空间、审美、功能的科学设计（图5-5-1）。

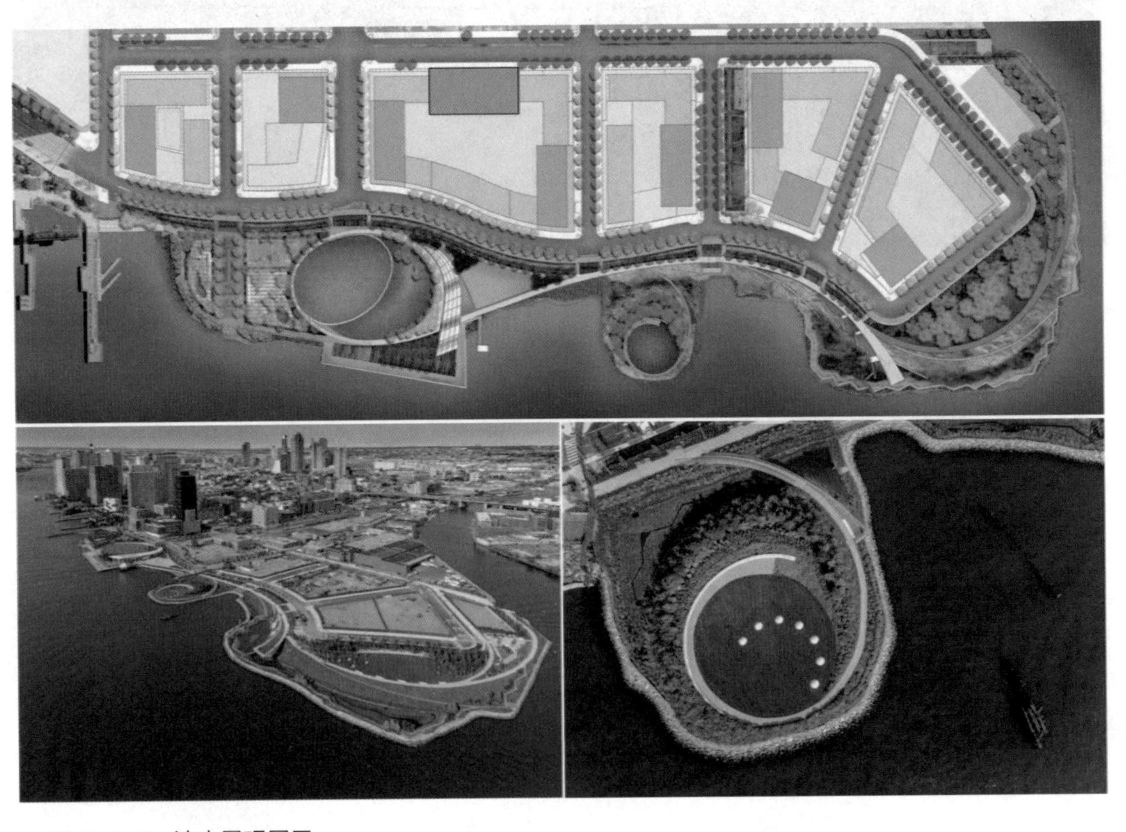

▲ 图5-5-1 滨水景观展示

二、城市滨水区景观构成要素

城市滨水区景观由自然景观、人工景观、人文景观三部分组成。

（一）自然景观

自然景观主要通过对大自然原有的物质元素进行塑造，因地制宜，在物质原有的基础上进行加工改造，主要是水体、地形地貌、堤岸、植被、生物等。

1. 水体

水体是河流、湖泊、海洋、沼泽等的总称，也是滨水景观设计的主要对象。不同形式的水体构成不同的景观效果，给人以不同的心理感受。静态水给人以平静、稳定感，动态水则带给人联想、变化的感觉。

2. 地形地貌

平原型的城市滨水区居多，地势平坦、场地开阔、开发方便，此外还有丘陵型和结合型。丘陵型因地形复杂，建设相对困难，但形成的景观独特；结合型在规划建设时应善于借景，将山岳景观融入滨水景观中。

3. 堤岸

堤岸作为水域和陆域的交界线，对滨水区的开发起着重要作用。在发挥它的功能性的同时，也应考虑其安全性，使其功能性、安全性、亲水性并重。

4. 植被

植被包括乔木、灌木、草本、地被植物、花卉、水生植物等。植物具有美化环境、改善城市局部环境、涵养水源、保持水土等生态功能。在城市滨水区进行植物造景时，应尊重植物的生态习性，对植物和其他景观元素合理规划配置，营造视觉、触觉和嗅觉俱佳的城市滨水景观。

5. 生物

城市滨水区自然景观开发过程中，一方面应保护湿地水禽、珍稀或濒危物种及生态环境，另一方面也应增加物种可利用生态环境斑块的尺度，形成斑块组群，增加特定生态系统的稳定性，满足物种种群和数量的扩张及对生态环境空间的需求，从而协调旅游活动空间与重要物种生态环境空间的关系。

（二）人工景观

人工景观主要满足人们的活动需要，同时兼顾视觉上和功能上的美感，达到美化环境的作用，包括建筑、道路广场、小品、游步道、亲水设施、码头等。

城市滨水区要形成良好的景观，就要考虑建筑的设计立意、功能要求、造景需要等问题：首先要考虑建筑的整体性和独特个性，其次要适当考虑建筑与建筑的组合，再者考虑建筑的体量、造型以及与其他环境要素的配合，保证景观的统一性和整体性。城市滨水区的道路广场给市民提供休息、娱乐、集会的场所，城市滨水区常以广场为中心，建造开放空间，广场便成为滨水带型空间的主节点。另外，小品是滨水区中不可缺少的组成部分，滨水区中的小品一般包括雕塑、景石、假山、铺装、栅栏、指示牌、休息座椅、垃圾桶等内容。

（三）人文景观

人文景观包括各种历史文化景观、历史文物古迹、地域文化、城市记忆及人文活动等。

1. 历史文化景观

随着社会的发展，人们对城市滨水区的开发从粗放对待渐渐转变为更加理性地规划和建设。在改造和更新过程中，通常将城市的历史文化、人文风俗等纳入考虑，使城市的文化遗产得以保存，不断提升滨水景观的文化内涵。历史文化景观主要从三方面考虑：其一，展示地方文化特色，例如都江堰的水利景观建筑采用鱼嘴、宝瓶口、飞沙堰等充分展示了都江堰的历史底蕴和地方特色；其二，展示历史的延续，如布鲁克林多米诺糖厂后工业公园，设计了一条名为工业遗迹步道的走廊，将超过 30 个不同功能的大型机器构件布置在这个线性走廊旁，让人们能够通过触碰设备实体，了解制糖工业的工作流程，让布鲁克林工业历史变成下一代人的记忆，还将 4 个代表当时最先进的真空制糖法的铁罐放置于广场中，同时为了复原真空制糖情景，设计了一个喷雾装置来模拟从半成品糖中脱离水分的过程，不仅在视觉上、更在嗅觉和触觉上重现了当时的工业制造氛围（图 5-5-2）；其三，展现文脉的借鉴与创新，例如中国传统文化中“天人合一”的哲学思想，可以通过适当的设计手法融入景观设计中。

▲ 图 5-5-2　布鲁克林多米诺糖厂后工业公园

2. 人文活动

人文活动包括审美欣赏活动（如观光、摄影、写生等）、休闲游憩活动（如晨练、郊游、茶艺、烧烤、垂钓、戏水等）、节庆活动、科技教育活动及商业活动。

三、城市滨水区景观设计要点

（一）城市滨水区空间与景观结构规划

城市滨水区景观设计应以注重空间尺度与功能结构的复合统一为基本原则，处理好滨水城市活动场所、滨水绿化、滨水步行活动场所、水体边缘区域等各要素之间的关系，线形公园绿地、林荫大道、步道以及自行车道等皆可构成滨水区通往城市内部的联系通道，在适当地点还可对节点进行重点处理，放大成场地地标等。例如巴黎塞纳河景观（图 5-5-3），充分保障了开放空间纵向和横向的连续性。城市滨水区景观设计的内容有空间规划、视线分析、绿色廊道网络规划等，滨水空间需要考虑大众的基本需求，按照人们的想法进行滨水环境的设计或改建。如秦皇岛汤河公园，整合了包括步道、座椅、环境解释系统、乡土植物展示、灯光等多种功能和设施，成为城市游憩胜地和生态廊道（图 5-5-4）。

▲ 图 5-5-3　巴黎塞纳河

▲ 图 5-5-4　秦皇岛汤河公园

（二）城市滨水区道路交通系统设计

城市滨水区交通系统设计从空间上分为外部交通设计和滨水绿地内部交通系统设计。在外部交通设计上，要结合滨水空间的实际状况，把道路交通、公交站点、步行交通、水上交通及码头有机地结合组织起来，加强水体与周边绿地、服务性设施之间的联系，使市民最大限度地接近水域。例如南京火车站广场，过境机动车被引入高架桥，地面部分设计成步行广场，一直延伸到玄武湖边，便于车站大量人流的集散，同时作为门户地段，广场吸引游客市民走向水边，欣赏南京的湖光山色和城市美景，可谓一举两得。滨水绿地内部交通系统主要包括滨水绿地公共开放空间内的步行道路网络及水域内的水上游览路线，是联系绿地与水域、绿地与周边城市公共空间的主要方式。现代滨水绿地内部交通系统的设计就是要创造人性化的道路系统，除了可以为市民提供方便、快捷的交通功能和观赏点外，还能提供合乎人性空间尺度、生动多样的时空变换和空间序列。例如南京玄武湖公园内部，主要道路的规划布局方式为混合式布置，即自然式与规则式交错组合的布置手法，湖岸线规划采用环形的公园道路模式，以整个水面为中心，结合地形、湖水的走向规划为自然式道路，并与城市主干道相交，形成套环（图 5-5-5）。

▲ 图 5-5-5　南京玄武湖公园混合式道路布局

（三）城市滨水区亲水设计

人天生具有亲水性，亲水设计主要体现在滨水空间的打造和亲水设施的设立方面。滨水空间的打造要体现出空间与河流的联系，一方面要将活动空间与河流之间用通畅的道路连接，使人们可以畅通无阻地前往水边；另一方面也要注重各空间在视线上与河流的联系，使人们在距离河流稍远的空间内也可以观察到河流的存在。亲水设施要根据各区域的具体条件，针对其适合开展的亲水活动设立，可以利用护岸的高差做亲水台阶、河边设置亲水步道或浮船码头、河岸边制高点设置观水平台等。如韩国首尔清溪川的修复与重建项目（图 5-5-6），河道设计为复式断面，一般设 2~3 个台阶，人行道贴近水面，以达到亲水的目的。隧道喷泉从断面直接跃入水中，行走在堤底，如同置身水帘洞中，头上霓虹幻彩，脚下水声淙淙，清澈见底的溪水触手可及。

▲ 图 5-5-6　韩国首尔清溪川亲水设计

（四）城市滨水区生态设计

滨水区景观设计采用的生态学方法是将城市河流作为一个完整的生态系统进行保护或恢复，这个系统包含了河流的自然水文过程、水生动植物和周边陆域的动植物现状等。

绿化系统设计是滨水空间生态环境维护和重建过程中的核心内容，在城市滨水区生态设计时，应对滨水植物谱系进行调查，了解水中、水际、河滩、堤岸内外植物的种类、环境特点，并注意植物物种的相互关系。应尽量采用自然化设计，植被景观设计应与地形、水系相结合，并按照自然植被的分布特点进行植物配置，体现植物群落的自然演变特征，通过水生、湿生、林地植物群落的组合设计，形成多层次、交叉镶嵌、物种丰富的生态景观带。如衢州鹿鸣公园，由园林专家俞孔坚教授按照“最少扰动”原则，以“城市生态公园”为理念主导设计，河滩湿地、碧田郁林、红砂裸岩、石梁溪流等生态基底被完整保留下来，将具有生产性的农业景观与低维护的乡土植物融入景观设计中，在利用山水格局和自然植被的基础上，通过覆盖植被和利用栈道及游憩网络布置山水与植被格局（图 5-5-7）。

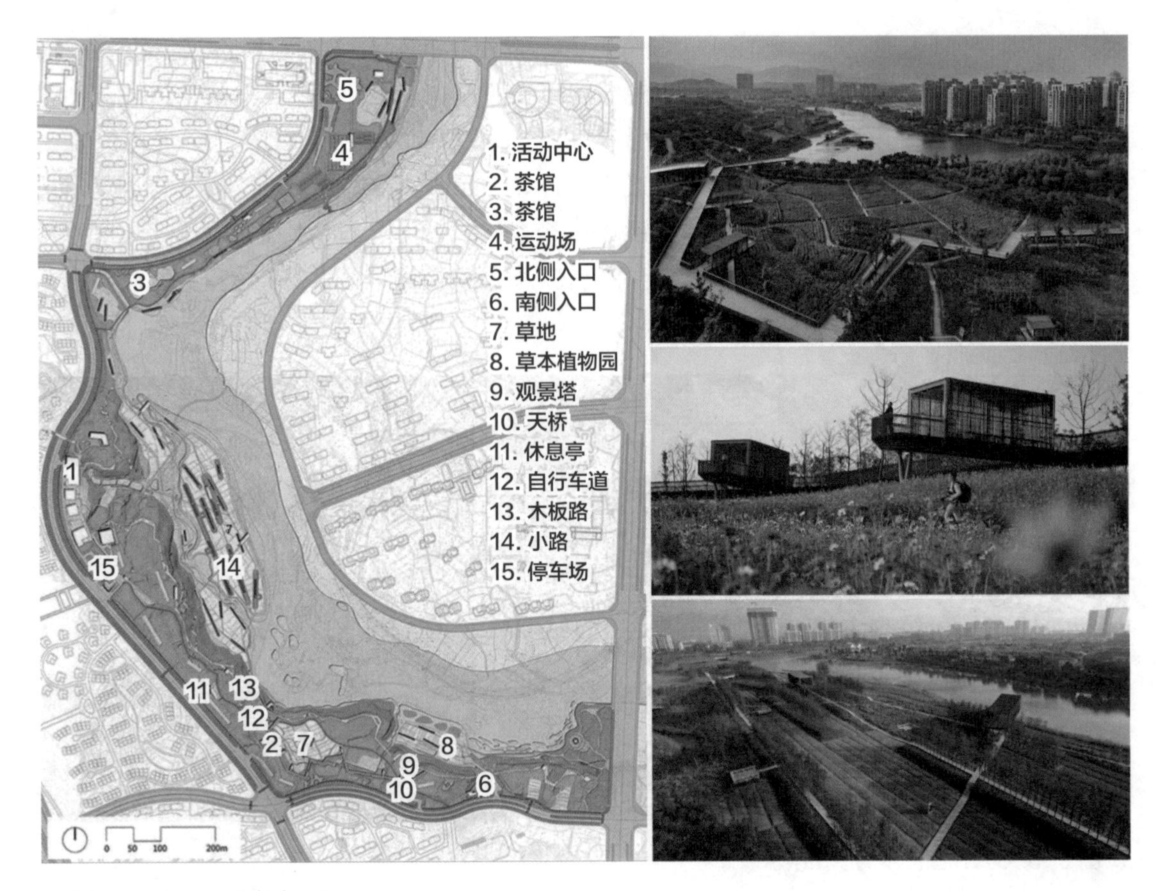

▲ 图 5-5-7 衢州鹿鸣公园

（五）城市滨水区建筑设计

城市滨水区建筑一般具备航运交通功能、休憩旅游功能、休闲娱乐功能、居住功能、共享功能等，如滨水广场、滨水大道、亲水步道、跨水桥梁、驳岸、港口、码头、酒店、高档住宅区等。城市滨水区建筑首先要保持设计平衡，如建筑物色彩、外形轮廓、密度等。例如上海外滩，全长 1.5 km，东临黄浦江，西面为哥特式、罗马式、巴洛克式、中西合璧式等 52 幢风格各异的大楼。虽然这些建筑不是出自同一设计师之手，但是整体轮廓线和建筑材质却有着惊人的协调性，体现了上海的历史变迁（图 5-5-8）。其次，城市滨水区建筑要适当降低建筑密度，注意建筑与周

▲ 图 5-5-8 上海外滩万国建筑群

围环境相结合。建筑高度应在城市整体规划设计基础上进行设计，且在沿岸设置适量的观景场所。滨水空间的建筑和街道在布局上还应留出一些可以到达滨水绿道、亲水平台的便捷通道，方便人们游玩和前往其他滨水空间。

（六）城市滨水区竖向规划

城市滨水区竖向规划包括地形地貌的利用、确定道路控制高程、地面排水规划及滨水断面处理等内容。规划以满足防洪工程需要为前提，尽可能将工程自然化，合理利用地形地貌，避免土壤受直接冲刷，注意利用水位变化这一自然过程，创造出生态湿地、生态步道等极具个性的生态景观。

（七）城市滨水区夜景设计

城市滨水区夜景设计应强调主次分明、整体协调、经济实用、平时与节假日结合等。在夜景设计时要充分考虑景点的属性、特征和各元素间的相互关系。景观夜间照明规划不是城市滨水区夜景规划的全部，只是最基本的条件，根据景点的属性确定要创造的气氛，根据重点确定主景，根据元素之间的关系确定背景，从而创造整体效果。

（八）驳岸设计

驳岸设计可分为人工驳岸和自然驳岸。人工驳岸主要使用钢筋混凝土、混凝土、块石、砖等材料筑坡，根据现场的基础条件和景观要求选择不同的材料，可以垒砌成规则式或者自然式，要求坚实稳固。自然驳岸则是利用草皮、石块、植物造坡，形成自然式缓坡，水岸边种植各种水生植物，提供生物栖息的环境。在规划与设计驳岸时，要将生态性放在首位，重点强调安全性及便利性。驳岸还须具备治水功能，只有驳岸的治水功能完善，人们游玩的安全才会得到保障。最后，驳岸还必须保证亲水性，可以让人们轻松、便捷地接近水体，最大限度地实现滨水景观设计的美观性和实用性（图 5-5-9）。

▲ 图 5-5-9　加拿大防波堤公园驳岸设计

（九）管网综合设计

管网综合设计的内容包括给水、排水、电力通信等，特别要注意的是排水、照明管网，这两项是滨水景观设计中对基础工程设施要求最高的。对于雨水，提倡经清洁过滤后明沟自然排放；对于污水，要求集中处理，达标后排放。

案例解析

布鲁克林大桥公园设计

布鲁克林大桥公园改造项目于 2018 年获得了 ASLA 通用设计类杰出奖。该公园位于纽约曼哈顿岛南端东河东畔，从曼哈顿大桥北面的杰伊街向南延伸，穿过布鲁克林大桥，直到南面的大西洋大道，绵延 2 km，面积为 34 km^2。公园前身为用于航运的工业码头，承担着交通、仓储、防洪功能，20 世纪后期渐渐被弃用。该改造项目将六个码头活化，实现了由荒废码头到充满活力的滨水公园的蜕变，打造了符合公众休闲游憩、科研教育、生态保护、文化延续等功能的特色滨水公园。

（一）多元化活动设置

设计师丰富了水岸边缘的活动形式，园内包含广场、草坪、石阶、运动场等多种空间。1 号码头是唯一建造在硬地上的码头，高度达 5.4 m，能欣赏布鲁克林大桥和港口风景，包括海景草坪、桥景草坪和溪谷等一系列全新的景观（图 5-5-10）。此外，码头用无障碍通道连接，为腿脚不便的老人提供安全步行空间。2 号码头共设有三个完整的篮球场、手球场、地滚球场，还有运动健身器材、溜冰场以及多用途草地。3 号码头最突出的特点是设有中央大草坪，其北侧设有互动性探索迷宫，外部有一个带有可移动家具的小树林。4 号码头为沙滩，丰富水岸边界类型，随着水质改善，将有更多水上项目。5 号码头为体育场，与之毗邻的野餐半岛为布鲁克林的市民们带来了风景如画的烧烤场地（图 5-5-11a）。6 号码头布置了排球场地和秋千、沙坑、水乐园等游乐设施（图 5-5-11b）。

▲ 图 5-5-10　1 号码头景观

(a)　(b)

▲ 图 5-5-11　5 号、6 号码头景观

（二）生态重建设计

关于布鲁克林大桥公园的生态环境，设计团队探索了以“后工业自然”命名的多种策略，旨在创造“自然入侵文明”的美学设计。公园通过改变地形、改造驳岸、种植盐碱地带植物等方式修复生态，成为弹性水岸公园，在飓风、洪水等灾害来临时，可以保护周围社区安全。公园的植物选择根据地形和与水岸的距离而变化，以耐盐碱的植物为主，如海滨李、北美油松和香根菊等。除了植物，种植土壤的选择也偏沙质，沙含量约 70% ~ 90%，以利于快速排走盐分。另外，植物也被作为岸线巩固的措施，例如 1 号码头的盐沼湿地采用互花米草，结合砌石驳岸、残留的桩群，能够保护盐沼免受波浪的冲击（图 5-5-12）。此外，布鲁克林大桥公园有一套先进的雨洪管理系统，平时公园 70% 的灌溉都来自收集的雨水和回收利用的公园用水，地上的泄洪渠和地下的滞留过滤系统能快速有效地排除地面积水并进行过滤。

▲ 图 5-5-12　盐沼湿地

（三）材料的合理选择与回收利用

在项目规划中，布鲁克林大桥公园遵循可持续原则，采用经济性的结构设计方法。布鲁克林大桥公园的材料多采用当地回收利用的弹性材料，公园内部所有细部构件都使用本土材料，甚至是工厂剩余材料，风格简洁粗犷。长叶黄松木因其良好的延展性和耐腐蚀性而闻名，从码头原来的冷藏库房回收的长叶黄松木被用来建造公园椅、铺装等。邻水驳岸、大型观景台阶、挡土墙都使用当地废弃的花岗岩大石块建成（图 5-5-13）。另外，公园还利用了长岛铁路东入口项目的土方来营造多层土丘系统，仅码头就用了 3000 m^3 的填充材料，从而使地势抬高 9.1 m。

▲ 图 5-5-13　材料的回收利用

（四）历史文脉保护

公园保留了码头时期的结构风貌，进行修复加固，形成独特的后工业景观。公园对现存的建筑尽可能地保留和再利用，针对公园的不同地区分别选择相适宜的用途，如高地和半岛状的 1 号码头可以支持较厚的土壤，故适宜植树绿化；大货船码头的结构承载力相对低些，只适合不需大量加固的轻薄些的项目。在 2 号码头上，整个金属库结构被保留了下来，作为运动场的棚荫结构和采光支撑（图 5-5-14）。6 号码头的沙滩排球场被建造在一个用桩体支撑的仓库甲板上（图 5-5-15）。在其他码头上，主要的竖梁被重新包裹，并作为采

▲ 图 5-5-14　2 号码头金属库结构保留

光支撑，在降低维护的同时保留了工业文明的特征。

布鲁克林大桥公园的成功来源于其设计者对场地现状全面细致的考量。开阔的港口和曼哈顿的天际线等给人以深刻的空间和视觉体验，公园贯彻人文主义，合理分析场地，挖掘文化脉络，完善滨水生态格局，激发公园活力，对于我国城市公园的建设具有借鉴意义。

▲ 图 5-5-15　6 号码头沙滩排球场

本章小结

本章主要介绍了城市绿地中一些比较常见的类型，如公园、广场、居住区、道路、滨水区等，详细介绍各景观设计类型的概念、功能、分类、相关设计标准、设计原则、设计要点等，以理论与实践相结合的形式，运用大量设计实例综合说明，对城市各景观设计类型进行深入的讲解。

思考与练习

1. 根据所学知识，按要求设计公园绿地景观，利用手绘或电脑制作一套完整的公园景观设计方案。

2. 以小组的形式，自主选择景观设计类型，收集国内外优秀实例，结合各类景观设计的要点进行调研分析，提交报告，以 PPT 形式进行小组汇报。

第六章 植物造景设计

| 本章概述 |

植物在改善空气质量、除尘降温、增湿防风、涵养水源等方面起着主导且不可替代的作用。英国造园家布赖恩·克劳斯顿（Brian Clouston）提出："园林设计归根结底是植物材料的设计，其目的就是改善人类的生态环境，其他内容只能在一个有植物的环境中发挥作用。"植物造景设计将园林植物科学合理地配置在一起，通过园林植物的形态、色彩、气味、质地等不同特征，创造出春季山花烂漫、夏季浓荫葱郁、秋天红叶层叠、冬天枝丫凝雪的时序景观。同时，植物造景设计考虑的因素很多，不仅要考虑植物自身的生长特性，还要考虑植物与周边环境以及与建筑、水体、山石等其他环境要素之间的关系。总之，在植物造景设计时要兼顾植物造景的科学性和艺术性。

| 教学目标和要求 |

了解植物分类及植物造景设计的原则、基本形式和方法，初步掌握植物造景设计的程序和步骤。

第一节　植物造景概述

一、基本概念

（一）园林植物

园林植物是适用于园林绿化的植物材料，通常指人工栽培的，可应用于室内外环境布置和装饰的，具有观赏、组景、分隔空间、装饰、遮阴、防护、覆盖地面等用途的植物总称。

（二）植物景观

植物景观包括自然植物景观和人工植物景观。自然植物景观主要指由自然界的植被、植物群落、植物个体所表现出来的景观形象，通过人们的感观传到大脑皮层，产生一种美感和联想。人工植物景观是运用植物题材进行创作的景观。

（三）植物造景

苏雪痕在《植物造景》一书中指出，植物造景就是“应用乔木、灌木、藤本及草本植物来创造景观，充分发挥植物本身形体、线条、色彩等自然美，配置成一幅幅美丽动人的画面，供人们观赏”。

（四）植物景观设计

关于植物景观设计，国内外目前尚无明确的概念，但以 Planting Design、Garden Design、Landscape Plant 等为主题词的书籍、资料、图片等大量涌入设计行业，通过翻译后表述字句不同，出现了“植物景观设计”“景观植物设计”“园林设计”“植物造景”“花园设计”等概念。植物景观设计的概念可以描述为根据园林总体设计的布局要求，运用不同种类的园林植物，按照科学性和艺术性的原则，合理布置与安排各种种植类型的过程与方法。成功的植物景观设计既要考虑植物的生长环境、生长发育规律，又要符合园林艺术构图原理及人们的审美需求，创造出优美、实用的景观空间环境。

二、植物分类

园林植物按生长类型，可分为乔木、灌木、藤本植物、花卉、草坪与地被植物、竹类、水生植物等，它们都是园林植物景观的物质构成要素。

（一）乔木

乔木是指树体高大的木本植物，通常高度在 5 m 以上，具有明显而高大的主干与分支，是景观设计中的骨干树种，如雪松、悬铃木、银杏、合欢、荷花木兰等。一般来说，按照乔木的高度可分为大乔木（高 20 m 以上）、中乔木（高 8 ~ 20 m）和小乔木（8 m 以下），按照乔木的生长习性、落叶情况可分为常绿乔木和落叶乔木两类。常绿乔木中按照叶形的不同又分为阔叶常绿乔木和针叶常绿乔木，落叶乔木按照叶形又分为阔叶落叶乔木和针叶落叶乔木。大乔木遮阴效果好，可以软化城市大面积生硬的建筑线条；中小乔木宜作为背景和风障，也可以来划分空间、框景；尺度适中的树木适合作主景或点缀之用。由于乔木的种类繁多，可以在不同的季节形成不同的色叶，即便在冬季，一些落叶乔木也能展现出美丽的树干姿态。

（二）灌木

灌木是指无明显主干的木本植物，植株一般较矮小，近地面处枝干丛生，如紫荆、木槿、迎春花、海桐等。根据灌木在园林中的造景功能分为观花类、观果类、观叶类、观枝干类、造型类等。灌木按照高度可以分为大灌木（高度在 2 m 以上）、中灌木（高度在 1 ~ 2 m）、小灌木（高度不足 1 m）。灌木能增添植物的层次感，用作绿篱的灌木可以起到空间划分、分隔植物带的作用，虽然不能成为用材树，但因其树形低矮、生长速度慢、高低尺寸适宜、能给人一种触碰自然的亲和感而被人们广泛使用。灌木的品种繁多，开花灌木观赏价值最高，用途广泛，可以起到点缀环境的作用。

（三）藤本植物

藤本植物是指自身不能直立生长，需要依附它物或匍匐地面生长的草本或木本植物，常见的藤本植物有常春藤、紫藤、爬山虎、五叶地锦、野蔷薇等。据不完全统计，我国的藤本植物约有 1000 种。藤本植物可以美化墙面，形成季节性色叶、花、果和光影效果，也可以利用藤本植物对陡坡、裸露地面进行绿化，既能扩大绿化面积，又具有良好的固土护坡作用，是景观设计中垂直绿化的首选植物。同时，藤本植物可用于廊架、拱门、棚架的美化与绿化。

（四）花卉

花卉是园林绿化的重要植物材料，具有很高的观赏价值和极强的装饰作用。花卉按其形态特征及生长寿命可分为一二年生花卉、宿根花卉、球根花卉。一二年生花卉，即当年春季或秋季播种，于当年或第二年开花的植物，如万寿菊、鸡冠花、一串红等；宿根花卉即多年生草本植物，大多当年开花后地上茎叶枯萎，其根部越冬，翌年春季继续生长，也有的地上茎叶冬季不枯死，但停止生长，如麦冬、玉簪、万年青等；球根花卉，也是多年生草本植物，地下茎或根肥大呈球状或块状，如水仙、百合、郁金香、唐菖蒲等。花卉在园林中的应用形式主要有花坛、花境和专类园等。

（五）草坪与地被植物

草坪与地被植物由于密集覆盖于地表，不仅具有美化环境、增加绿地覆盖率的作用，还可以保持水土、调节温湿度、改善小气候、预防自然灾害等。草坪以禾本科植物为主，分为暖季型和冷季型草坪。草坪种植必须注意具有良好的排水性和具有中性的土壤环境。作为园林景观的重要组成部分，草坪不仅具有自身独特的生态学特点，而且具有独特的景观效果。在园林绿化布局中，草坪不仅可以作为主景，而且能与山、石、水面、坡地及园林建筑、乔木、灌木、花卉、地被植物等密切结合，组成各种不同类型的景观空间。地被植物，一般指低矮的草本植物和矮小灌木，包括匍匐的爬藤植物。以草坪为代表的地被植物种类很多，有四季常青的地毯草，也有随着季节变换颜色的巴根草。匍匐的爬藤植物以柔软风格见长，花色、品种也较丰富，如常春藤、黄金葛、大吊竹草等。

随着我国经济的繁荣和人们审美情趣的提高，观赏草类植物已悄悄在一些公园与绿地"安家落户"，如细叶芒、金叶苔草等。观赏草类植物是个相当庞大的族群，观赏性通常表现在形态、颜色、质地等许多方面，它们的形态很适合营造具有自然野趣的景观，加之对生长环境要求不高，备受景观设计师青睐。以下介绍几种常用的观赏草类植物（图 6-1-1）。

▲ 图 6-1-1　常见观赏草

（六）竹类

竹类是植物中形态构造较独特的植物类型，竹枝修长挺拔、亭亭玉立，是"花中四君子"之一。竹类为禾本科植物，竹干有节、中空、叶形美观，高度可达 30 m，能够创造出优美的竹林空间环境，常用竹类有毛竹、紫竹、淡竹、刚竹、南天竹、凤尾竹等。从古至今，竹类植物以其独特的优势在园林设计中扮演着重要角色，形成了具有典型中国文化内涵的景观形象。古典园林中竹类植物造景的一些手法，如"竹径通幽""移竹当窗""粉墙竹影"等，仍然被现代园林借鉴（图 6-1-2）。

▲图 6-1-2　扬州个园修竹与石笋点破“春山”主题

（七）水生植物

水生植物是园林景观中常见的植物类型。这类植物通常能在水中生活，拥有发达的通气组织和强韧的茎。按照生长类型的不同，通常把水生植物分为挺水植物、浮叶植物、沉水植物、漂浮植物、水缘植物五类。

挺水植物指其下部或基部沉于水中，根或地茎扎入泥土中生长发育的植物，其上部植株挺出水面，如荷花、千屈菜、菖蒲、水葱等。浮叶植物根状茎发达，无明显的地上茎或茎细弱不能直立，叶面漂浮于水面上，如睡莲、芡实等。沉水植物沉于水中，由于拥有发达的通气组织，能够在水里生长繁殖，但对水质的要求较高，水质混浊会影响光合作用，如金鱼藻、苦草、黑藻等。漂浮植的株根不生长泥中，自身漂浮于水面之上，随水流、风浪四处漂泊，多数以观叶植物为主，如凤眼蓝、浮萍等。水缘植物主要生长在水边，种植栽培时主要采用两种方式：一种是种植在平底的培植盆中，然后放在浅水区布置；另一种是在规划好的浅水区水池放置。

三、植物作用

植物在园林景观设计中起着重要的作用，是城市绿化的重要组成部分，是景观中不可缺少的构成元素。总体来说，植物的作用主要表现为生态作用、美化功能、建造功能、经济作用四个方面。

（一）生态作用

城市绿地改善生态环境的作用是通过园林植物的生态效益实现的。植物具有调节温度和空气湿度、制造氧气、保持水土、降噪、吸收尘埃及有毒气体、杀菌保健等生态作用，多种多样的植物材料组成了层次分明、结构复杂、稳定性较强的植物群落，使得城市绿地在防风、防尘、降噪、吸收有害气体等方面的能力也明显增强。相关数据显示：在降温保湿方面，城市绿化区域较非绿化区域，夏季温度低 3 ~ 5°C，冬季温度则高 2 ~ 4°C；绿地上空的湿度一般比非绿地上空高出 10% ~ 20%。树木又被称为“绿色消声器”，乔灌成行间隔种植比单一乔木种植效果好，群植比列植效果好，如宽 40 m 的林带可以降低噪声 10 ~ 15 dB，高 6 ~ 7 m 的绿化带平均能降低噪声 10 ~ 13 dB，一条宽 10 m 的绿化带可降低噪声 20% ~ 30%。悬铃木、刺槐可使粉尘减少 23% ~ 52%，使飘尘减少 37% ~ 60%。绿化较好的绿地上空大气含尘量通常较裸地或街道少 30% ~ 50%。一般来说，树冠大而浓密、叶面多毛或粗糙以及分泌油脂或黏液的植物都具有较强的滞尘能力（表 6-1-1）。

表 6-1-1　不同乔木类型对环境的生态作用

生态作用类型	植物种类
吸收 SO_2	悬铃木、垂柳、加杨、银杏、臭椿、夹竹桃、女贞、刺槐、梧桐、合欢、栾树、山桃、黑松、龙柏、樟、构、广玉兰、糙叶树、枫杨、楝、丝棉木、乌桕、泡桐、蚊母树、桑、无花果、大叶黄杨、石榴
抗氯、吸氟、滞尘	构、合欢、紫荆、木槿、女贞、泡桐、刺槐、大叶黄杨、榆树、朴树、广玉兰、臭椿、紫薇、悬铃木、蜡梅、加杨
减菌、杀菌	核桃、桑、油松、紫叶李、栾、泡桐、杜仲、槐、臭椿、黄栌、白皮松、圆柏、洒金柏
隔音、降噪	雪松、松柏、悬铃木、梧桐、垂柳、臭椿、榕树、广玉兰、樟、水杉
防风固沙	沙柳、沙枣、胡杨、银白杨、樟子松、油松

（二）美化功能

植物是活的有机体，其自然柔美的线条和轮廓不但可以美化环境，还可以柔化硬质景观，使景观整体看起来自然、和谐。园林景观植物种类繁多，每种植物都有独特的姿态、色彩、风韵。

现代城市园林景观是人们感受最为直接的景致，也是能使人们感受到生命变化的景观。园林植物随着季节变化表现出不同的季节特征，使得同一地点在不同时期产生某种特有景观，给人不同的感受。植物盛衰荣枯的生命变化过程为创造景观的时序变化提供了条件，如西湖风景区（图 6-1-3），初春杨柳吐翠，艳桃灼灼；暮春群芳争艳、妩媚多彩；夏日芙蓉出水，曲院风荷；晚秋满目红叶，绚丽如霞；冬天梅花怒放，迎霜傲雪。西湖风景区由于突出了植物时序景观特色，而使山光水色更加迷人。

▲ 图 6-1-3　西湖植物时序景观特色

除了植物的季节特征，通常还要考虑植物种植的色彩美和姿态美。色彩美主要体现在植物的叶、花、杆和果实方面，常见的色叶树种主要集中于银杏科、漆树科、槭树科、大戟科、金缕梅科、无患子科、柿科等科的落叶树种以及个别常绿树种，如银杏、红枫、金钱松、柿、重阳木、乌桕等。植物自身的姿态也为城市绿化、园林景观提供了很高的观赏价值，产生一种自然的韵律感、层次感。银杏、毛白杨树干通直、气势轩昂，油松曲遒苍劲，北美圆柏亭亭玉立，这些树木孤立栽培，即可构成园林主景。

此外，不同的地域环境形成不同的植物景观，致使植物的分布呈现地域性。根据环境、气候等条件，可以选择适合当地生长的植物种类，营造具有气候、地域特色的景观。例如：棕榈、王棕、假槟榔等营造的是一派热带风光；雪松、悬铃木与大片草坪形成的疏林草地展现出宽广的空间（图 6-1-4）。

▲ 图 6–1–4　雪松大草坪疏林草地景观

在园林景观创造中可借植物抒发情怀，寓情于景、情景交融。兰花生于幽谷，叶姿飘逸，清香淡雅，无娇弱之态，无媚俗之意，摆放室内或植于庭院一角，其意境都很高雅。松苍劲古雅，不畏霜雪严寒的恶劣环境，能在严寒中挺立于高山之巅；梅不畏寒冷，傲雪凌霜；竹则“未曾出土先有节，纵凌云处也虚心”。这三种植物都具有坚贞不屈、高风亮节的品格，常被用于纪念性园林，以缅怀前人（图 6-1-5）。

▲ 图 6–1–5　“岁寒三友”景观一角

（三）建造功能

植物的建造功能包括划分空间、遮蔽视线、控制交通流线、形成空间序列和视线序列、私密性控制等。植物本身的可塑性很强，可独立或与其他景观要素一起构成不同的空间类型。植物对于景观空间的划分可以应用在空间的各个层面上。在平面上，植物可作为地面材质，和铺装配合，共同进行空间的划分。在此基础上，植物也可进行垂直空间的划分，如不同高度的绿篱可以形成空间的竖向围合界面，从而达到明确空间范围、增强领域感的作用，而高大乔木的树冠可以从垂直方向把景观视野分为树冠下和树冠上两个部分，形成不同的视觉效果。

植物遮蔽视线的作用建立在对人的视线分析的基础上，适当地设置植物屏障，能阻挡人

的视线，将不良景观遮蔽于视线之外。用一定数量、体量的植物围绕在主景周围，遮蔽周围无关的景物，形成一个景框，能很好地起到框景作用。一般来说，用高于人视线的植物来遮蔽其他景物，形象生动、构图自由，效果较为理想。

另外，植物营造的软质空间可以起到控制交通流线的作用，利用植物隔离人的视线，形成天然的屏障，在某些开阔的场所可以起到明确的交通导向作用。此外，植物还能配合水体、地形、建筑等其他景观要素，营造不同功能的游憩空间，形成景观空间序列和视线序列，构成丰富的城市景观。

（四）经济作用

大多数植物都具有较高的经济价值。它们的根、茎、花、果等都是工业原料的提取物，甚至具有药用价值。如沙棘具有保护水土、防风固沙、改良土壤的作用，其果实富含多种营养，被称为“多维营养库”，可入药。金银花是一种耐干旱、耐瘠薄的药用植物，是我国大宗出口的药材之一，具有很高经济价值，同时还可运用到化妆品、保健食品中。

第二节　植物配置形式

植物造景要充分发挥植物的自然特性，以孤植、对植、列植、丛植、群植、林植作为配置的基本形式，从平面和垂直空间上组成丰富多彩的植物景观效果。

一、孤植

孤植是指乔木或灌木单株栽植或两三株同种类的树木紧密地栽植在一起，具有单株栽植效果的种植类型。孤植在景观设计中起到遮阴和提供艺术构图的作用，因此，孤植往往选择体形高大、枝叶茂密、姿态优美的乔木或者树形、花色较好的花灌木，如银杏、槐、榕树、樟、悬铃木、白桦、无患子、枫杨、垂柳、青冈栎、七叶树、雪松、云杉、圆柏、南洋杉、苏铁、罗汉松、黄山松、柏木、红枫等。另外，孤植树应该具有较高的观赏价值，如白皮松、白桦等具有斑驳的树干，枫香树、元宝槭、鸡爪槭等具有鲜艳的秋叶，凤凰木、樱花、紫薇、梅、广玉兰、柿、柑橘等拥有鲜亮的花和果。总之，孤植树作为景观主体、视觉焦点，应具有与众不同的视觉效果，在造景时需要注意以下几点（表 6-2-1）。

表 6-2-1　不同地区孤植树树种选择

地区	代表植物
华北地区	白桦、蒙椴、樱花、柿、银杏、西府海棠、朴树、油松、白皮松、松柏、皂荚、乌柏、桑、美国白梣、槐、白榆、花曲柳等
华中地区	鹅掌楸、银杏、悬铃木、雪松、金钱松、马尾松、柏木、枫香树、荷花木兰、枫杨、七叶树、喜树、樟、乌桕、紫楠、合欢等
华南地区	广玉兰、枇杷、观光木、橡皮树、高山榕、雅榕、凤凰木、木棉、菩提树、南洋楹、大花紫薇、橄榄树、荔枝、铁冬青等

（1）孤植树的形体、高矮、姿态等都要与空间大小相协调。开阔空间应选择高大的乔木作为孤植树，而狭小空间则应选择小乔木或者灌木等作为主景。在自然式景观中，应避免孤植树处在场地的正中央，稍稍偏移一侧，以形成富有动感的景观效果。

（2）可以以天空、水面、草地、墙面等色彩既单纯又有丰富变化的景物环境作为背景衬托，以突出孤植树在形体、姿态、色彩等方面的特色，如苏州博物馆内庭，以多变的建筑墙群为背景，孤植一株桂花，幽静而富含生机（图 6-2-1）；

▲ 图 6-2-1　苏州博物馆内庭孤植的桂花

（3）孤植的树可配植在花坛、休息广

场、道路交叉口、建筑的前庭等规则式绿地中，也可将它修剪成规则的几何形状，引人注目。

（4）注意植物的生态习性，不同地区可供选择的植物有所不同。

（5）园林中要尽可能利用原有大树作为孤植的树木。

二、对植

对植是两株或两丛相同或相似的树按照一定的轴线关系对称或均衡布置的种植形式。对植形式常见于大门两边、建筑物入口两侧，主要起到烘托主景、装饰美化、引导视线的作用，在构图上起到配景或夹景的作用。对植往往选择外形整齐、美观的植物，如银杏、侧柏、南洋杉、圆柏、云杉等，可以是两株、三株树对植，也可以是树群对植。按照构图形式，对植可分为对称式和非对称式两种方式（图 6-2-2）。

▲ 图 6-2-2　对称式对植与非对称式对植

（一）对称式对植

对称式对植以主体景观的轴线为对称轴，对称种植两株（丛）品种、大小、高度一致的植物，两株植物种植点的连线应被中轴线垂直平分。该对植形式常见于大门或建筑入口两侧，特别是纪念性建筑、道路两旁等。在对称式对植中主要考虑植物特别是乔木的大小、其与建筑的位置和距离，以便保证乔木的正常生长。特别是在居住区景观设计时，乔木的种植距离不能太靠近房屋的窗户，避免安全隐患的同时减少光线的遮挡。一般在设计中，乔木与建筑的距离要在 5 m 以上，小乔木和灌木至少在 2 m 以上。一些纪念性建筑物两侧常选择一些树干挺拔、树形规则的常绿乔木，以体现建筑的雄浑、庄重与肃穆的气氛，如杜甫草堂入口两侧对称式对植的苏铁。

（二）非对称式对植

两株或两丛植物在主轴线两侧按照中心构图法或者杠杆均衡法进行配置，称为非对称式对植。非对称式对植常见于自然式园林中，且两侧种植的树种可以相同，但大小和姿态必须不同，动势要向中轴线集中，大树与中轴线的垂直距离要近，小树则要远。非对称式对植也可以采用株数不相同而树种相同的配植，如左侧是一株大树，右侧为同一树种的两株小树。

三、丛植

丛植是由两三株至一二十株同种或异种乔木，或乔木、灌木树种较紧密地种植在一起，使其林冠线彼此密接而形成一个整体外轮廓线的种植类型。丛植是园林中植物造景应用较多的种植形式，树丛作为一个整体，通常是种植构图的主景，因此要注意树丛的整体美感，而树丛中每个单独的树种也应该注意其个体美感（图 6-2-3）。通常情况下树丛的配合有下列几种。

▲ 图 6-2-3　草坪丛植景观

（一）两株丛植

两株丛植必须形成一种对立统一的种植形式。两株结合的树丛最好采用同一树种或相似的树种，若选择两株同种树木，最好在姿态、动势、大小上有显著差异。在种植的距离上，一般来说不能与两棵植株树冠直径的 1/2 相等，但必须靠近，其距离要比小树的冠幅小得多，使其形成一个整体，以免出现分离现象（图 6-2-4）。

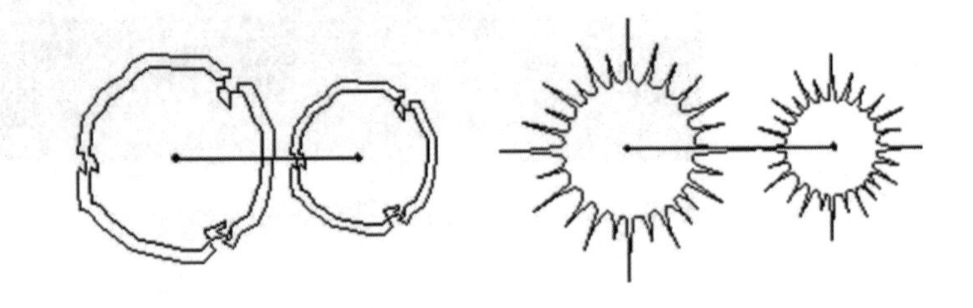

▲ 图 6-2-4　两株丛植（左为阔叶乔木，右为针叶乔木）

（二）三株丛植

三株丛植可以采用三株为同一个树种或采用两种外观类似的树种进行配合。所谓“三株一丛，则二株宜近，一株宜远”，栽植时，三株忌在直线上，忌等边三角形栽植，三株之间的距离不可以相等，树种的选择不宜过多，切忌三株树种都不相同。最大株和最小株都不能单独为一组：最大一株和最小一株要靠近一些，使之成为一小组，中等的一株要远离一些，成为另一小组，形成 2 ∶ 1 的组合。如果是两个不同树种，最好同为常绿树或同为落叶树，同为乔木或同为灌木，其中大的和中等的树为一种，小的为另一种（图 6-2-5）。

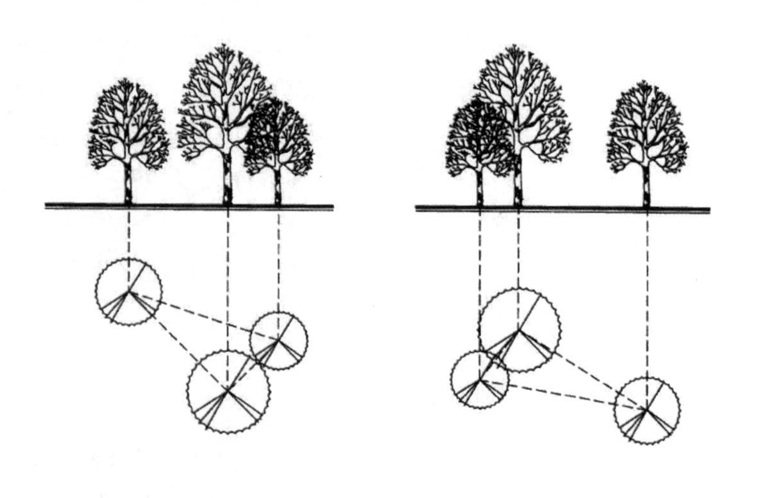

▲ 图 6-2-5　三株丛植

（三）四株丛植

四株丛植在树种的选择上一般可以有两种方式：一种方式是采用姿态、大小、高矮上有对比和差异的同一树种；另一种方式是采用两种不同的树种形式，最好同为乔木或灌木。总的原则是“四株一丛，三株相邻，一株稍离”，即按 3 ∶ 1 的比例分为两组，最大一株应在 3 株一组中，树丛不能种在一条直线上，也不要等距离栽种，平面形式应为不等边四边形或不等边三角形，忌四株呈直线、正方形、矩形分布。若选用两种树种，最好是相近树种；应一种树三株，另一种树一株，一株的树种为中、小号树，并配置于三株相邻的那一组中（图 6-2-6）。

（四）五株丛植

五株丛植，树种的组合方式可以是五株皆为同一树种，也可以两个树种组合。同一种树最佳的分组方式有 3 ∶ 2 和 4 ∶ 1 两种形式：4 ∶ 1 形式中单株树种的体量不能最大也不能最小，两组的距离不能太远，要有动势，并且任意三株不能在同一直线上；在 3 ∶ 2 的组合中，一种树种为三株，另一树种为两株，并将其分在两组中。主体树必须在三株、四株那一组中。四株一组的组合原则与前述四株丛植的组合相同，三株一小组的组合与三株丛植的组合相同，两株一小组与两株丛植相同。因此只要掌握最基本配置技巧，就能对更多植物丛植熟练地进行配置设计（图 6-2-7）。

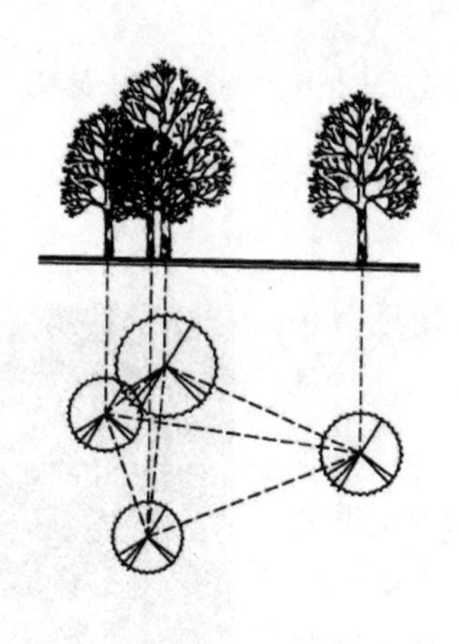
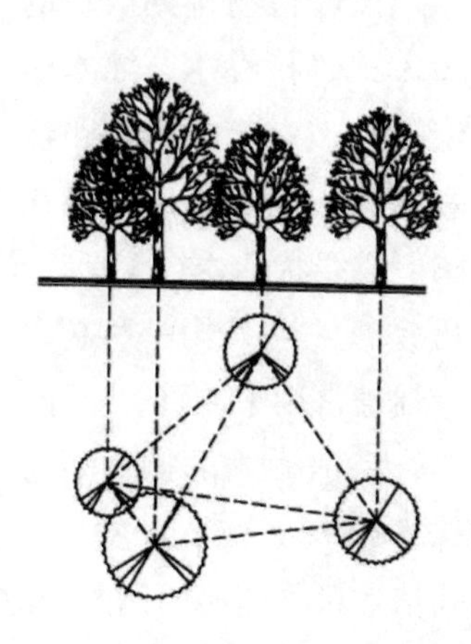

▲ 图 6-2-6 四株丛植

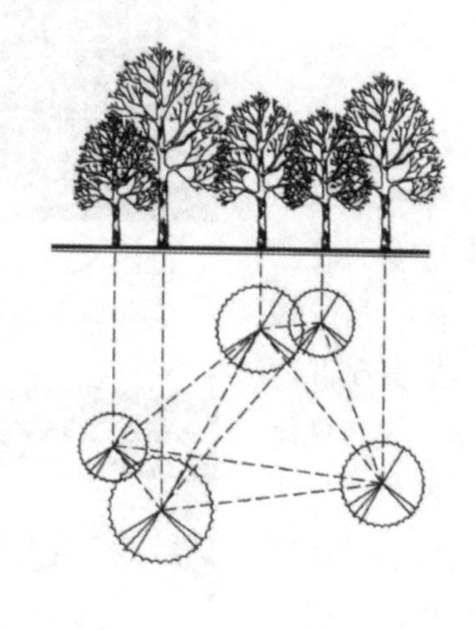
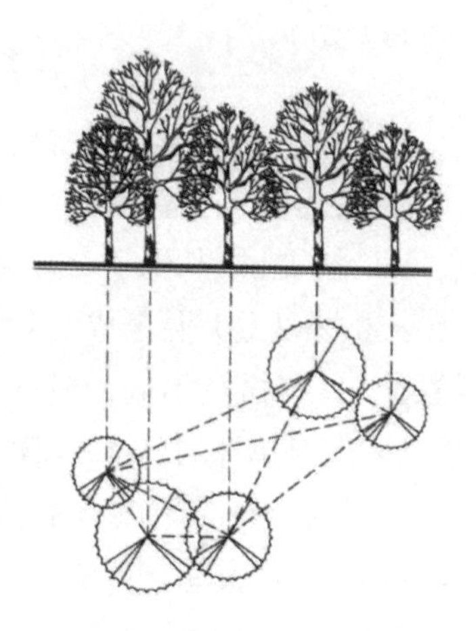

▲ 图 6-2-7 五株丛植

（五）六株及以上丛植

《芥子园画谱》中提到，“五株既熟，则千株万株可以类推，交搭巧妙，在此转关。”一般来讲，六株树丛，理想分组为 4 ∶ 2，如果体量相差较大，也可采用 3 ∶ 3 的分组形式，树种最好不要超过三种。七株丛植，理想分组为 5 ∶ 2 和 4 ∶ 3，树种不超过三种。八株丛植，理想分组为5 ∶ 3和2 ∶ 6，树种不超过四种。九株丛植，理想分组为3 ∶ 6、5 ∶ 4和2 ∶ 7，树种不超过四种（图6-2-8）。

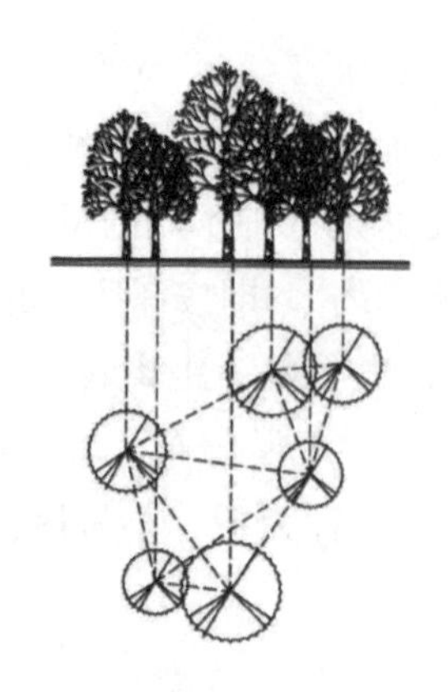

▲ 图6-2-8　六株及以上丛植

四、列植

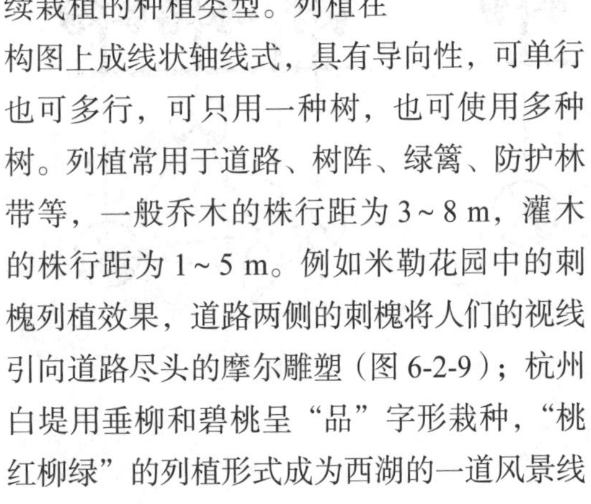

列植即植物排列成行的栽植方式，指乔木、灌木沿一定方向按一定的株行距连续栽植的种植类型。列植在构图上成线状轴线式，具有导向性，可单行也可多行，可只用一种树，也可使用多种树。列植常用于道路、树阵、绿篱、防护林带等，一般乔木的株行距为3～8 m，灌木的株行距为1～5 m。例如米勒花园中的刺槐列植效果，道路两侧的刺槐将人们的视线引向道路尽头的摩尔雕塑（图6-2-9）；杭州白堤用垂柳和碧桃呈“品”字形栽种，“桃红柳绿”的列植形式成为西湖的一道风景线（图6-2-10）。

▲ 图6-2-9　米勒花园刺槐列植景观

五、群植

群植是由多株乔木、灌木（一般在20～30株以上）混合成群栽植在一起的种植类型。与树丛不同，树群主要表现群体美，因此对单株的要求并不严格，仅考虑树冠上部及林缘外部的整体起伏、曲折、韵律及色彩表现的美感。群植可分同种群植和异种群植两类。同种群植以同一树种配植成林的方式，在景观风格上容易形成雄浑的气势；同时考虑“同本异景”原则，即在统一中求变化，避免单调乏味。异种群植由两种以上的树种成片栽植而成，与同种群植相比，异种群植的景观效果较为丰富，主要考虑植物之间的生态适应性和树种色彩的调和

▲ 图6-2-10　杭州白堤“桃红柳绿”的列植景观

对比、季相配合、常绿树与落叶树的搭配等，要做到植物和植物之间、植物和环境之间形成一个有机的整体。

群植通常选择乔木、灌木、花卉、草坪相结合的方式。一般选择树身高大、外形美观的乔木构成整个树群的骨架，选择树冠姿态丰富的品种使树群背景的外轮廓线富于变化。灌木选择以花木为主，或者色叶树种，形成丰富的层次和色彩变化，还可选择多年生的花卉、草本覆盖地面。要注意的是由于树群具有一定的遮阴功能，树群下方在种植草坪和花卉时，应该选择一些耐阴性强的植物品种。群植多用于自然式园林，植株栽植应有疏有密，不宜成行成列或等距栽植，要做到“疏处可走马，密处不透风”。林冠线、林缘线要有高低起伏和婉转迂回的变化，林中铺设草坪，开设“天窗”，以利光线进入，增加游人的游览兴趣。群植景观既要有观赏中心的主体乔木，又要有衬托主体的添景和配景。如杭州太子湾公园逍遥坡西侧群植景观，以教堂为中心建筑物，周围零星栽植中华樱花，以朴树、白栎、香樟、水杉等植物为背景，丰富的上层植物种类构成了变化丰富的林冠线（图 6-2-11）。

▲ 图 6-2-11　太子湾公园逍遥坡群植景观

六、林植

林植是由单一或多种乔木、灌木呈林状进行种植，以构成林地和森林景观。林植面积是所有种植形式中最大的。林植多用于大面积公园的安静休息区、自然风景区或休、疗养区以及防护林带等。林植时应该注意林冠线的变化、植物的生态效应、树种的选择与搭配以及疏密的结合。林植不仅可以带来丰富的景观效果，还可以有效地改善小气候，种植经济林木还可以产生经济效益，如竹林等。一般情况下，我们可以把林植分为密林和疏林两类。

（一）密林

密林是指水平郁闭度在 0.7 ~ 1.0 的树林（图 6-2-12a）。按照组成、品种数量可分为纯林和混交林两类。纯林由一种植物组成，整体性强、壮观、大气，缺点是缺乏季相变化，不能形成交替景观。需要注意的是，对于纯林一定要选择抗病虫害的树种，防止病虫害的传播。混交林是由多种树木组成的密林，与纯林相比，混交林的景观效果较为丰富，并且能避免病虫害的传播，可根据实际情况对树种采取点状、块状、带状混交的方式进行种植设计。

（二）疏林

疏林是指水平郁闭度在0.4～0.6的树林，以纯乔木林为主（图6-2-12b）。疏林常见的形式有草地疏林、花地疏林和疏林广场。草地疏林的树种以色彩美观、形态优美的落叶乔木树种为好，如杭州花港观鱼公园的悬铃木合欢草坪，种植高大的悬铃木，结合坡地地形，其下配置坐凳供游人纳凉、休息。花地疏林可以将乔木与花卉品种进行混交配置，在花地疏林之间可以设置道路供游人游览。

(a) (b)

▲ 图6-2-12　林植景观（a 密林，b 疏林）

七、盆植

盆植是将观赏树木栽植于较大的树盆、木框中。盆植的观赏树木可以安置于不能栽种植物的场所，如地下管道的上方及铺装场地，形成孤植、对植、列植等多种形式的摆放。另外，在一些公园中，设置专门放置盆植的观赏区，如盆景园等（图6-2-13）。

▲ 图6-2-13　梅桩盆景

八、隙植

隙植是将较耐旱、耐瘠薄的树木作为山石、墙面缝隙中的配植。隙植有丰富山石表面及墙面构图的作用，能营造一种建筑、岩石年代久远的感觉，还能软化硬质景物，并具有障丑显美的装饰功能。

第三节 植物造景设计要点

一、层次设计

平面布局中乔木、灌木以及地被植物的搭配在立面上表现为植物景观层次。植物造景有多种形式，有的用单层植物结构（乔木、灌木或草坪），有的用多层植物结构（即用两层或两层以上的植物构成景观）。如果需要形成通透的空间，则种植层次要少，可以仅为乔木层或乔木、草坪两层；如果需要形成动态连续的具有远观效果的植物景观，可以多层种植，丰富的层次不仅在视觉上可以形成良好的效果，还可以在游人心理上形成较为厚重的种植感受。多层种植还可以在园林围墙边缘使用，从而使游人感受不到实体边界的存在。

▲ 图 6-3-1 杭州花港观鱼公园南入口草坪景观空间

多层植物景观设计时，分单面观赏和多面观赏两种情况。单面观赏时，一般是小灌木、地被植物在最前面，中小乔木、大灌木在第二层，大乔木在最后面，高度上面向观赏者逐渐递减。递减的层间高差可大可小，如果各层次之间高差小，树群则显得有体量感和厚重感；各层次之间高差大，则层次分级明显，层次感强。如杭州花港观鱼公园南入口草坪景观空间（图 6-3-1），高层种植枫杨、香樟等大乔木，中层植桂花、樱花、鸡爪槭，使该组植物产生季节性变化，底层则种植沿阶草及其他耐阴性地被植物。多面观赏的植物层次设计，要求最高大的乔木放置在中间，次高大植物和低矮植物递次向外沿排列，形成塔状的树群层次，此设计多用于道路分隔绿化带中。在多层植物景观设计时，结合一定的缓坡地形，强化层次性植物景观，使整体更加自然。营造多层次的植物群落能形成优美自然的林冠线和林缘线，但刻意强调层次性景观容易出现过于人工化、层次设置不合理等情况，如图 6-3-2（a）树丛边缘过于人工化，过渡不自然，又如图 6-3-2（b）高层植物配置过于简单，中层薄弱，低层混乱。

（a）

（b）

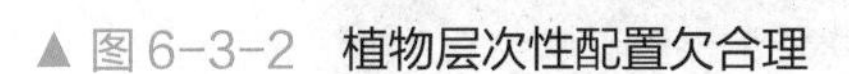

▲ 图 6-3-2 植物层次性配置欠合理

二、季相设计

植物季相变化是指在不同季节下植物呈现出不同的特点。在寒来暑往的季节更替中，由于气候改变，植物会发生不同程度的生长特征变化，这些变化包含了植物从发芽生长到开花、结果、落叶的整个成长过程，以及全年呈现出的不同形态。季相设计的表现手法常常是以足够数量或体量的一种或者几种植物成片栽植，突出某一季节的景观效果或四季变化之美。

我国对季相认知的历史悠久，古人对典型观花植物的季相观察早有记载。北宋文学家欧阳修《谢判官幽谷种花》一诗中“浅深红白宜相间，先后仍须次第栽。我欲四时携酒去，莫教一日不花开”就是对植物景观栽植方式、季相设计的最佳表述。杭州西湖十景中“苏堤春晓”“柳浪闻莺”“曲院风荷”“平湖秋月”“断桥残雪”皆是园林植物季相的表征。

植物的季相变化是植物对气候的一种特殊反应，如大多数植物会在春季开花、发新叶；在秋季结果，叶子也会变黄或变成其他颜色。这些季相变化成为园林景观中最为直观和动人的景色，为人们的生活增添色彩。植物季相变化较为典型的有加拿大宝翠花园：3 月大片雏菊、三色紫罗兰、长春花盛开；4 月到 5 月，郁金香绽放在花园的每个角落；5 月开始，玫瑰园成为夏季观赏主角，牡丹也争相展示姿态；6 月，杜鹃、飞燕草、石竹等把花园装扮得极其绚烂；7、8 月份，各种月季花则成了园中最吸引人的景观；9 月，秋海棠、绣球及倒挂金钟等植物延续着夏天的繁荣；到了 10 月，鸡爪槭等秋色叶树种、菊属花种的开放为园中带来了一年四季最为绚丽的色彩；11 月入冬后，公园并没有进入冬眠，常绿的阔叶树、针叶树、浆果类果树及各种灌木的树形与色彩逐渐变化，将裸露的花园骨架展示出来（图 6-3-3）。

▲ 图 6-3-3　宝翠花园四季景观

季相景观设计既要具有明显的季相变化，又要避免“偏枯偏荣”，实现“春花、夏荫、秋实、冬青”。但是利用园林植物表现时序景观，首先要对植物材料的生长规律和生物学特性进行深入了解，然后才能按照美学原理合理设计，利用植物的形体、色彩、质地等外部特征，发挥其干、茎、叶、花在各个时期的最佳观赏效果，尽可能呈现出“四季有景，景色各异”的园林植物季相之美。以下是各季节不同花色植物配植表（表 6-3-1）。

表6-3-1　植物花色、花期的配植

季节	色系				
	红色系	黄色系	白色系	紫色系	蓝色系
春	碧桃、榆叶梅、山桃、贴梗海棠、垂丝海棠、山杏、樱花、日本晚樱、紫叶李、山茶、红千层、杜鹃、海桐、木棉、牡丹、芍药、锦带花、瑞香等	迎春花、连翘、含笑花、蜡梅、黄刺玫、金钟花、棣棠花、相思木、接骨木、黄兰、天人菊、杧果、南洋楹、结香等	广玉兰、白兰花、刺槐、白鹃梅、珍珠绣线菊、珍珠梅、山桃、山杏、白花山碧桃、白丁香、白花杜鹃、流苏树、络石、石楠、文冠果、油桐、稠李、杜梨、金银木、水蜡树、白杜、毛樱桃、山樱桃等	紫荆、紫丁香、紫玉兰、叶子花、羊蹄甲、杜鹃、山茶、紫藤、泡桐树、瑞香、石竹等	鸢尾、风信子、矢车菊、蓝花楹等
夏	合欢、紫薇、楸、蔷薇、玫瑰、石榴、凌霄、凤凰木、耧斗菜、枸杞、一串红、朱槿、红王子锦带花、千日红、香花槐、金山绣线菊、金焰绣线菊、美人蕉、荷花等	鹅掌楸、锦鸡儿、鸡蛋花、云实、黄槐决明、黄花夹竹桃、银桦等	广玉兰、山楂、绣球荚蒾、玫瑰、茉莉花、七叶树、花楸、水榆花楸、鸡树条、木槿、太平花、白兰、银薇、栀子、刺槐、木香、白花紫藤、日本厚朴等	木槿、紫薇、千日红、油麻藤、牵牛等	三色堇、鸢尾、矢车菊、蓝花楹、绣球等
秋	紫薇、木芙蓉、香花槐、大丽花、朱槿、千日红、红王子锦带花、金山绣线菊、金焰绣线菊等	桂花、菊花、金合欢、黄花夹竹桃等	木槿、银薇、八角金盘、胡颓子、九里香等	紫薇、木槿、紫羊蹄甲、千日红、叶子花、翠菊等	风铃草、藿香蓟等
冬	一品红、茶梅等	蜡梅	梅、鸭掌柴等	—	—

（一）春季季相表现

春天开花的植物较多，开花早晚存在差异。按照不同植物的开花特征进行合理搭配，可使春季花景不断，给人生机盎然的视觉感受。春季观赏的植物主要为观叶、观花两类。春季新发嫩叶有显著不同颜色的，统称为“春色叶植物”，常见的春色叶植物有桂花、红枫、垂柳、臭椿、樟、金叶假连翘、金叶女贞、红花檵木、红叶石楠、南天竹、虎耳草、一品红、红虹彩叶草等。

（二）夏季季相表现

夏季最明显的季相特征是林草茂盛、绿树成荫，夏季叶色虽以绿色为主调，但因植物品种不同，也展示出嫩绿、浅绿、黄绿、灰绿、深绿、墨绿等不同层次的绿色。将绿色深浅不同的植物搭配种植，可在绿色基础上凸显出色差变化，呈现宛若开花的观赏效果。在绿色叶树种和异色叶树种搭配时，以绿色叶树种为主调，异色叶树种穿插搭配，如将紫叶李、紫红叶鸡爪槭等与绿色叶树种间隔栽植。另外，夏季也有不少植物开花，如紫薇、合欢、楝、广玉兰等，部分品种的花期可延续到初秋，将这些开花植物散置于草坪中或作为行道树，都能达到很好的观赏效果。

（三）秋季季相表现

秋色叶景观是园林中最重要的景观之一，无论是城市园林还是风景区，秋色叶都可以极大地丰富景观的季相色彩。“层林尽染”和“霜叶红于二月花”都是对秋色叶景观的最好写照。常见的秋色叶植物有枫香树、鸡爪槭、七叶树、乌桕、茶条槭、火炬树、银杏、二球悬铃木、白桦、白蜡树、白杜、无患子、水杉、鹅掌楸、栾等。这些色叶植物的色彩有红色、黄橙色和黄褐色等，与常绿植物搭配，景观效果极佳。秋季观赏植物的配置多采用自然式，疏密相间、色彩交替、错落有致，没有固定的株距和排列顺序，手法自然。需要注意的是应用较多的常绿针叶树容易造成冬季光照不足，因此在北方，行道树最好采用落叶树种或常绿树与落叶树间隔栽植，如栾和长叶女贞的搭配，不仅解决了光照不足的问题，而且在秋季这个落叶季节依然留存一丝绿意。除此之外，观果植物最能体现春花到秋实的自然季相美，如银杏、柿、海棠、木瓜、金银忍冬、复羽叶栾、白杜、红豆杉、茶条槭、皂荚、南天竹、冬青、石楠、十大功劳等。

（四）冬季季相表现

冬季虽是万物凋零的时节，但植物仍然展示出不同的风貌。常绿植物仍傲雪凌霜，落叶植物则以他们姿态各异的枝干，呈现出特有的“骨干美”。冬季也有开花的植物，但品种比较少，给冬季带来了别样的生动，例如蜡梅、山茶等。冬季季相设计一般选用常绿植物作为空间的骨骼、轴线、背景或节点，如常绿乔木、常绿灌木、常绿地被植物和常绿草坪。骨骼的粗壮或纤细、背景的细腻或粗糙、节点主景与配景的设计、连接线条的曲与直，都能在无花、无色叶植物相衬时呈现出空间的稳定、数量的平衡、比例尺度合适的良好态势。另外，宿存的果实也是冬季亮丽的植物景观，如南天竹、火炬树、火棘、白蜡树、金银忍冬、接骨木、皂荚等，这些独特的审美特征只有在冬季落叶后才能表现出来。

三、林缘线与林冠线设计

林缘线和林冠线是植物造景设计的特色内容之一，是植物的空间形体艺术设计，强调视觉秩序，并结合人的感知经验建立起具有整体结构性特征的空间。

（一）林缘线设计

林缘线是指树林（或树丛）边缘上树冠垂直投影于地面的连接线，是植物配置在平面构图上的反映，是植物空间划分的重要手段，空间的大小、景深、透景线的开辟、气氛的形成等，大多依靠林缘线处理。对于自然式植物组团，林缘线应做到曲折流畅——曲折的林缘线能够形成丰富的层次和变化的景深，流畅的林缘线给人开阔、大气的感觉。

大空间中创造小空间，也必须借助于林缘线处理。林缘线可以把面积相等、形状相仿的草坪地形、周围环境和功能要求结合起来，创造不同形式的空间。如杭州花港观鱼公园的四块草坪，面积约在 2500 m^2，由于林冠线处理形式不同，可以形成四种不同的空间（图 6-3-4）。图 6-3-4（a）、图 6-3-4（b）为半封闭空间，前者朝向牡丹园，后者朝向鱼池，一片开阔的草坪成为树丛的展示舞台，站在草坪中央（点 A 位置），三面封闭、一面开敞，形成一个半封闭的空间，而在点 B 处有足够的观赏视距去欣赏这一景观。图 6-3-4（c）的地形向南缓缓倾斜，东西长、南北短，林缘线则把它处理成南北长、东西窄的空间，加强了地形的倾斜感。图 6-3-4（d）为封闭林缘线，树丛围合出一个封闭空间，如果栽植的是分枝点较低的常绿植物或高灌木，空间封闭性强，通达性弱；如果栽植的是分枝点较高的植物，会产生良好的光影效果，也可以保证一定的通达性。

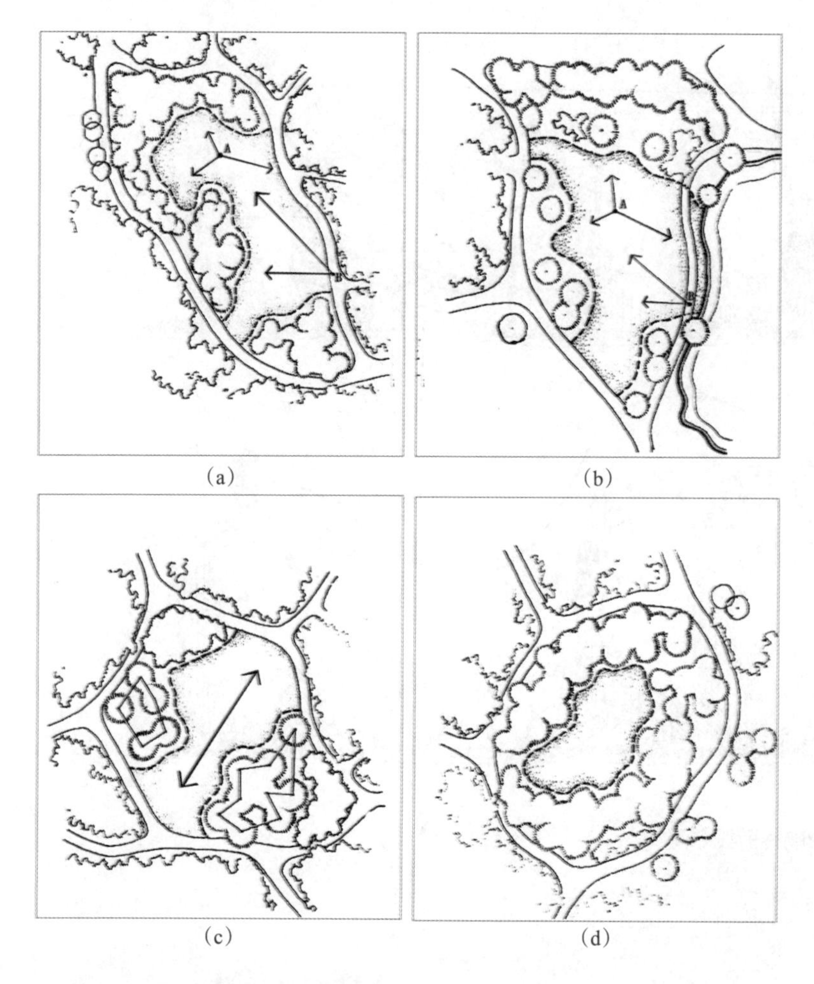

▲图 6-3-4　四种林缘线处理形式

林缘线设计也是植物造景设计中的重要环节，植物并非图面的填充工具，而是空间围合重要的元素。植物景观设计之前应先根据空间需求和视线分析，勾勒出大致林缘线，然后通过纯林、混交林、组团植物或孤植树进行深化设计，林缘线有助于表达出空间感，使植物景观主次分明，不会出现散乱的细碎空间。

（二）林冠线设计

林冠线是树林或者树丛立面的轮廓线。平面构图上的林缘线处理，不能完全体现空间感，而林冠线则可以影响到景观的空间感和整体立面效果，它的形成决取决于树种的构成及地形的变化。林冠线的观赏视距达到由树群形成的植物带高度 3 倍以上距离时，才具备观赏林冠线的条件。不同高度的植物组合会形成高低起伏、富有变化的林冠线，而相同高度的植物配置在一起，会形成等高、简洁、平直、单调的林冠线（图 6-3-5）。垂柳林枝条低拂，柔和、飘逸；成片的木绣球花团锦簇，显得热闹、壮观；草坪上的雪松群组成的林冠线，挺拔向上，显得庄严、气魄，一些纪念性场所往往采用这种特殊的表现方式。若想打破“单调”感，最好在视线所及范围内突出栽植一株特高的孤立树，以此打破平直的线条；或者让同一高度的树群依高低起伏的地形排列，凸现林冠线变化的效果。

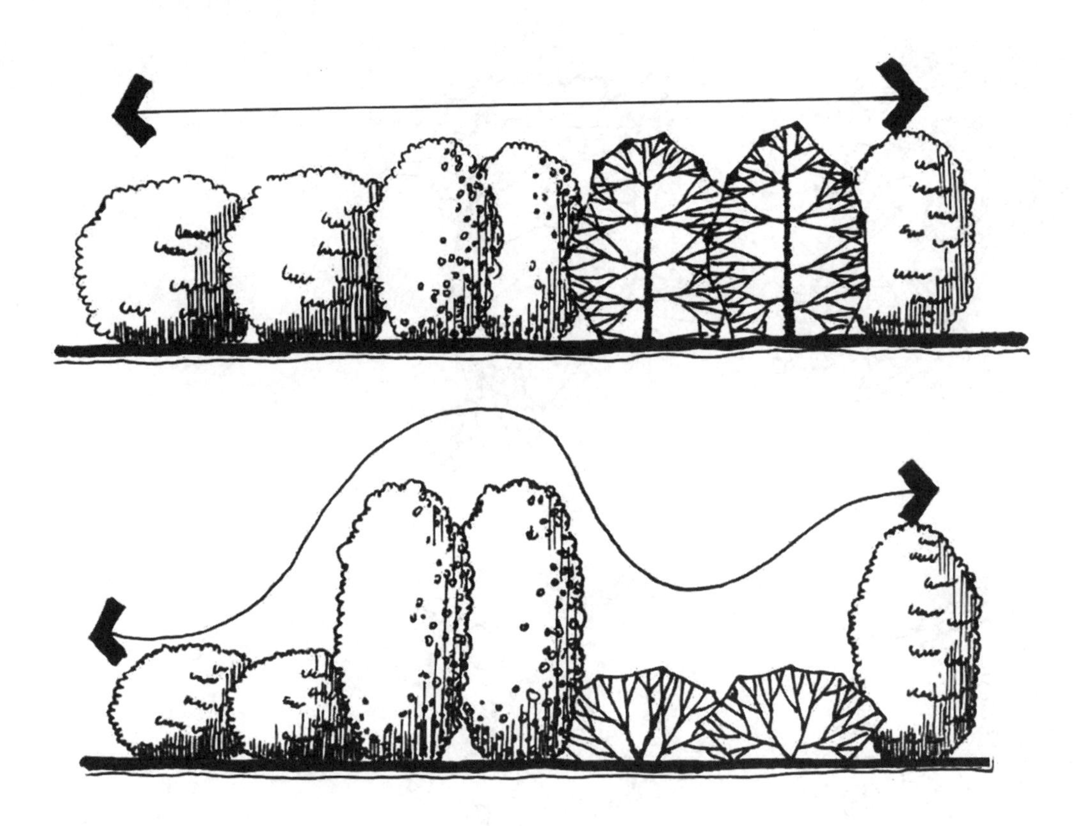

▲ 图 6-3-5　植物高低组合影响林冠线变化

四、植物造景形式美设计

（一）对比与调和

古希腊哲学家赫拉克利特认为，“自然趋向于差异对立，协调是从差异对立而不是从类似的东西产生的。”对比和调和正是这种差异的体现。调和是利用景观元素的近似性或一致性，使人们在视觉上、心理上产生协调感，如小龙柏、金叶女贞、龟甲冬青、火棘、红花檵木等修剪整齐构成斑斓的流线型花带，呈现出生动活泼且和谐统一的景观效果。如果其中某一部分发生改变就会产生差异和对比，这种变化越大，这一部分与其他元素的反差越大，对比也就越强烈，越容易引起人们注意，最典型的例子就是“万绿丛中一点红”。在植物造景设计过程中，主要从外形、体量、质感、色彩、虚实等方面实现对比与调和，从而达到统一的效果。

1. 外形的对比与调和

利用外形相同或者相近的植物可以达到植物组团外观上的调和，球形、扁球形的植物最容易调和，形成统一的效果。如杭州花港观鱼公园牡丹亭南坡植物景观，部分植物呈球状种植，但因种类的不同，整体呈现出生动活泼且和谐统一的景观效果（图 6-3-6）。

▲图 6-3-6　花港观鱼公园牡丹亭圆球状植物种植

2. 体量的对比与调和

在植物配置上，各类植物在体量方面会产生差异，通过体量的对比，可取得不同的景观效果。如拙政园听雨轩后的翠竹、芭蕉，落雨之时，听雨打芭蕉、风拂翠竹，趣味横生，翠竹与芭蕉在体量上形成对比，配置在一起显得尤为和谐。

3. 质感的对比与调和

植物的质感会随着观赏距离的增加而变得模糊，所以质感的对比与调和往往针对某一局部景观。质感细腻的植物由于具有清晰的轮廓、密实的枝叶、规整的形状，常被用作景观的背景，例如经过修剪的草坪平整细腻，不会过多地吸引人的注意，所以多数绿地以草坪作为基底。一些质感粗糙的建筑墙面可用粗壮的紫藤等植物来美化；但对于质地细腻的瓷砖和较精细的耐火砖墙，则应选择纤细的攀缘植物来美化。庞大的立交桥附近的植物景观宜采用大片色彩鲜艳的花灌木或花卉组成大色块，方能与之在气魄上相协调（表 6-3-2）。

表 6-3-2　植物质感的分类

质感类型	植物名称		
	乔木	灌木	草本、地被植物
质感粗糙	刺槐、枫杨、棕榈、栓皮栎、桑、梧桐、白花泡桐、广玉兰、木槿、二球悬铃木、新疆杨、欧洲白榆、橡皮树、梓	十大功劳、叉子圆柏、石楠、珊瑚树、枸骨	五叶地锦、凤梨、大吴风草、虎耳草、万年青、芦荟、玉簪、龟背竹
质感中等	白兰、樟、合欢、雪松、女贞、龙柏、柳杉	杜鹃、绣球、海桐、金森女贞、山茶、丁香	鸢尾、玉簪、麦冬、亚菊、紫茉莉、芍药
质感细腻	合欢、朴树、紫薇、樱花、榉树、竹、丁香、垂柳	绣线菊、南天竹、含笑花、小蜡、金丝桃、龟甲冬青、金叶女贞、小叶女贞、小叶黄杨、锦熟黄杨	石竹、芭蕉、地肤、铁线蕨、狼尾草、过路黄、石蒜、沿阶草、垂盆草、楼斗菜、老鹳草、金鸡菊、萱草、银叶菊、含羞草、白车轴草

4. 色彩的对比与调和

在色彩的 24 色相环中，同类色、邻近色比较容易调和，如黄色和橙黄色、红色和橙红色等。随着夹角的增大，颜色的对比也逐渐增强，色环上相对的两种颜色（即互补色），对比是最强烈的，如红和绿、黄和紫、橙和蓝，它们并列时相互排斥，对比强烈，呈现跳跃新鲜的效果，用得好，可以突出主题，烘托气氛。我国造园艺术中常用“万绿丛中一点红”来进行强调。对于植物的群体效果，首先根据当地的气候条件、环境色彩、地域文化等因素确定一种基调，选择一种或几种同类色或邻近色的植物进行大面积栽植，构成景观的基调植物。通常基调植物多以绿色植物为主，在总体调和的基础上，适当点缀其他颜色，构成色彩上的对比。例如图 6-3-7 中粉色樱花在墨绿色云杉背景下显得尤为突出。

▲ 图 6-3-7　樱花与云杉的色彩对比强烈

5. 虚实的对比与调和

植物有常绿与落叶之分，常绿为实，落叶为虚；树木有高矮之分，树冠为实，冠下为虚；林木葱茏是实，林中草地则是虚。实中有虚，虚中有实，才使景观空间有层次感，有丰富的

变化（图 6-3-8）。

▲ 图 6-3-8 植物虚实对比

（二）均衡与稳定

均衡是人们心理上对对称或不对称景观在重量感上的感受，稳定则是构图在立面上的平衡，使人心理产生舒适的感受。体量庞大、数量繁多、色彩浓重、质地粗糙、枝叶茂密的植物种类，给人以重的感觉；相反，体量小巧、数量较少、色彩素淡、质地细腻、枝叶疏朗的植物种类，则给人以轻盈的感觉。在植物造景设计中应利用植物的体量、数量、色彩、质地、线条等方面来展现"量"的效果，求得平面和立面上的均衡与稳定。

（三）节奏与韵律

节奏是规律性的重复，韵律是规律性的变化。韵律包括连续韵律、渐变韵律、交替韵律和起伏韵律。连续韵律如西湖白堤上的"间棵桃树间棵柳"；渐变韵律是以不同元素的重复为基础，使重复出现的图案形状不同、大小呈渐变趋势，如西方古典园林中的模纹花坛设计；交替韵律是利用特定元素的穿插而产生的韵律感，如云栖竹径，两旁为参天的毛竹林，相隔 50 m 或 100 m 就种植一棵高大的枫香树，沿径游赏时就不会感到单调，富有韵律感；起伏韵律指一种或几种因素在形象上产生有规律的起伏变化，如模拟自然群落形成的林冠线起伏变化，或地形起伏、台阶高低变化造成植株的起伏感。

（四）比例与尺度

比例是指景物本身长、宽、高之间的关系，也可以是某个园林景物与所在空间的形态与体量的关系。尺度是指景物以人们习惯的一些特定标准尺寸作为度量大小标准。尺度与比例有关，有具体的尺寸，在现实生活中，人对景物大小的判断是以人体为参照。小尺度具有从属感，大尺度会使人感到畏惧。私家园林中，选用矮小植物，体现小中见大；在儿童活动区的设计过程中，绿篱修剪不宜过高，植物以低矮花灌木、花卉为主；微缩园林景观中，植株选用低矮品种，或多用修剪整形的植物。

案例解析

杭州太子湾公园

太子湾公园位于杭州西湖西南隅，东携雷峰夕照、南屏晓钟，西接赤山埠，南倚九曜山、南屏山，北临花港观鱼，公园现占地 80.03 hm^2。建园时，设计人员因山就势，巧妙地挖池筑坡，形成高低起伏、错落有致的地形。园中以西湖引水工程的一条明渠作为主线，积水成潭、截流成瀑、环水成洲、跨水筑桥，形成诸如琵琶洲、翡翠园、逍遥坡、玉鹭池、颐乐苑、太极坪等景点。公园在继承传统的基础上，借鉴欧美园林文化之精华，融中西造园艺术和回归自然的现代意识于一体，创造一种蕴含哲理、野逸自由、简朴壮阔且富有诗情画意和田园风韵的独特新风格。

公园内树成群、林成荫、草成坪、花成片，“以绿为主、以植物造景为主”是太子湾公园的建园方针。太子湾公园以植物景观取胜，园林建筑、假山叠石等人为要素遵循少而精的原则。园林建设顺应自然规律，总体上遵循因地制宜、因时制宜、因材制宜、因景制宜的原则，力求符合功能性、生态性、艺术性、地域特色等要求。

（一）以乡土植物为主，造景主题突出

太子湾公园植物种类丰富，以乡土植物为主，应用较多的为木兰科、山茶科、蔷薇科、豆科、木樨科、壳斗科等。骨干树种有东京樱花、山樱花、红枫、白兰、二乔玉兰、水杉、湿地松、无患子、麻栎、黄山栾树等，以树形饱满、枝叶浓密的乐昌含笑作为基调树种。太子湾公园在上层植物的选择上多采用含笑花、乐昌含笑、水杉、池杉等乔木；中层植物的选择突出季相性，春季突出樱花和玉兰等乔木，秋季配置石楠、绣球、棣棠、鸡爪槭、火棘等植物；底层突出火棘和绣球，地被植物上突出宿根花卉和水生、湿生植物。在花境转弯处多采用耐阴的地被植物，如石蒜和扶芳藤等。

淡雅浪漫的樱花和色彩斑斓的郁金香是太子湾公园的特色景观，具有异域风情，每年举办的花展吸引了大量游客（图 6-3-9）。因此，植物的选择主要是强化春季景观或延长春季观赏期，主要观赏的樱花种类是成片的东京樱花和山樱花，而先前开放的迎春樱桃、华中樱桃、钟花樱桃点缀其中，其后又有日本晚樱，使樱花的观赏期延长至20余天。另有木兰科的白兰、二乔玉兰、紫玉

▲ 图 6-3-9 太子湾郁金香

兰以及蔷薇科的紫叶李、日本木瓜、棣棠来加强春季景观线（图 6-3-10）。

▲ 图 6-3-10　逍遥坡春季景观

（二）模拟自然植物群落，多种植物配置形式

植物配置是以乔木、灌木、藤及草本植物为素材来创作景观的。植物配置从丰富多彩的自然植物群落及其表现的形象中汲取创作灵感，遵循自然植物群落的发展规律，使植物景观具有极强的整体性。太子湾公园的植物以优美的形态、绚丽的色彩、沁人的芳香构成丰富多彩的植物景观。植物配植主要有孤植、群植、丛植等几种形式。太子湾公园中孤植于溪边的合欢高大挺拔、姿态饱满，入夏时绿荫清幽，满树开着粉红色绒花，成为众人的焦点。在开阔的逍遥坡上，无患子以曲线方式丛植，沿着蜿蜒小路连成整体，夏天其深色的树干展开浓密的绿荫，秋天叶色金黄、果实累累，简单的植物配置表现出统一而壮观的景致。在公园次入口处，由水杉、鹅掌楸、鸡爪槭、桂花、红枫、黄菖蒲组成自然式植物群落，层次分明，林缘线曲折迂回、起伏错落，立体感强。又如玉鹭池东岸放怀亭与自然式植物配置景观融为一体，将白兰、二乔玉兰、鸡爪槭、郁金香、黄水仙等色相丰富、明度高的植物栽植于驳岸，倒映水中，增加水面空间层次，丰富水面空间色彩（图 6-3-11）。

▲ 图 6-3-11　放怀亭植物景观

植物配置力求简洁，主要树种的确定以及人工群落中的植物种类、层次结构都积极模拟自然群落，力求达到“虽由人作，宛自天开”的境界。植物配置手法多样，公园除在台阶、石隙间种植地被植物外，还常在池塘、小溪的山石、驳岸上配置一些常绿藤本类植物和水生植物，与太湖石的“漏、透、瘦、皱”相得益彰。植物配置从总体着眼，力求单纯简洁，去细碎、重整体、忌雕琢、求气势，着意创造树成群、花成坪、草成片、林成荫的壮阔景观。

（三）层次简洁分明，空间环境多变

多数组团配置以层次简洁取胜，上下层次分明，前后层次清晰。高层突出乐昌含笑、无患子、水杉、川含笑、合欢、鹅掌楸、湿地松、栾等，中层突出鸡爪槭、樱花、玉兰、琼花荚蒾等，低层突出火棘、枸骨、红花檵木，地被植物突出常春藤、沿阶草、狗牙根、华北剪股颖、紫金牛、紫竹梅及各种宿根花卉。太子湾公园植物配置疏密结合，配置时多从景观的整体效果着眼，注重群体美和林冠线的节奏变化。如公园以体型巨大、树姿优美、树冠浓密的乐昌含笑作为全园的基调树种之一，突出公园柔和饱满的风格；用水杉作为背景树，丰富林冠线的变化。公园内利用地形及乔木、灌木、草本植物的不同组合形成虚实、疏密、高低、繁简、曲直不同的林缘线和立体轮廓线。公园的开放型大草坪望山坪，结合疏中有密、凹凸有致的樱花林缘线，营造出远望如浮云的樱花景观，背景衬以深绿色的乐昌含笑，下植红花檵木、郁金香，呈现良好的景观效果。又如太子湾公园入口处水杉、池杉分别群植于水体两岸，与水面构成水平与垂直对比，营造出狭长的垂直空间，该群落层次简洁，植物种类较少，景观色彩效果协调统一（图 6-3-12）。

▲ 图 6-3-12　水杉、池杉营造的垂直空间（a 春季，b 秋季）

（四）突出季相变化，营造四季景观

随着时间的推移和季节的更替，园林植物的形态和色彩一直处于不断变化中。植物的季相变化赋予了景观时序性和生命力。园林植物配置利用有较高观赏价值和鲜明特色的植物季相，能给人以时令的启示，增强季节感，表现出园林景观中植物特有的艺术效果。春季花团锦簇，夏季绿树成荫，秋季硕果累累，冬季枝干遒劲（图 6-3-13）。不同季节植物景观各有特点。3 月的郁金香五彩缤纷，有娇艳欲滴的黄色、清淡雅致的紫色、热情奔放的红色、娇柔艳丽的粉色等，吸引着游客。6 月的太子湾樱花更加让人兴奋，数千株樱花花繁艳丽、满树烂漫，在远处的山林衬托着樱花林，远望白雪皑皑，近看繁花似锦，犹如进入花的海洋。公园内秋色叶植物繁多（如黄叶的无患子、鹅掌楸、银杏、黄连木、美国山核桃、金钱松、麻栎等，红叶的枫香树、鸡爪槭、红枫以及红褐色的水杉、池杉，河岸边的蒲苇和黄菖蒲等），增添了秋季的色彩。冬季不仅能欣赏落叶乔木的美丽枝干，还配有常绿的植物和冷季

型草坪，观果的石楠、枸骨，观花的山茶、茶梅、梅、郁香忍冬等。

▲ 图 6-3-13　玉鹭池空间植物群落四季变化

（五）植物与自然山水巧妙结合

太子湾公园具有优越的自然环境，南倚九曜山、南屏山，西湖水系贯穿其中，植物造景与山水巧妙结合，群植常以远山为背景，或以水体为前景。如望山坪和逍遥坡草坪的东京樱花借远处层峦叠嶂的群山为背景，衬托了樱花，使园内外景色浑然一体。公园内的水位较高，常以草坡入水，耐水湿且姿态优美的合欢、垂柳、枫杨、东京樱花、琼花荚蒾等倾斜于水面，七姊妹、紫藤、野迎春等蔓生植物临水而栽，展现园林的自然美（图 6-3-14）。

▲ 图 6-3-14　植物与水景的巧妙搭配

太子湾公园是以植物造景为特色、蕴含山情野趣和田园风韵的自然山水园，选用具有明显季相变化的植物材料，重视色叶及地被植物的应用，充分展现植物景观随自然环境变化所呈现的不同效果。公园景观突出地域特色，应用丰富多样的植物，合理搭配常绿树种与落叶树种，植物配置力求单纯简洁，遵循自然植物群落的发展规律，模拟自然植物群落，形成不同尺度和风格的植物景观空间。

本章小结

随着人们的生态与环境意识的加强，城市环境越来越重视植物景观的营造。本章节主要讲了植物造景设计的概念、原则、形式及方法，将植物造景设计的形式、方法作为重点进行讲解。在设计中应将植物造景设计与景观环境设计相融合，促进景观环境各要素协调发展。

思考与练习

1. 根据所学知识，掌握乔木、灌木配置形式并绘制丛植树的配置形式。
2. 对一片区域进行植物造景设计。

参考文献

[1] 丁绍刚 . 风景园林概论 [M]. 2 版 . 北京：中国建筑工业出版社，2018.
[2] 杨赉丽 . 城市园林绿地规划 [M]. 5 版 . 北京：中国林业出版社，2019.
[3] 郝赤彪 . 景观设计原理 [M]. 2 版 . 北京：中国电力出版社，2016.
[4] 曾辉，陈利顶，丁圣彦 . 景观生态学 [M]. 北京：高等教育出版社，2017.
[5] 刘谯，张菲 . 城市景观设计 [M]. 上海：上海人民美术出版社，2018.
[6] 杨瑞卿，陈宇 . 城市绿地系统规划 [M]. 重庆：重庆大学出版社，2019.
[7] 顾韩 . 风景园林概论 [M]. 北京：化学工业出版社，2014.
[8] 白杨 . 环境景观设计：基本设计原理 [M]. 北京：中国农业出版社，2017.
[9] 尹赛，郃杰，赵玉凤 . 景观设计原理 [M]. 北京：中国建筑工业出版社，2018.
[10] 武静 . 景观设计原理与实践新探 [M]. 北京：中国纺织出版社，2019.
[11] 郭晋平 . 景观生态学 [M]. 北京：中国林业出版社，2016.
[12] 刘雪梅 . 园林植物景观设计 [M]. 武汉：华中科技大学出版社，2015.
[13] 姜虹，田大方，张丹，等 . 城市景观设计概论 [M]. 北京：化学工业出版社，2017.
[14] 布思 . 风景园林设计要素 [M]. 曹礼昆，曹德鲲，译 . 北京：北京科学技术出版社，2018.
[15] 周长亮，张健，张吉祥 . 景观规划设计原理 [M]. 北京：机械工业出版社，2011.
[16] 郝鸥，谢占宇 . 景观规划设计原理 [M]. 武汉：华中科技大学出版社，2022.
[17] 刘晓光 . 景观美学 [M]. 北京：中国林业出版社，2012.
[18] 李道增 . 环境行为学概论 [M]. 北京：清华大学出版社，1999.
[19] 胡正凡，林玉莲 . 环境心理学 [M]. 3 版 . 北京：中国建筑工业出版社，2012.
[20] 胡正凡，林玉莲 . 环境心理学：环境—行为研究及其设计应用 [M]. 4 版 . 北京：中国建筑工业出版社，2018.
[21] 徐磊青 . 人体工程学与环境行为学 [M]. 北京：中国建筑工业出版社，2006.
[22] 陈烨 . 景观环境行为学 [M]. 北京：中国建筑工业出版社，2019.
[23] 曾筱 . 城市美学与环境景观设计 [M]. 北京：新华出版社，2019.
[24] 段汉明 . 城市美学与景观设计概论 [M]. 北京：高等教育出版社，2008.
[25] 欧阳丽萍，谢金之 . 城市广场设计 [M]. 武汉：华中科技大学出版社，2018.
[26] 彭彧，黄伟晶 . 城市居住区景观设计 [M]. 北京：化学工业出版社，2015.
[27] 刘丽雅 . 居住区景观设计 [M]. 重庆：重庆大学出版社，2017.
[28] 程奕智 . 居住区景观设计 [M]. 常文心，杨莉，译 . 沈阳：辽宁科学技术出版社，2015.
[29] 陈钢 . 图解种植设计 [M]. 谢纯，林琳，刘明欣，译 . 北京：中国建筑工业出版社，2015.
[30] 祝遵凌 . 园林植物景观设计 [M]. 2 版 . 北京：中国林业出版社，2019.
[31] 窦小敏 . 园林植物景观设计 [M]. 北京：清华大学出版社，2019.
[32] 刘雪梅 . 园林植物景观设计 [M]. 武汉：华中科技大学出版社，2015.
[33] 苏雪痕 . 植物造景 [M]. 北京：中国林业出版社，1994.

[34] 陈波，鲁承鹏. 浅谈生态景观设计原理下绿色景观材料的运用 [J]. 科技与创新，2021（12）：174-175+177.
[35] 赵文武，房学宁. 景观可持续性与景观可持续性科学 [J]. 生态学报 .2014，34（10）：2453-2459.
[36] 俞孔坚. 三亚红树林生态公园 [J]. 景观设计，2020（04）：4-8+2.
[37] 邬丛瑜. 园林意境营造研究 [D/OL]. 杭州：浙江理工大学，2019[2021-8-20].https://kns.cnki.net/kcms2/article/abstract?v=3uoqIhG8C475KOm_zrgu4lQARvep2SAkWfZcByc-RON98J6vxPv10dIMzlQ_Q5rnKWXSbCBsWezh4kEarcV1cBwJ79m6C9QI&uniplatform=NZKPT.
[38] 翟天然. 环境行为学视阈下的互动景观设计研究 [D/OL]. 南京：东南大学，2015[2021-8-22].https://kns.cnki.net/kcms2/article/abstract?v=3uoqIhG8C475KOm_zrgu4lQARvep2SAkfRP2_0Pu6EiJ0xua_6bqBsDX5n0y3cJy1s5vq6ANbymNdNGsTPwgIjNRL17mk4By&uniplatform=NZKPT.
[39] 韦晋. 现代景观设计中的艺术表现形式研究 [D/OL]. 南京：南京工业大学，2014[2021-8-22].https://kns.cnki.net/kcms2/article/abstract?v=3uoqIhG8C475KOm_zrgu4lQARvep2SAkbl4wwVeJ9RmnJRGnwiiNVt9_39KhPxbOLwy3VKFHykJkIFRLqWD6k0l7DIb3vpbS&uniplatform=NZKPT.
[40] 彭文华. 形式美法则在园林设计中的应用研究 [D/OL]. 重庆：重庆大学，2016[2021-8-22].https://kns.cnki.net/kcms2/article/abstract?v=3uoqIhG8C475KOm_zrgu4lQARvep2SAkVtq-vp-8QbjqyhlE-4l1YiGxFXSZKE43Np3XT_iOxik39hOPkKJYI9HyEu-Fl9C5&uniplatform=NZKPT.
[41] 丁峰. 城市口袋公园景观要素设计研究 [D/OL]. 合肥：安徽农业大学 ,2016[2021-8-22].https://kns.cnki.net/kcms2/article/abstract?v=3uoqIhG8C475KOm_zrgu4lQARvep2SAkkyu7xrzFWukWIylgpWWcEq8lZPAU2vImAzs36T-9mner2HRKwIev0DoEIVTYddRf&uniplatform=NZKPT.
[42] 王尉. 交互设计理念下的城市广场景观设计研究 [D/OL]. 长春：长春工业大学，2020[2021-8-22].https://kns.cnki.net/kcms2/article/abstract?v=3uoqIhG8C475KOm_zrgu4lQARvep2SAkyRJRH-nhEQBuKg4okgcHYqVmkQpAm8OdFkiR0RkQ44SFQSIRSArVorxlqhWFigCD&uniplatform=NZKPT.
[43] 覃文超. 城市景观大道街景设计方法研究 [D/OL]. 广州：华南理工大学，2013[2021-8-23].https://kns.cnki.net/kcms2/article/abstract?v=3uoqIhG8C475KOm_zrgu4lQARvep2SAk9z9MrcM-rOU4mSkGl_LWfzcQHSzCSFSEulPS2iQCuMN4kkhyD-7_LcCt41106rN3&uniplatform=NZKPT.
[44] 陈嵩. 雨水花园设计及技术应用研究 [D/OL]. 北京：北京林业大学，2014[2021-8-23].https://kns.cnki.net/kcms/detail/detail.aspx?dbcode=CMFD&dbname=CMFD201402&filename=1014327507.nh&uniplatform=NZKPT&v=A_wKxXo2P9JuwSW4VHTz-xNcQQWjF8eWobxDhU3lE3bEzvwaZnYN51J57dm0Gfbg.
[45] 李光耀. 基于 CIS 理论的城市景观形象特色营造研究 [D/OL]. 南京：南京林业大学，2015[2021-8-23].https://kns.cnki.net/kcms/detail/detail.aspx?dbcode=CDFD&dbname=CDFDLAST2016&filename=1016702112.nh&uniplatform=NZKPT&v=35HrLHgPKwExCWxvUzVFmoqhfkv2jtOZAEc_shJPKnPNKMkwt6jWfPVCSIvs-Tq5.
[46] 季景涛. 基于虚拟现实观的景观创作方法研究 [D/OL]. 哈尔滨：哈尔滨工业大学，2014[2021-8-23].https://kns.cnki.net/kcms/detail/detail.aspx?dbcode=CDFD&dbname=CDFDLAST2016&filename=1015957284.nh&uniplatform=NZKPT&v=z4RRNd-n7ZANonXt857DY-5MfYqhrrLAi8pmBrb093pI08fcJ67VkXeks5JapIK8.

后记

本书整体导向明确、编排合理、科学精练，具有创新性、实践性、规范性和普适性，适用于从事环境艺术设计、景观设计、园林设计等专业的工作者和学生阅读，对建筑与城乡规划等相关专业有所借鉴。本书内容大力补充新知识、新技能、新工艺、新成果，注重理论教学与实践教学的合理搭配，突出重点、难点，体现建设“立体化”精品教材的宗旨，有助于加快改进应用型本科办学模式、课程体系和教学方法，形成具有多元化特色的教育体系。

学生有时可能对景观设计的理解有一定片面性，将关注重点放在景观的视觉形象美与小型空间场地设计，并且过多地关注设计表现技法而忽视场地规划与设计方案中逻辑的生成和科学性的方法。基于此，本书将景观设计置于“人居环境建设”这一更广阔的背景中进行分析，使景观设计关联于更丰富的知识体系，将重点放在景观设计的相关理论基础、景观要素的分析解读、景观设计的方法与步骤以及各类型景观空间设计等方面，突出强调内容的可读性，深入浅出，以简明易懂的方式说明与景观设计相关的一些抽象、感性和复杂的问题，教会学生景观设计是什么、要做什么、做的原则方法是什么、其成果表达有哪些、不同景观空间如何设计等相关知识，逐步引导学生建立更科学、有效的景观设计整体观念，力求弥补因专业设置的院校背景不同所导致的知识学习缺陷。另外，各章前均设有章节概述及目标要求，以方便读者迅速把握全书整体脉络。根据部分章节理论内容本书相应地设置完整的案例分析，加深对理论性内容的理解并为实践性操作提供参考。

限于编者知识结构和篇幅的限制，本书不免会有遗憾，如对于景观工程的相关内容很少提及，这些需要读者在学习中参照其他相关专业书籍。另外，本书在编写过程中引用了很多中外专家学者的成熟理论、观点，并且引用了部分相关教材原理模式图、表格和案例图片，在此对原作者表示衷心感谢。

编者